侵蚀环境作用下预应力板梁全寿命周期耐久性及疲劳特性研究

郑元勋　蔡迎春　杜朝伟　刘成永　著

中国建筑工业出版社

图书在版编目（CIP）数据

侵蚀环境作用下预应力板梁全寿命周期耐久性及疲劳特性研究 / 郑元勋等著. —北京：中国建筑工业出版社，2020.5（2020.12 重印）
ISBN 978-7-112-24918-3

Ⅰ.①侵… Ⅱ.①郑… Ⅲ.①预应力混凝土-钢筋混凝土板梁-耐用性-研究②预应力混凝土-钢筋混凝土板梁-疲劳-研究 Ⅳ.①TU375.1

中国版本图书馆 CIP 数据核字（2020）第 040484 号

本书基于相似比原理制作预应力板梁模型，模拟板梁“破坏—加固—破坏”全寿命周期耐久性轨迹，首先在对预应力板梁进行冻融循环、碳化侵蚀、氯离子侵蚀及多因素耦合作用耐久性试验的基础上，开展耐久性劣化板梁疲劳损伤试验，研究不同侵蚀环境作用下板梁疲劳损伤机理。然后对环境—疲劳双重损伤预应力板梁分别进行粘贴碳纤维和钢板加固处理，再依次对其开展单一侵蚀环境及耦合侵蚀环境作用下的耐久性试验及疲劳破坏试验，剖析侵蚀环境作用下损伤板梁加固耐久性劣化机理及结构疲劳衰减规律。

本书创新性如下：针对环境—疲劳双重损伤预应力板梁加固耐久性评价理论尚不明确之现状，以预应力板梁全生命周期“破坏—加固—破坏”耐久性演变规律为主线，通过改装的耐久性试验设备，系统研究冻融循环、碳化侵蚀以及氯离子侵蚀及其耦合作用下双重损伤预应力板梁加固疲劳损伤机理及加固耐久性评价理论。本书可以作为我国桥梁结构耐久性设计、桥梁结构加固设计人员及施工和管理等相关技术人员的参考书。

责任编辑：辛海丽
责任校对：张惠雯

侵蚀环境作用下预应力板梁全寿命周期耐久性及疲劳特性研究

郑元勋 蔡迎春 杜朝伟 刘成永 著

*

中国建筑工业出版社出版、发行（北京海淀三里河路 9 号）
各地新华书店、建筑书店经销
北京鸿文瀚海文化传媒有限公司制版
北京建筑工业印刷厂印刷

*

开本：787×1092 毫米 1/16 印张：11½ 字数：289 千字
2020 年 4 月第一版 2020 年 12 月第二次印刷
定价：**50.00** 元
ISBN 978-7-112-24918-3
（35663）

前　言

近年来我国公路建设发展迅猛，至 2017 年底公路通车总里程已突破 477 万公里，实现了由“初步连通”向“覆盖成网”的重大跨越，其中高速公路通车里程突破 13 万公里，稳居世界第一位。其中桥梁工程无论在建设规模还是科技水平上，均已跻身世界先进行列，至 2018 年底中国的公路桥梁总量达 83.3 万座，总长度达 5.2 万公里。交通系统是关乎国计民生的生命线工程，而桥梁结构是该生命线工程正常运转的关键性枢纽，其服务质量及使用寿命水平对保障我国交通事业的健康发展尤为重要。但随着当今环境问题的不断恶化，氯离子侵蚀、碳化、冻融循环等对桥梁结构侵蚀现象日趋严重，在增加巨额维修加固费用的同时降低了桥梁结构的耐久性，导致桥梁结构服役寿命降低。在此背景下，许多国家逐步开展了侵蚀环境作用下的桥梁结构耐久性研究。2013 年，由交通运输部公路科学研究所牵头完成了《桥梁耐久性关键技术研究》课题的研究，内容涉及桥梁耐久性评价分析、耐久性设计、公路桥梁耐久性施工改进技术、公路桥梁耐久性评价与养护技术等，为我国桥梁耐久性设计、施工、养护等提供了技术支撑。

车辆荷载及不利环境侵蚀作用下，损伤（环境损伤＋疲劳损伤）加固后的桥梁结构同样存在耐久性劣化问题，目前桥梁加固后的主要评价标准是加固后构件承载力（抗弯、抗剪等）是否满足设计要求，未将加固后构件耐久性及疲劳寿命问题纳入规范给予限制，导致部分桥梁构件加固后，由于加固耐久性劣化，加固结构短期内便丧失了加固效果，在造成巨大经济损失的同时往往还导致重大安全事故的发生，引发极坏的社会影响。

目前针对桥梁结构加固耐久性的研究多是针对健康构件所开展的，研究表明，与损伤类型和程度有关，损伤构件加固与健康构件加固后耐久性劣化机理存在一定差异。同时，侵蚀环境作用下损伤加固结构疲劳损伤机理与演变规律的研究也鲜有报道。基于课题组前期研究发现，桥梁结构耐久性劣化对结构疲劳寿命影响显著，比如，健康预应力空心板梁在疲劳次数达到 160 万次时开始出现裂缝，在疲劳次数达到 320 万次时裂缝宽度超过 0.2mm；轻度碳化后预应力空心板在第 120 万次出现裂缝，在疲劳次数达到 250 万次时裂缝宽度达到 0.2mm；重度碳化的试验板在第 2 万次就已经出现裂缝，第 5 万次裂缝宽度达到 0.2mm；同样，桥梁结构在氯离子侵蚀及冻融循环作用下结构疲劳寿命均出现不同程度的衰减。由此可以推断，桥梁结构加固耐久性劣化势必影响其疲劳寿命，进而导致加固效果的丧失。预应力空心板梁是公路及市政工程中广泛采用的桥梁结构形式，但由于超载及不利环境的侵蚀，加上早期桥梁设计标准偏低等原因，导致现役预应力板梁耐久性劣化严重，继而出现一定程度的损伤，需加固后方可使用，但鉴于对预应力板梁加固耐久性劣化机理及侵蚀环境作用下加固结构疲劳损伤机理及演变规律认识不足，导致部分桥梁加固后，由于环境侵蚀导致疲劳寿命的快速衰减，过早地丧失了加固效果，为工程安全埋下隐患。鉴于此，研究不利环境耦合作用下环境—疲劳双重损伤预应力板梁加固疲劳寿命衰减规律具有重要的理论价值。

本著作受到了国家自然基金面上项目（编号：51878623）、留学人员科技活动项目择优资助项目、河南省高校青年骨干教师资助项目（编号：2018GGJS005）、河南省博士后面上基金（一等资助，编号：211190）资金支持，在写作及校核方面受到了美国阿克伦大学潘尔年教授鼎力支持，这里深表感谢。

本书相关研究成果的取得还得到了以下参与者及研究生的支持：韩钰晓、杨卫东（主要参与第 2 章及第 3.2 节），葛广、门博、张晨风（主要参与第 2 章及第 3.3 节），杨培冰、李睿（主要参与第 2 章及第 4.4 节），以及甘超、任云峰（主要参与第 2 章及第 5 章），李亚威、张亚辉、李宽等参与了本书图片编译工作，这里一并表示感谢。本书虽经多方努力，但受时间、条件及能力限制，不足之处在所难免，敬请读者及有关专家指正，我们将第一时间对本书进行完善与提高。

郑元勋

2019 年 11 月于郑州

目　　录

1 引　　言

1.1　研究背景

近年来我国公路建设发展迅猛，至 2017 年年底公路通车总里程已突破 460 万公里，实现了由“初步连通”向“覆盖成网”的重大跨越，其中高速公路通车里程突破 13 万公里，稳居世界第一位。交通系统是关乎国计民生的生命线工程，而桥梁结构是该生命线工程正常运转的关键性枢纽，其服务质量及使用寿命水平对保障我国交通事业的健康发展尤为重要。

在桥梁的使用过程中，难免会因为各种各样的原因引起耐久性损伤，影响桥梁结构的正常使用。从发达国家桥梁使用状况看，混凝土桥梁使用 20～30 年后，即出现安全与耐久性方面的问题。在役预应力混凝土桥梁受到各种自然因素的影响，材料逐渐老化，同时遭受着日益增加的汽车重载作用损伤，使构件力学性能不断衰减。尤其随着当今环境问题的不断恶化，不利环境因素如氯离子侵蚀、碳化、冻融循环等对桥梁结构侵蚀现象日趋严重，造成现役桥梁早期破坏现象普遍，在增加巨额维修加固费用的同时降低了桥梁结构的耐久性。国内前期桥梁设计中，对耐久性设计考虑尚未充分，这在一定程度上导致结构使用性能差、使用寿命短等不良后果。在 2003 年 12 月中国工程院主持召开的“混凝土结构耐久性及耐久性设计”会议上，许多院士、专家也大力呼吁重视由于不利环境作用导致的桥梁结构耐久性降低现象。在此背景下，许多国家逐步开展侵蚀环境作用下的桥梁结构耐久性研究。

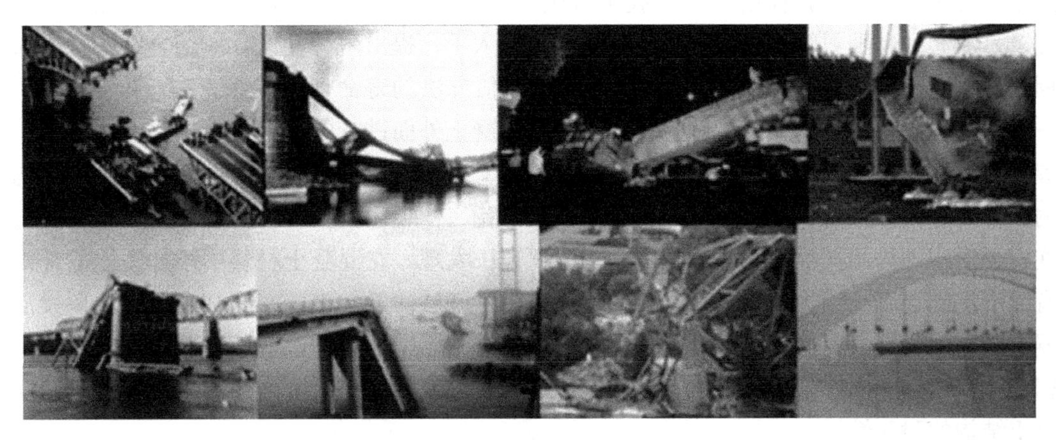

图 1-1　国内外重大桥梁坍塌事故

另一方面，不利环境侵蚀及车辆荷载作用下，桥梁结构广泛存在不同类型和程度的结构损伤，需要进行加固处理后才能正常使用，外界侵蚀环境作用下桥梁加固结构同样存在耐久性劣化问题，但目前桥梁加固后的评价标准只是评价加固后构件承载力（抗弯、抗剪等）是否满足设计要求，未将加固后构件耐久性及疲劳特性问题纳入规范并给予限制，导致部分桥梁构件加固后由于耐久性劣化缘故在较短的时间内便丧失了加固效果，在造成巨大经济浪费的同时往往导致重大安全事故的发生，引发极坏的社会影响。

目前针对桥梁结构加固耐久性的研究多是针对健康结构所开展的，而损伤加固构件与健康加固构件的受力性能是不同的，这与损伤类型和程度有关，同时，针对耐久性劣化与结构疲劳特性之间关系的研究也鲜有报道。加固桥梁结构耐久性劣化也将势必影响加固结构的疲劳寿命，进而导致加固效果的丧失。预应力空心板梁是公路及市政工程中广泛采用的桥梁结构形式，但由于超载及不利环境的侵蚀，加上早期桥梁设计标准偏低等原因，导致现役预应力板梁耐久性劣化严重，继而出现一定程度的损伤，不得不进行加固处理，但鉴于对预应力板梁加固耐久性及其对结构疲劳寿命的影响研究不足，导致部分桥梁加固后由于加固耐久性劣化严重及疲劳寿命的快速衰减，过早丧失了加固效果，为工程安全埋下隐患。鉴于此，研究损伤预应力板梁在不利环境作用下加固耐久性劣化机理及疲劳寿命衰减规律具有重要的理论价值及现实意义。

1.2 研究现状

1.2.1 侵蚀环境作用下结构耐久性研究现状及发展趋势

早期有关结构耐久性的研究主要是针对混凝土材料本身开展的，此阶段主要通过制作标准混凝土试件，研究其在不利环境作用下的耐久性衰退机理，如混凝土碳化机理及模型建立、氯离子、硫酸盐侵蚀对混凝土构件耐久性的影响以及碳化引起的钢筋锈蚀过程分析等。基于对混凝土材料耐久性的研究，学者们开始尝试从设计角度出发来改善混凝土结构的耐久性，此阶段研究成果主要集中在混凝土结构的耐久性设计及评价方面。李田、刘西拉结合北京具体环境，提出一种与我国规范相协调的混凝土结构耐久性设计方法。金伟良、吕清芳和赵羽习等由混凝土结构耐久性定义入手，提出耐久性设计应结合结构全生命周期成本（SLCC）的理念，并建立基于动态评估方法的寿命评估体系。Berger J 提出了一种新的提高混凝土耐久性的理念，即通过在混凝土外面进行塑料处理保护，避免其受外界环境侵蚀，进而提高其耐久性。Nganga G 等基于试验研究并结合实际工程提出了结构耐久性评价指数概念。Abdurrahmaan Lotfy 研究了三种级配轻质自密实混凝土的耐久性。在对混凝土结构耐久性设计方法及评估方法研究中发现，在混凝土材料中添加适当的纤维有助于提高混凝土结构的耐久性，相关的研究陆续开展。近年来，基于细观尺度的桥梁混凝土结构耐久性研究也相继开展，相对传统骨料模型，学者们尝试基于真实骨料参数建立精细骨料模型，同时借助参数传递方法，建立细观尺度与工程尺度之间联系，进而研究混凝土结构的耐久性。

综上，早期针对结构耐久性的研究主要是基于混凝土标准试块开展的，偏重于材料本身耐久性的研究。随着研究的不断深入，逐渐过渡到对结构耐久性优化设计以及通过添加纤维提高其耐久性方面，影响因素也逐渐由单一过渡到多因素耦合。

图 1-2 桥梁结构耐久性劣化图

1.2.2 桥梁结构加固耐久性研究现状及发展趋势

随着汽车保有量的快速增长及超载现象的日趋严重，加上不利环境因素如氯离子侵蚀(除冰盐导致)、冻融循环等对桥梁结构的长期侵蚀，造成现役桥梁结构早期破坏现象严重。据日本放送协会（NHK）2013 年 7 月 2 日报道，日本国土交通省对全国长度在 15m 以上的 14.4 万座桥梁的状况调查发现，近 41.0%（约 5.8 万座）的桥梁需要维修和加固，另外限制通行的危桥数量达到 1400 余座。在我国，截至 2017 年年底，全国公路桥梁接近 80 万座，与此同时，我国公路路网中步入维修期的在役桥梁日渐增多，有超过 10 万座桥梁为危桥。据交通运输部网站消息，自 2001 年起至 2012 年年底，全国共投入资金 438.8 亿元，改造危桥 2.2 万余座。从以上数字可以发现，由于环境侵蚀及车载作用，目前国内外桥梁损害现象日趋严重，由此导致的加固维修费用剧增。

在桥梁加固方法中，常用的加固方法有：增大截面加固法、置换混凝土加固法、外粘型钢加固法、粘贴纤维复合材料加固法、外加预应力加固法、增设支撑体系加固法、剪力墙法和增加拉结连系法等，近年来，将 FRP 材料应用在桥梁加固维修中的研究比较热门，如碳纤维（Carbon Fiber)、芳纶纤维（Aramid Fiber）和高强玻璃纤维（High Intensity Glass Fiber）等，其中碳纤维因其众多优点在桥梁加固中得到广泛应用。鉴于此，本书拟开展侵蚀环境耦合作用下环境—疲劳双重损伤预应力板梁碳纤维加固耐久性及疲劳特性研究。

由于桥梁结构的整体性和受力的复杂性，加上原构件界面材料耐久性劣化、结构损伤裂缝等因素的影响，使得加固修复后的桥梁结构与原结构同样面临耐久性劣化以及由此导致的疲劳寿命问题，尤其是在复杂环境如盐溶液侵蚀、冻融循环侵蚀作用下，加固构件在后期使用过程中耐久性急剧劣化，导致加固效果较快丧失、疲劳寿命大幅缩短，在造成经济损失的同时往往导致重大工程事故的发生。例如武汉的长江二桥，十年来进行了三次较大规模的维修与加固，2006 年进行了第二次加固维修，但是仅过了七年，武汉长江二桥又迎来了第三次维修。武汉的吴家山高架桥也分别于 2005 年 7 月、2010 年 6 月进行过两次大修，然而在 2012 年，吴家山高架桥又再次出现病害，大量桥面板出现裂缝，甚至出现部分桥面板断裂现象。出现同样问题的还有流经四川汶川县、绵阳市、江油市的涪江三桥等。

随着加固后耐久性劣化导致的工程事故不断发生，桥梁加固后耐久性问题逐渐引起学术界的重视，相关研究也得以开展。早期研究成果主要是针对加固材料、胶粘剂本身的耐久性开展的。王吉忠研究发现海水腐蚀对 FRP 材料物理性能影响不大，CFRP-混凝土黏结强度随腐蚀时间增加而降低；殷彦波研究了氯盐侵蚀对 CFRP 力学特性及耐久性的影响。第二阶段是针对加固构件黏结界面耐久性展开的研究。Fei Yan 等研究了溶液侵蚀下玻璃纤维加固柱的粘结界面耐久性衰减规律及预测模型；Altalmas A 对加速老化环境下玄武岩纤维加固梁粘结界面衰退规律进行了分析。针对加固材料本身、粘结界面、构件材料等耐久性的研究相继开展，但加固混凝土结构是一个复合系统，其功能不是单个个体的简单组合，正如系统学所说，整体依赖于个体，但同时又具有个体没有的特征。因此，开展加固构件整体耐久性研究是全面认识加固构件系统长期耐久性及服役寿命的重要手段与方法。第三阶段主要围绕单一侵蚀环境作用下纤维加固构件耐久性及相应力学性能开展，该阶段研究对象多为健康构件，研究集中在纤维对增强健康构件力学性能及耐久性作用方面。李趁趁研究了干湿环境下 FRP 全裹与条带间隔加固混凝土圆柱耐久性试验；Ali O 分析了碳纤维加固对混凝土桥梁结构耐久性的改善作用；申士军研究了氯盐侵蚀作用下受力构件碳纤维加固耐久性，该研究中将损伤构件作为研究对象，但未考虑耐久性损伤对结构疲劳寿命的影响。在数值模拟方面，张海阔、熊保伟尝试用数值方法研究冻融循环对玄武岩纤维加固梁和柱耐久性的影响。刘超越、张旭东分别对荷载和湿热环境耦合作用下粘贴 CFRP 和钢板加固的钢筋混凝土梁进行三点弯曲试验分析，分析荷载和湿热环境耦合作用对粘贴 CFRP 和钢板加固梁破坏形态、挠度、受力性能、界面破坏形态和界面耐久性的影响机制。Mohamed-Akram Khanfour 等研究了冻融循环对玄武岩纤维加固聚合物梁的影响；刘延年建立了 CFRP 加固混凝土构件的耐久性评定方法并基于实际工程对评定方法进行了验证；Nehemiah J 对快速冻融对碳纤维加固损伤混凝土耐久性进行了研究。

分析国内外文献发现，针对桥梁结构耐久性及加固后耐久性的研究虽然取得了阶段性成果，但仍存在以下问题：

（1）目前针对桥梁结构加固耐久性进行的研究尚不充分，且大部分是基于小尺寸、非预应力、健康构件开展的，未考虑加固构件界面耐久性劣化因素影响，同时，加固损伤构件与加固健康构件的受力及耐久性劣化机理存在一定差异。目前大多数耐久性试验研究仅考虑了单一环境因素对混凝土加固结构整体耐久性的影响，而在实际工程中，加固前后的混凝土结构始终处于荷载和侵蚀环境共同作用下，其整体性能的退化和单一环境下会有所不同，应该同时考虑两者的耦合作用对结构耐久性的影响。因此，针对大尺寸双重损伤预应力构件开展不利环境耦合作用下的加固结构耐久性研究对于揭示实际加固构件耐久性劣化机理具有重要的理论价值。

（2）桥梁构件加固耐久性不足最终将导致结构疲劳寿命的缩短，进而影响到结构的使用寿命及服务质量，而针对桥梁结构加固耐久性与其疲劳特性之间相关关系的研究还鲜有报道，基于此，本书拟对桥梁加固耐久性劣化类型及程度与疲劳特性间的相关关系开展研究。

（3）实际桥梁结构全生命周期耐久性包括损伤—加固—损伤整个过程，前期研究多集中在健康构件耐久性研究，后期逐渐过渡到加固构件耐久性研究，未考虑构件加固前后耐久性劣化之间的差异及其对疲劳特性的影响，因此，模拟桥梁结构全寿命周期耐久性衰减规律，开展桥梁损伤—加固—损伤全寿命周期耐久性劣化机理及疲劳特性研究亟待进行。

综上，在桥梁结构加固后继续服役的过程中，仍可能受到荷载、环境侵蚀等因素的影响，使得加固后的结构将同样面临耐久性问题，其耐久性及疲劳特性也必然会随时间退化。为确保加固结构在目标使用年限内安全运营，在加固设计不仅要对加固材料、黏结材料和混凝土基底等耐久性进行研究，还需对加固结构体系耐久性及其与疲劳特性的关系进行研究，鉴于此，本书开展“侵蚀环境作用下预应力板梁全寿命周期耐久性及疲劳特性”，进而提出预应力桥梁全寿命周期耐久性评价理论及基于耐久性指标的桥梁疲劳寿命预估方法，建立基于损伤类型及其程度的桥梁加固耐久性能退化模型，明晰加固耐久性与疲劳特性间的关系，为进行加固耐久性设计、改善加固桥梁结构耐久性及抗疲劳特性能提供理论依据。

1.3 研究内容、目标及拟解决的关键科学问题

1.3.1 研究内容

(1) 侵蚀环境耦合作用下大尺寸预应力空心板梁耐久性及疲劳特性试验

基于相似比原理制作大尺寸预应力空心板梁模型，通过改装的氯离子侵蚀设备及冻融循环设备对其开展氯离子侵蚀、冻融循环作用及两者耦合作用下的耐久性劣化试验，研究不利环境侵蚀作用下预应力板梁耐久性劣化机理，重点研究不利环境侵蚀作用下构件界面混凝土劣化情况，进而为构件加固耐久性研究提供参考。基于预应力空心板梁模型破坏试验确定疲劳试验加载应力幅，利用 MTS 模拟现有交通荷载对耐久性劣化预应力板梁构件进行疲劳破坏试验，研究耐久性劣化程度对结构破坏形态及疲劳特性的影响，建立耐久性劣化程度与疲劳寿命衰减规律之间的相关关系。

(2) 侵蚀环境耦合作用下双重损伤预应力空心板梁加固耐久性及其疲劳特性试验

对耐久性及疲劳双重损伤板梁构件进行粘贴碳纤维布加固处理，依次对加固构件开展氯离子侵蚀、冻融循环及两者耦合作用下的耐久性试验，研究不同侵蚀环境作用下损伤构件加固耐久性劣化规律及其对疲劳特性的影响，考虑到构件加固后的薄弱环节通常出现在界面上，因此重点研究不同侵蚀环境作用对损伤预应力板梁加固界面及结构整体耐久性的影响，同时分析原结构表层内残留的侵蚀性介质（由于界面耐久性劣化造成）及构件疲劳损伤对加固界面耐久性的影响，基于试验数据分析，辅以数值模拟方法，建立不同劣化环境、不同劣化程度下损伤预应力板梁加固界面耐久性衰退机理及劣化模型。对不同侵蚀环境作用下预应力空心板梁加固构件开展疲劳特性试验研究，基于对疲劳试验过程中加固板梁构件动静力学指标（动静应力、动静挠度、自振频率、阻尼）、疲劳破坏形态、界面破坏类型及疲劳寿命等指标的观测分析，通过与参考梁及加固耐久性未劣化构件相关动静力学指标、界面破坏形态及疲劳特性的对比分析，系统研究不同侵蚀环境、劣化程度对预应力板梁加固构件疲劳特性的影响。

(3) 基于全寿命循环耐久性指标的预应力板梁加固评价理论研究

研究表明，仅将材料性能及结构性能作为构件加固效果评价的依据尚不尽合理，应将

全寿命循环耐久性指标纳入评价体系方能科学的评价构件加固效果及服役寿命情况。考虑到加固后桥梁结构始终处于复杂荷载和多种环境的耦合作用，因此本书基于预应力空心板梁“破坏—加固—破坏”全寿命周期耐久性轨迹，开展不利环境耦合作用下耐久性及疲劳双重损伤大尺寸预应力板梁加固耐久性及疲劳特性研究，重点研究不同侵蚀环境作用下加固构件耐久性指标衰退机理及疲劳特性变化规律，建立预应力空心板梁全寿命周期耐久性评估理论及基于耐久性指标的疲劳寿命预估方法，为进行加固耐久性设计、改善加固混凝土耐久性能以及提高其服役寿命提供理论依据及技术支撑。

1.3.2 研究目标

（1）揭示不同侵蚀环境作用下预应力板梁疲劳损伤机理与演变规律，建立侵蚀环境作用下板梁疲劳寿命预测模型。

（2）阐明不同侵蚀环境作用下环境—疲劳双重损伤预应力板梁碳纤维加固疲劳损伤机理与演变规律，建立侵蚀环境作用下双重损伤碳纤维加固预应力板梁疲劳寿命预测模型。

（3）分析双重损伤碳纤维加固板梁在不同侵蚀环境作用下的耐久性指标劣化机理及其疲劳特性指标衰减规律相关关系，构建不利环境侵蚀作用下环境—疲劳双重损伤预应力板梁碳纤维加固耐久性设计方法及评价理论。

1.3.3 关键科学问题

（1）侵蚀环境耦合作用下环境—疲劳双重损伤预应力空心板梁加固耐久性劣化机理识别

侵蚀环境类型及侵蚀程度决定着构件加固耐久性劣化机理的差异，构件加固前的损伤状态（耐久性损伤、疲劳损伤等）、构件尺寸及施加预应力大小等同样影响着构件加固耐久性劣化机理。因此，如何在对现有耐久性试验设备进行改造的基础上，开展不同侵蚀环境耦合作用下双重损伤预应力空心板梁加固耐久性试验并对其耐久性劣化机理进行识别，是本书要解决的关键科学问题之一。

（2）侵蚀环境作用下环境—疲劳双重损伤预应力板梁加固疲劳损伤机理与演变规律

侵蚀环境作用下加固构件同样面临耐久性劣化问题，进而导致加固构件疲劳特性的衰减。不同侵蚀环境、侵蚀程度、原加固构件损伤类型、界面劣化程度等是决定损伤加固构件疲劳特性衰减规律的主要因素，最终影响到加固结构的疲劳寿命。因此，如何在开展不同侵蚀环境作用下双重损伤预应力板梁碳纤维加固构件疲劳试验的基础上，识别侵蚀环境作用下加固结构疲劳损伤机理与计算理论，是本书要解决的另一个关键科学问题。

（3）侵蚀环境作用下双重损伤板梁加固耐久性设计方法及评价理论

预应力板梁加固前界面耐久性及损伤程度影响着其加固后的耐久性劣化机理，进而影响到加固结构疲劳特性的衰减规律，因此，如何模拟桥梁结构全寿命周期耐久性衰减轨迹，在开展预应力板梁构件“破坏—加固—破坏”全寿命周期耐久性试验及疲劳特性试验的基础上，从加固材料耐久性、胶粘剂耐久性，混凝土界面基体耐久性、结构整体耐久性、结构损伤程度、疲劳荷载应力幅、界面破坏形态、结构疲劳寿命等指标方面出发，建立侵蚀环境侵蚀作用下双重损伤预应力板梁碳纤维加固耐久性评价理论，是本书要解决的最后一个关键问题。

1.3.4 技术路线

本书技术路线如图 1-3 所示。

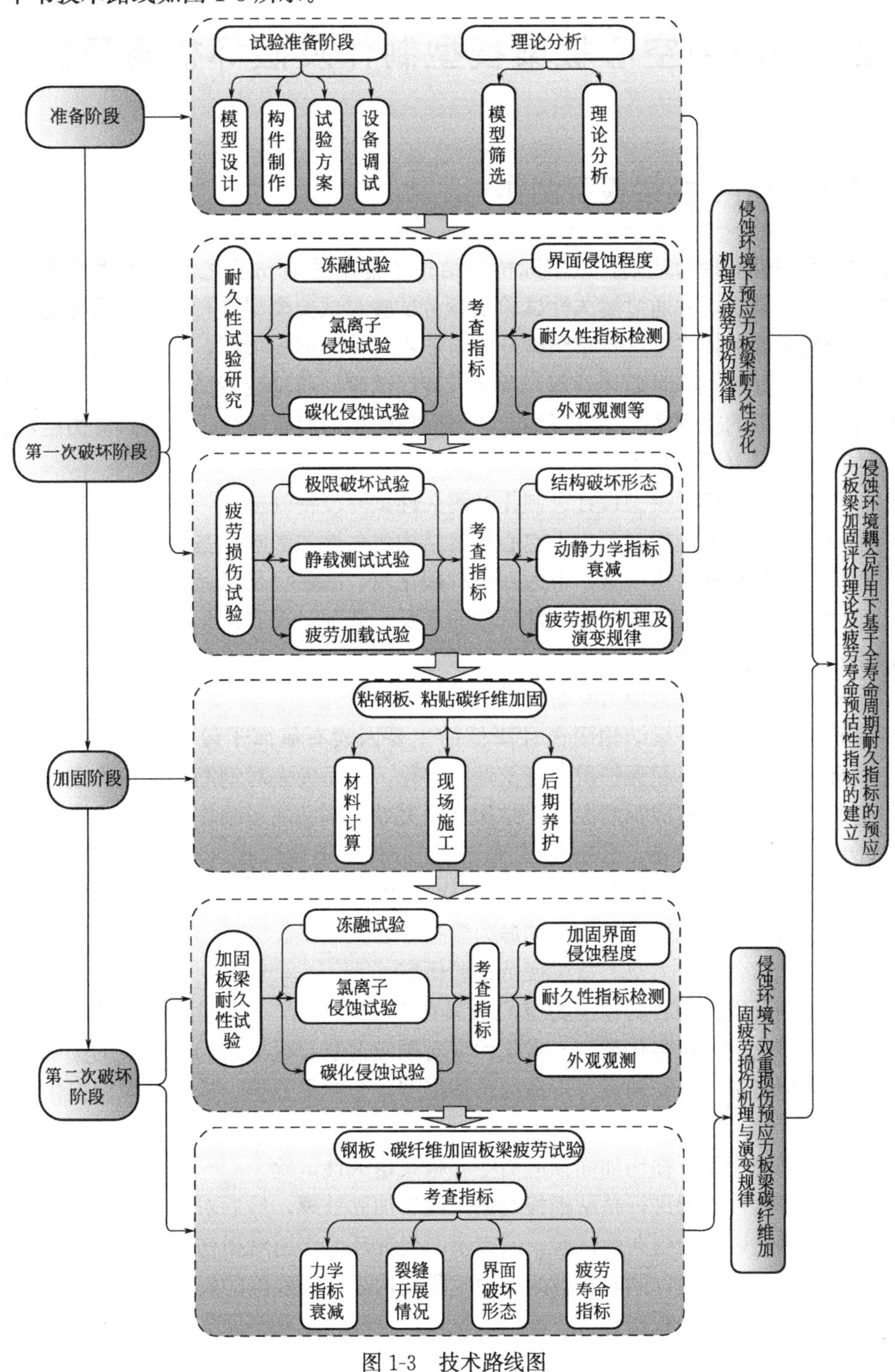

图 1-3 技术路线图

2 预应力空心板梁模型制作及破坏机理研究

2.1 预应力空心板梁模型制作

本书以相似性原理为基础，以实际桥梁结构中常用的20m空心板为参考制作大尺寸预应力空心板梁模型，并通过耐久性试验及疲劳试验对试验模型进行耐久性劣化与预裂处理，然后分别对疲劳损伤梁进行粘贴碳纤维布加固与粘贴钢板加固，然后对其开展耐久性试验（快速碳化处理与冻融循环处理）及疲劳特性试验，通过疲劳试验数据分析，研究基于环境侵蚀作用下的粘钢法与粘碳纤维布法加固损伤梁的疲劳特性。基于预应力空心板梁模型，本书主要开展了以下工作：

（1）预应力空心板梁模型设计、制作及耐久性试验设备改造

为了研究不利环境作用对预应力空心桥梁结构耐久性的影响，基于相似比原理设计并制作了预应力空心板梁结构模型；考虑到现有碳化箱、冻融箱及氯离子侵蚀设备尺寸无法满足大尺寸预应力空心板梁模型耐久性试验的需要，分别对现有碳化、氯离子侵蚀及冻融试验设备进行了升级改造。

（2）不利环境作用下预应力空心板梁耐久性试验研究

不利环境侵蚀造成桥梁结构耐久性降低的主要因素有氯离子侵蚀、碳化、循环冻融等，不利环境侵蚀首先引起保护层混凝土性能劣化，进而失去对钢筋的保护作用，导致钢筋锈蚀速率大幅增加，造成钢筋混凝土结构过早失效。本书基于制作的预应力空心板梁构件及改造的耐久性试验设备，分别开展预应力空心板梁碳化试验（轻、中、重）、氯离子侵蚀（轻、中、重）及冻融试验（50次、75次、100次），研究不同侵蚀环境作用下预应力空心板梁耐久性劣化机理及相应的动静力学指标衰减规律。

（3）耐久性劣化预应力空心板梁疲劳试验研究

对三组不利环境侵蚀后的预应力空心板梁在MTS（岩石三轴伺服刚性试验机）上进行疲劳试验，研究耐久性劣化类型、劣化程度对预应力空心板梁结构耐久性的影响，建立基于耐久性劣化指标评价结构疲劳寿命的预估模型，为桥梁养护、检测及加固提供理论支撑及技术支持。

（4）侵蚀环境作用下损伤加固预应力空心板梁耐久性试验

对损伤板梁构件分别进行粘贴钢板及碳纤维布加固处理，然后对其开展侵蚀环境作用下（碳化、冻融循环）的耐久性试验，研究不同侵蚀环境作用对损伤预应力板梁加固界面及结构整体耐久性的影响，同时考虑耐久性劣化结构表层内残留的侵蚀性介质对加固界面耐久性的影响，基于试验数据分析，辅以数值模拟方法，建立不同劣化环境、不同劣化程度下损伤预应力板梁加固界面耐久性衰退机理及劣化模型。

（5）侵蚀环境作用下损伤加固预应力空心板梁疲劳特性试验研究

对耐久性劣化后预应力空心板梁加固构件开展疲劳特性试验研究，基于对疲劳试验过程中加固板梁构件动静力学指标（应变、挠度、自振频率、阻尼）、疲劳寿命及疲劳破坏形态的观测分析，并通过与相应加固耐久性未劣化构件相关动静力学指标及疲劳寿命的对比分析，系统研究不同劣化环境、劣化程度对预应力板梁加固构件疲劳特性的影响。

（6）基于耐久性的受损预应力桥梁加固方案优劣评估指标体系的建立

对基于不同加固原理加固的构件加固耐久性劣化试验及其疲劳特性试验数据进行多方位的对比分析，如一定劣化程度下不同加固原理加固构件耐久性指标及疲劳特性指标之间的优劣，同一加固原理加固构件耐久性、疲劳特性与劣化环境及劣化程度之间的相关关系等，辅以数值模拟方法，研究侵蚀环境作用下基于不同加固原理的构件加固耐久性指标衰退机理及疲劳特性变化规律，建立不同加固原理加固构件耐久性评估指标体系，提出基于耐久性的桥梁加固原理优化策略，为基于耐久性的桥梁加固方案的制定提供理论依据。

2.2 预应力空心板模型制作及破坏试验

本节结合工程中常用的空心板梁尺寸，基于相似原理，设计并制作了预应力空心板梁模型构件。

2.2.1 先张法预应力混凝土空心试验板的设计

2.2.1.1 原材料的选择

1）钢筋

试验所用钢筋主要为热轧螺纹钢筋，在试验板中主要用于纵向架立筋与横向箍筋，主要作用是起到架立钢筋骨架、支撑预应钢绞线与提供抗剪切力的作用。非预应力筋在本课题中不承担试验板板底弯曲荷载所产生的抗拉受力效应。根据《公路钢筋混凝土及预应力混凝土桥涵设计规范》规定，本次试验板的钢筋直径为6mm，主要力学性能参见表2-1。

非预应力筋力学性能指标（MPa）　　表2-1

非预应力筋	抗拉强度设计值（f_{sd}）	抗压强度设计值（f'_{sd}）	弹性模量（E_p）
ϕ6	330	330	2.0×10^5

2）预应力钢绞线

试验所用预应力钢绞线为1860级$7\phi^s12.7$钢绞线，该钢绞线公称直径为12.7mm，公称面积为126mm^2。钢绞线强度标准值$f_{pk}=1860$MPa，抗拉强度设计值$f_{pd}=1268$MPa，抗压强度设计值$f'_{pd}=390$MPa，设计张拉应力为$\sigma_{con}=0.75f_{pk}=1395$MPa，弹性模量$E_p=1.95\times10^5$MPa，泊松比为$\mu=0.3$。

3）混凝土

本次试验中所使用的混凝土为河南省一建自制的高强混凝土，强度等级为C50，各个试验板所用混凝土配合比均相同，试验板所采用混凝土具体配合比参见表2-2。

试验板混凝土配合比组成（kg） **表 2-2**

水泥	粉煤灰	河沙	碎石	聚羧酸高效减水剂	水
450	50	722	1035	5.0	160

浇筑试验板时每次浇筑均浇筑同期立方体混凝土试块，每块板均浇筑同期试块 3 组，每组 3 个试块。第一组混凝土立方体同期试块用于测定后张法预应力试验板放张时的混凝土立方体抗压强度，第二组混凝土立方体同期试块用于测定疲劳试验时试验板中混凝土强度等级以及弹性模量。第三组混凝土立方体同期试块用于测试在不同碳化条件下的试验板中混凝土强度以及弹性模量。具体测定方法参考《普通混凝土力学性能试验方法标准》GB/T 50081—2002 测试混凝土立方体试块强度及弹性模量的方法。三组试块同试验板采用相同养护方法进行养护。混凝土养护期（>28d）结束后强度值参见表 2-3。

试验板混凝土抗压强度表 **表 2-3**

混凝土强度等级	强度平均值（MPa）	强度标准值（MPa）
C50	56.5	50

2.2.1.2　预应力混凝土空心板设计

1）预应力混凝土空心板设计

本次试验针对的是河南省内常用的公路桥梁 20m 预应力混凝土空心板，设计荷载为公路汽车二级荷载。根据《公路钢筋混凝土及预应力混凝土桥涵设计规范》规定，预应力混凝土构件混凝土强度等级不应低于 C50，所以本次试验板混凝土采用的是强度等级为 C50 的混凝土。根据《公路钢筋混凝土及预应力混凝土桥涵设计规范》JTG D62—2004 中关于桥梁构件极限承载力计算公式规定，可以具体求得原型空心板的设计极限荷载，具体公式参见式（2-1）、式（2-2）：

$$\gamma_0 S \leqslant R \tag{2-1}$$

$$R = R(f_d, a_d) \tag{2-2}$$

式中　γ_0——桥梁结构重要性，公路一级取为 1.1，公路二级取为 1.0，公路三级取为 0.9；

S——作用效应的组合设计值；

R——构建承载力设计值；

$R(*)$——构件承载力函数；

f_d——材料强度设计值；

a_d——几何参数设计值。

预应力施加采用先张法，根据《公路钢筋混凝土及预应力混凝土桥涵设计规范》（以下简称《公预规》）第 6.3.1 条，预应力钢筋截面面积 A_p 可以根据式（2-3）进行计算：

$$A_p = \frac{N_{pe}}{\sigma_{con} - \sum \sigma_l} \tag{2-3}$$

式中　σ_{con}——预应力钢绞线的张拉控制应力；

$\sum \sigma_l$——所有钢绞线的预应力损失，一般按照张拉控制力的 20%计算。

经计算，本次 20m 空心板配置了设计了配置了五束公称直径为 15.2mm 的预应力钢绞线。具体原型板横截面尺寸根据标准图集可以参见图 2-1（*c*）。

2）预应力混凝土空心板模型设计

根据本次试验目的及试验条件基于相似性原理对原型空心板进行转换设计，转换后的试验板长度为 2m，具体截面尺寸见图 2-1（*b*）。根据量纲分析法求出试验板所需要的模型相似条件。对于一般梁板疲劳破坏试验，主要需要考虑的模型特征量有：几何尺寸 l、弹性模量 E、密度 ρ、泊松比 μ、温度线膨胀系数 α。在确定了几何相似常数 c_l 后，结合相应的荷载作用量以及初始条件等物理量可以具体得到下列方程式（2-4）～式（2-7）：

$$\frac{R}{F}=f_1\left(\frac{El^2}{F},\frac{\rho gl}{E},\mu,at,\frac{pl^2}{F},\frac{x}{l},\frac{y}{l},\frac{z}{l},\frac{\sigma_0}{E},\frac{\mu_0}{l}\right) \tag{2-4}$$

$$\frac{\sigma l^2}{F}=f_2\left(\frac{El^2}{F},\frac{\rho gl}{E},\mu,at,\frac{pl^2}{F},\frac{x}{l},\frac{y}{l},\frac{z}{l},\frac{\sigma_0}{E},\frac{\mu_0}{l}\right) \tag{2-5}$$

$$\varepsilon=f_3\left(\frac{El^2}{F},\frac{\rho gl}{E},\mu,at,\frac{pl^2}{F},\frac{x}{l},\frac{y}{l},\frac{z}{l},\frac{\sigma_0}{E},\frac{\mu_0}{l}\right) \tag{2-6}$$

$$c_M=c_Fc_l=c_\sigma c_l^3=c_\gamma c_l^4 \tag{2-7}$$

根据以上四个公式，可以计算出模型板中各个材料的具体特性。结合具体试验条件，预应力混凝土试验板长度几何相似比确定为 0.25，横断面各个边长几何相似比确定为 0.5，横断面积几何相似比确定为 0.25。原型预应力混凝土空心板中的钢筋在试验板中仍使用相同材料代替，混凝土材料使用强度等级为 C50 的高强混凝土代替。另根据应力相似性原理对试验板中预应力钢束进行相似替代，重新布置预应力钢束的数量以及布置方式。具体的一些相似常数参见表 2-4。

预应力混凝土试验板部分相似系数 **表 2-4**

物理量	混凝土泊松比 μ_c	混凝土弹性模量 E_c	预应力钢束弹性模量 E_s	试验板长度 l	试验板横截面面积 A
相似关系	$c_{\mu_c}=1$	$c_{E_c}=1$	$c_{E_s}=1$	$c_l=0.01$	$c_A=0.25$

2.2.2 先张法预应力混凝土空心试验板的制作

2.2.2.1 预应力混凝土试验空心板尺寸及钢筋布置位置确定

试验板以 20m 钢筋混凝土预应力空心板为原型，原型板截面尺寸具体参照标准图集，具体形状尺寸如图 2-1 所示。试验板依照相似性原理进行等比例模拟，根据具体试验条件与相似比指数。试验板长度设置为 2m，截面尺寸参考面积相似比 $c_A=0.25$，高度取为 320mm，宽度取为 500mm。板中空部分尺寸参考面积相似比 $c_A=0.25$，高度取为 220mm，宽度取为 400mm。具体截面尺寸以及钢筋布置示意图如图 2-1（*b*）所示。

试验板布置 3 束 1×7 的 12.7 钢绞线即可满足设计要求。三束预应力钢绞线等距离布置在底板处，混凝土保护层厚度为 25mm。由于不需要额外布置纵向受拉钢筋，所以只按照结构设计原理布置四根纵向架立钢筋。试验板跨中按照 100mm 等间距布置 16 根箍筋，支座处适当加密，按照 50mm 等间距各布置 4 根箍筋。架立筋与箍筋均采用公称直径为 6mm 的热轧螺纹钢筋。箍筋布置位置以及箍筋间距可参考图 2-1（*a*）所示。试验板混凝土根据相似性原理需采用泊松比与弹性模量相同的材料进行浇筑。本次试验中预应力施加方法为先张法施工。预应力张拉力为1395MPa，并在预应力筋两端分别布置螺纹钢筋，防止混凝土被压坏。

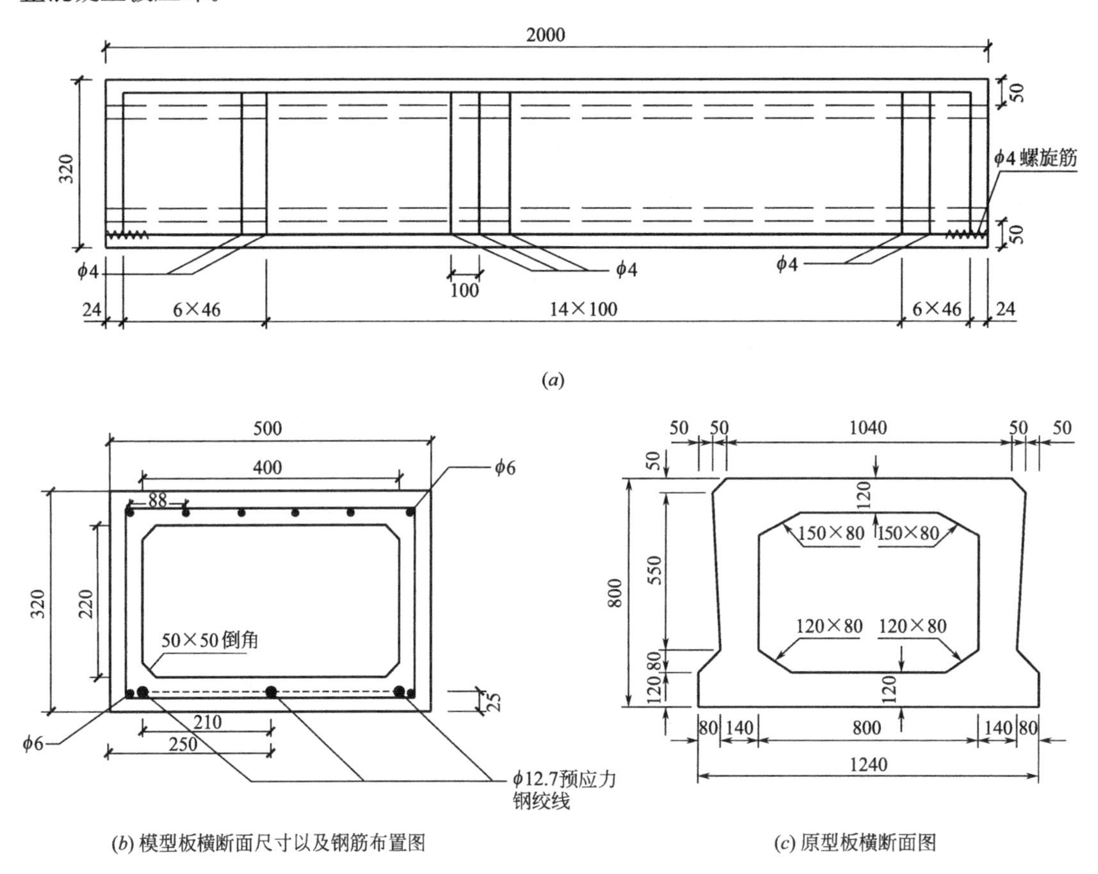

(b) 模型板横断面尺寸以及钢筋布置图　　(c) 原型板横断面图

图 2-1　原型板以及试验板横截面及部分布筋图

2.2.2.2　预应力混凝土试验空心板浇筑

预应力试验空心板的制作过程严格进行质量控制，以保证空心板的质量达到试验要求。

1）预应力先张法施工

先张法预应力施工是将预应力钢绞线事先固定在张拉台座上进行张拉，待达到张拉力后再浇筑混凝土。浇筑结束后对混凝土进行标准养护。结构混凝土强度达到规定强度（>75%）时，对预应力钢绞线进行放张，最终达到施加预应力的目的。本次试验板预应力放张采用的是预应力超张拉技术进行放张，由河南省一建集团预制分公司进行制作。考虑到预制场地、预制时间以及预制质量等因素，本次浇筑采用一条生产线，在两个台座之间直接张拉三束预应力钢绞线，一次性浇筑14片预应力混凝土试验空心板。

具体的先张法施工工序有以下几步：

a. 将按照设计要求绑扎完毕的钢筋笼骨架按照施工要求安置在预应力张拉台座中间位置；

b. 将预应力钢绞线按照设计位置穿过预应力张拉台座，与钢筋笼采用绑丝进行绑扎固定；

c. 按照施工张拉要求，分级进行张拉。张拉后使用锚具及夹片将钢绞线固定于两端张拉台座上；

d. 架设模板，浇筑混凝土，采用标准养护方法对混凝土进行养护；

e. 养护混凝土强度达到设计强度的75%时，使用超张拉法进行放张。

最终通过钢绞线与混凝土之间的黏结力将预应力传递给混凝土空心板，达到施加预应力的目的。

2）预应力空心板具体施工过程

先张法预应力施工工序为：首先将按照具体设计要求绑扎好的钢筋骨架摆放在预应力张拉台座上，按照两组一单元，总共分七个单元。钢筋笼下摆放木质地板革，用以保证底板表面光滑平整，拆模方便。具体摆放形式参照图 2-2（*a*）。然后将三束预应力钢束按照设计位置传入台座并固定在台座两端的锚夹具中。具体固定方式参见图 2-2（*b*）。预应力钢绞线固定好后在设计位置安装螺纹钢筋与混凝土垫块，分别用以减少预应力损失与保证混凝土保护层厚度，参见图 2-2（*c*）。钢筋笼及预应力钢绞线摆放完毕后，进行检查，保证钢筋骨架摆放正确无误。钢筋笼与钢绞线固定完毕后，使用液压千斤顶分别对三根预应力筋进行张拉。由于张拉台座之间距离较大，所以钢绞线伸长值较大，国内千斤顶一般张拉伸长量不大于200mm，所以张拉时采用千斤顶张拉缸进行外伸张拉，见图 2-2（*d*）。

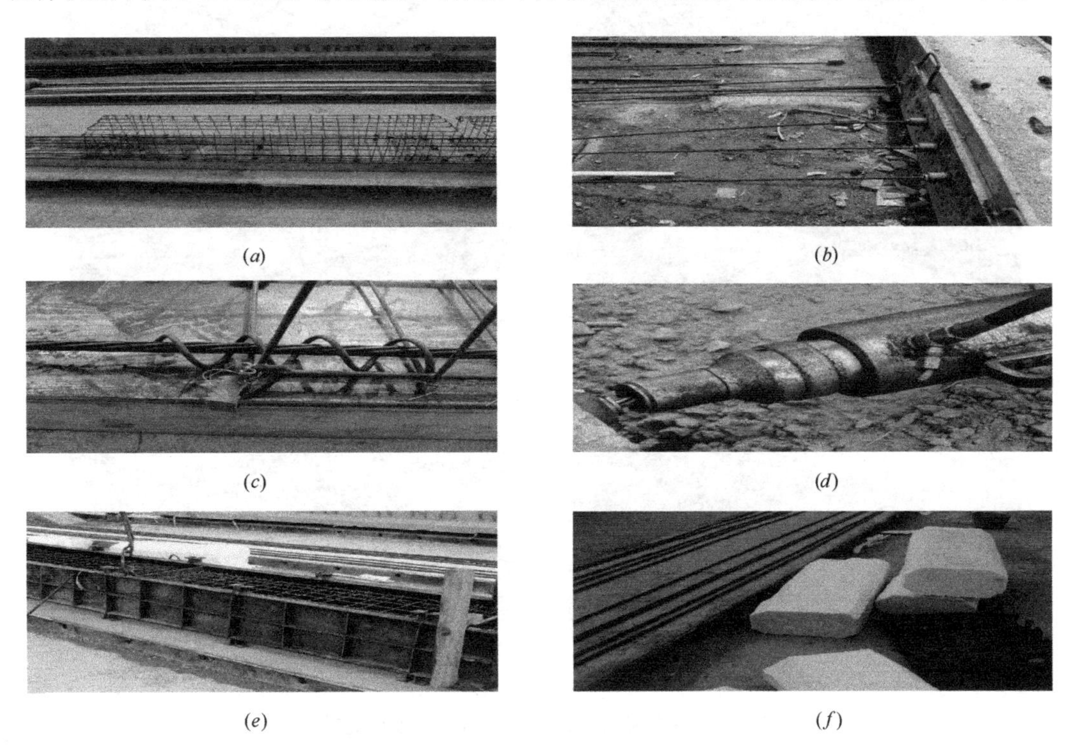

(*a*)　(*b*)　(*c*)　(*d*)　(*e*)　(*f*)

图 2-2　预应力空心板施工过程

具体预应力张拉应力可以参见预应力张拉施工表 2-5。预应力钢绞线张拉结束后要按照设计要求架立模板，每一个单元使用一套整体式模板，总计使用七套模板。空心板钢筋骨架端头部位设置端头木质模板，用以保证端头平面光洁平整。具体布置形式参见图 2-2（*e*）。根据空心板内壁尺寸制作泡沫塑料填充物，用以保证空心板内壁形状符合设计要求，参见图 2-2（*f*）。

预应力张拉应力施工数值交底卡 **表 2-5**

设计要求	千斤顶	油压表读数									
张拉吨位(t)		2号	1号	1号		2号		3号		4号	
13.8	10%	3.2	3.0								
27.5	20%	6.3	6.1								
34.4	25%	7.9	7.7								
68.8	50%	15.6	15.4								
103.3	75%	23.4	23.2								
137.7	100%	31.2	31.0								
103.3	50%			2.0	2.1	2.1	1.4	1.8	2.0	1.8	1.6
206.5	100%			3.8	3.9	3.9	3.2	3.6	3.8	3.6	3.4

(*a*) (*b*) (*c*) (*d*) (*e*) (*f*)

图 2-3 预应力混凝土试验板浇筑以及预应力放张

钢绞线张拉完毕后，经过检查各项步骤无误时，可以开始进行混凝土浇筑。本次试验所采用的混凝土为河南省一建集团预制分公司所生产的高强混凝土，设计强度等级为C50。浇筑混凝土时应当先浇筑底板混凝土至 50mm 厚。底板混凝土浇筑结束后，使用振动棒进行混凝土振捣，保证混凝土与钢绞线以及钢筋连接紧密并无空隙，以确保混凝土密实度。底板振捣完毕后，按照设计要求放入泡沫塑料填充物，然后进行预应力混凝土空心板壁板与顶板的浇筑。浇筑结束后，使用小型振捣设备及附着式振捣设备进行振捣，振捣过程中防止振捣棒碰触钢筋笼与钢筋笼内部的泡沫塑料填充物。浇筑混凝土时，同时浇筑同批次标准立方体混凝土试块。每块试验板浇注混凝土时应当制作三组，每组三个共计九个混凝土标准试块。混凝土浇筑振捣密实后，顶板进行人工找平，保证顶板质量。具体混凝土浇筑过程以及试块制作养护过程参见图 2-3（*a*）～（*d*）。混凝土浇筑结束后对混凝土板及时进行养护，试验板上布置油毡布，定时洒水养护。

当进行先张法预应力混凝土施工时，在混凝土强度达到一定强度后需要进行预应力钢绞线的放张施工。一般情况下，当混凝土强度达到设计强度的 75%时即可开始进行钢绞线预应力放张施工。先张法预应力放张需要根据设计要求分步骤、分批次逐步进行。不能一次性直接将张拉台座两端的锚夹具去掉，直接进行放张。直接一次性放张容易导致预应力混凝土试验空心板端头部位由于钢绞线的回弹力过大而产生局部裂缝甚至混凝土端头处压碎。

本次试验在混凝土强度达到设计要求时，可以进行拆模并进行混凝土抹面处理，保证混凝土表面没有蜂窝麻面，具体操作参见图 2-3（*e*）。在混凝土养护 28d 后，依据混凝土立方体试抗压强度（设计强度的 80%）确定预应力筋放张时间。本次试验中预应力钢绞线采用超张拉法进行放张，首先采用前置穿心式千斤顶根据设计要求分级进行张拉，待锚夹具松开后，依次按照设计应力等级逐步释放张拉应力，待张拉应力完全释放完毕后，使用手提式切割机将钢绞线截断。具体放张过程参见图 2-3。

2.2.3　预应力混凝土空心板破坏试验

在开展预应力混凝土试验空心板疲劳特性研究之前需要对其静载极限承载力进行测定，以确定预应力混凝土试验空心板的最大极限荷载与最先破坏位置。通过对试验板的极限荷载的测定确定疲劳试验的最大应力比、疲劳振幅以及重点观测部位。并通过静载极限荷载试验来确定混凝土裂缝位置及发展趋势，为后期试验观察提供依据。

本次预应力混凝土试验空心板静载试验在郑州大学结构试验室进行，采用三分点加载法进行加载。三分点加载法可以在预应力混凝土试验空心板跨中实现纯弯段。试验板长度为 2000mm，跨径为 1800mm，试验板架设在工字钢简支座上。试验加载装置采用 50t 液压千斤顶与竖向反力架钢梁进行加载，使用工字钢作为荷载传递导梁。为了不产生集中应力而引起预应力试验板产生局部压碎的情况发生，导梁与预应力试验板之间放置钢板避免局部受力过大，试验过程中荷载数据的采集采用 50t 压力环进行采集。

2.2.3.1　静载试验准备及设备布置

1）仪器设备

本次静载试验采用的加载设备为 50t 液压千斤顶、50t 压力环以及竖向反力钢梁，混凝土应变及挠度数据由武汉华岩 HY-65B3000B 型数码应变计及 HY-65050F 型数码位移计进行测量采集。

2）加载方案设计

本次预应力空心试验板静载试验采用三分点加载法，采用 50t 液压千斤顶与竖向反力架钢梁进行加载，预应力空心试验板固定在工字钢简支支座上，调整试验板的位置使试验板跨中位置位于竖向反力钢梁中心正下方。钢梁与试验板之间使用工字钢作为荷载传递导梁，保证将跨中集中荷载通过导梁传递至预应力混凝土空心试验板跨径的 1/3 和 2/3 处，防止产生集中应力而引起预应力试验板产生局部压碎，导梁与预应力试验板之间放置钢板。三分点加载法具体布置方式可以参见图 2-4。

将 50t 液压千斤顶放置在钢导梁中心部位，从 0 开始按照每级 5kN 逐步增加荷载，每级荷载持续 10min。待应变和位移读数稳定后，记录应变计与位移计的读数及对应的加载荷载值。持续加载至空心试验板失去承载能力，加载设备无法继续施加荷载为止，记录此时应变计、位移计以及荷载读数，确定试验板极限荷载 P_u。

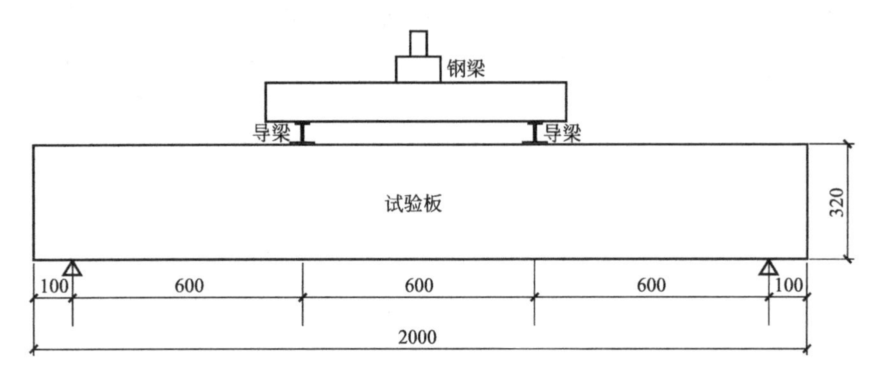

图 2-4　三分点加载示意图

静载极限破坏的标准有：

（1）正截面极限破坏：纵向受拉钢筋疲劳屈服，失去承载能力；或者受压区混凝土发生极限压碎破坏；

（2）受拉主筋的受拉应变达到 0.01；

（3）梁体出现贯通裂缝而且贯通缝的宽度已经达到 1mm；

（4）预应力试验板底板挠度发展到跨度的 1/50。

3）测量内容及方法

（1）荷载量测

本次预应力空心试验板的静载试验由 50t 液压千斤顶按每级增加 5kN 逐步施加荷载，为了保证施加的荷载可以进行有效的控制，在千斤顶下方放置 50t 压力环进行压力测量，通过 50t 压力环自带的数显荷载显示器对荷载进行读数。

（2）位移与裂缝量测

本次预应力混凝土空心板静载试验在板试件跨中、1/4 跨处以及两边支座处各布置一组位移计，每组位移计为两个。数码位移计的读数由自动采集仪进行记录。加载过程中由试验人员量测观察裂缝，每级加载结束后，在持荷阶段由试验人员使用裂缝显微观测仪对裂缝进行观测，并详细记录裂缝发生的时间以及裂缝宽度。

（3）应变测量

应变计在试验板 1/4 跨顶面与底板处各布置一片位移计；用来测量 1/4 跨处混凝土应变；在板的跨中位置布置 5 片混凝土应变片，用以测量跨中混凝土的应变。具体应变计布置位置以及各应变计间距参见图 2-5。

2.2.3.2　静载试验过程

（1）首先将试验设备以及预应力混凝土试验空心板按照上述要求放置在规定位置。在

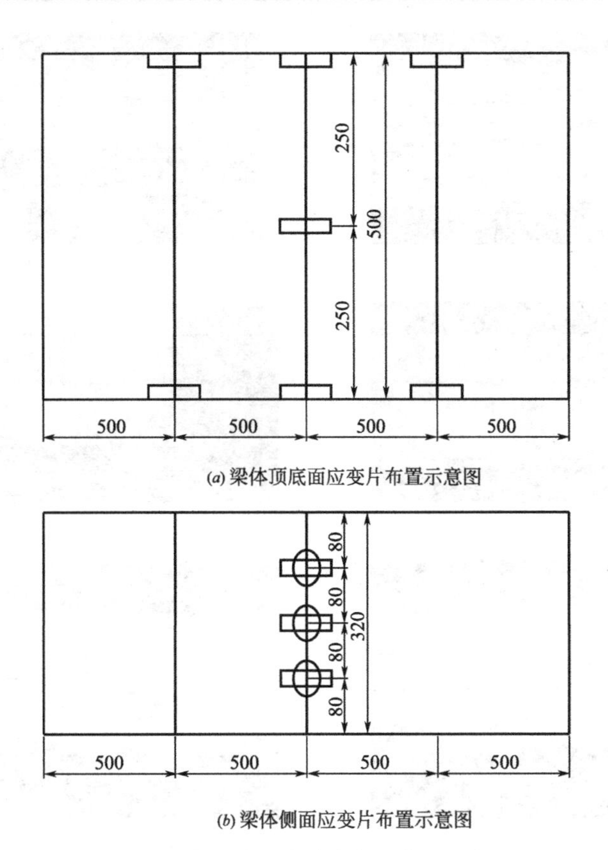

(a) 梁体顶底面应变片布置示意图

(b) 梁体侧面应变片布置示意图

图 2-5　应变计及位移计布置位置示意图

位置固定后，在预应力混凝土试验空心板上使用水泥砂浆进行刷白，并使用墨斗在试验板上设置 100mm×100mm 的矩形方格网格。

(2) 试验板以及加载设备准备就绪后连接荷载测量设备、数码应变计与数码位移计。连通电源进行软件调试，保证测试设备以及数据采集软件正常有效的工作。具体检测设备布置情况参见图 2-6 (*a*)。

(3) 准备过程结束并检查无误后，使用 50t 液压千斤顶进行预加载。首先进行预加载，预加载荷载 5kN，预加载主要为了保证各支座处结合紧密，消除非弹性变形，并通过预加载检测试验仪器工作状态。

(4) 预加载结束后，开始正式进行静载试验。正式加载时以每级增荷 5kN 的增幅进行加载，每级荷载需要持荷 10min。逐级增加直至预应力混凝土试验空心板完全破坏。持续施加荷载达到规定值后需持续 10min，在应变以及位移测量数据稳定之后存储当前数据并观察描绘裂缝曲线与裂缝宽度。

(5) 预应力混凝土试验空心板梁在荷载增至 16.5t 时，预应力混凝土试验空心板的支座处开始出剪切现裂缝，裂缝位置为支座处斜向上 45°角，如图 2-6 所示。

(6) 随着荷载的逐步增加，预应力试验板逐渐出现横向贯通裂缝、竖向贯通裂缝、端头斜向贯通裂缝甚至顶板开裂。在荷载达到 24.5t 时，预应力试验空心板达到极限承载力破坏状态。具体裂缝开展情况参见图 2-6 (*c*)～(*f*)，各阶段试验板最大裂缝宽度参见表 2-6。

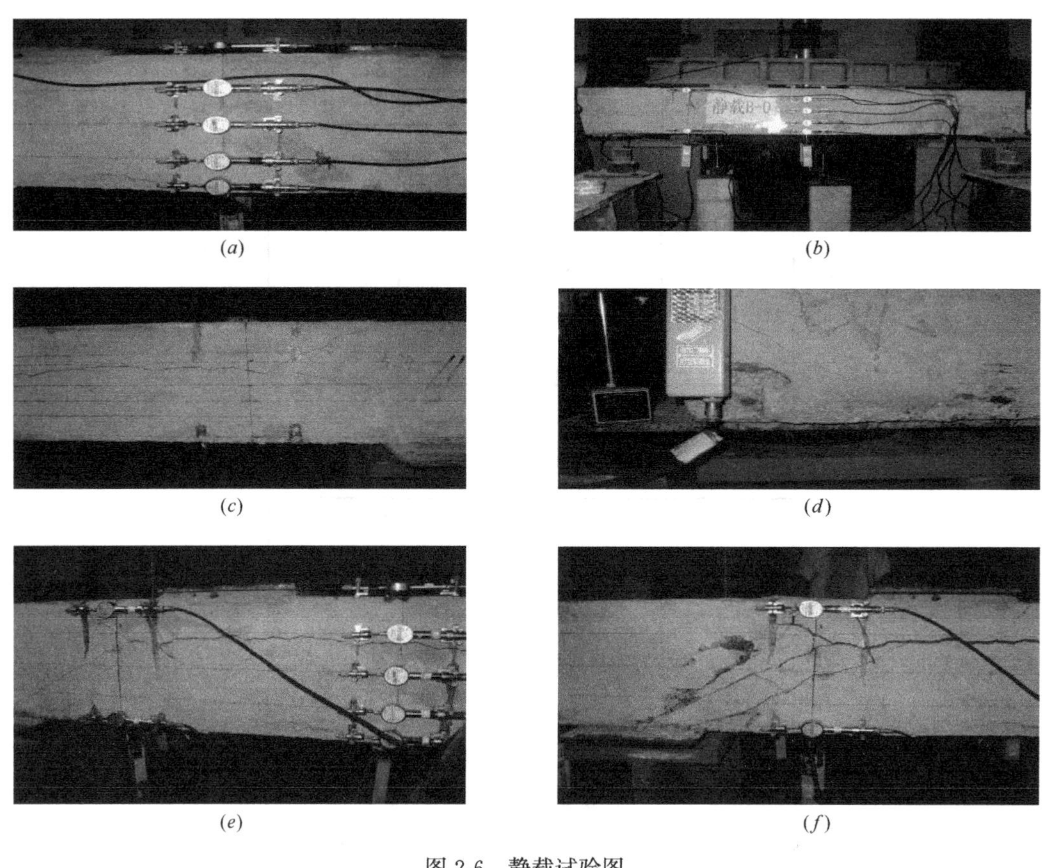

图 2-6　静载试验图

裂缝宽度表　　表 2-6

开裂荷载（kN）	165	180	200	220	240	245
裂缝宽度（mm）	0.014	0.117	0.329	0.721	0.975	1.675

2.2.3.3　预应力试验板静载试验混凝土应变数据分析

本次试验是根据不同荷载情况下的混凝土应变变化情况来对预应力试验空心板的力学性能进行研究。加载过程中的混凝土应变数据如表 2-7、表 2-8 所示。平截面假定是对受弯构件在承受受压荷载时的受力分析的理论基础，所以本章主要通过平截面假定来判断试验板在静载试验中的受力特性。图 2-7～图 2-9 为预应力试验空心板的混凝土在不同荷载情况下的应变变化曲线表。

验板跨中位移数据表　　表 2-7

荷载（kN）	Y-1/2-顶应变（με）	Y-1/2-1 应变（με）	Y-1/2-2 应变（με）	Y-1/2-3 应变（με）	Y-1/2-底应变（με）
0	0.0	0.0	0.0	0.0	0.0
50	−25.1	−30.7	−15.1	17.7	40.1
100	−96.3	−74.6	−26.6	40.7	88.3
150	−187.0	−137.3	−44.9	60.9	135.8

板 1/4 跨混凝土应变数据表 **表 2-8**

荷载（kN）	0	50	100	150	200	245
Y-1/4-顶应变（με）	0	−50.0	−88.3	−135.8		
Y-1/4-底应变（με）	0	22.1	49.6	73.1	91.3	109.7

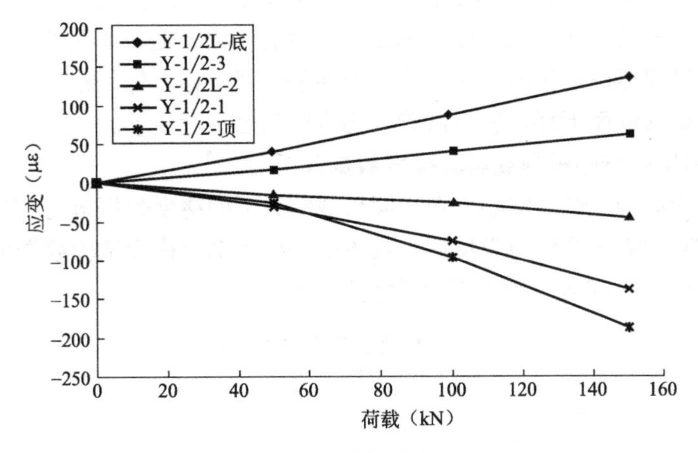

图 2-7 试验板跨中混凝土应变曲线

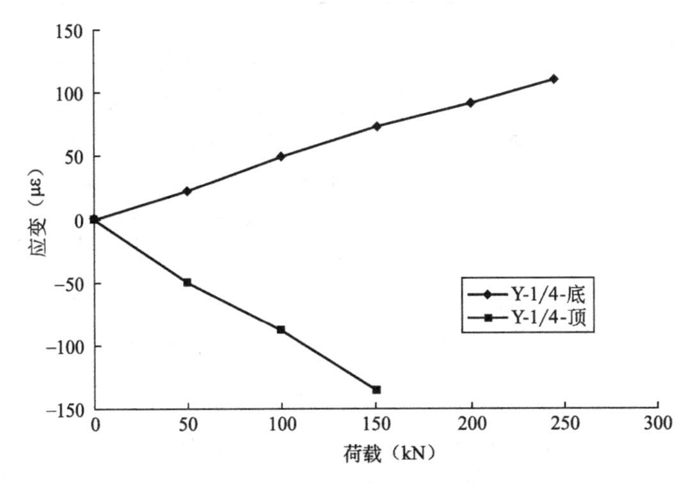

图 2-8 试验板 1/4 跨混凝土荷载—应变曲线

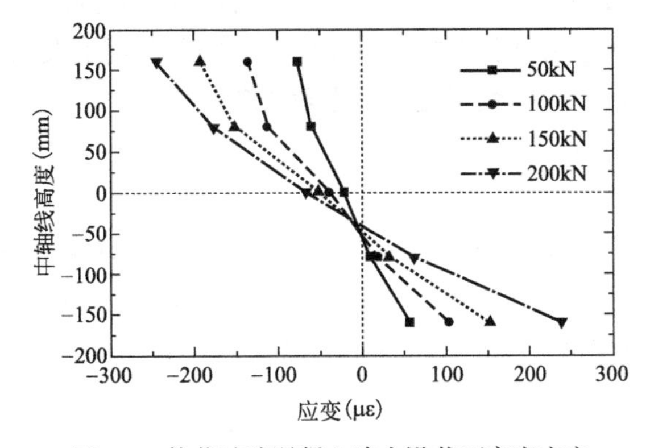

图 2-9 静载试验混凝土跨中沿截面高度应变

图 2-7～图 2-9 横轴表示的是不同的荷载等级值，竖轴表示的是混凝土的实际应变数值。从图 2-7 中可以清晰地看到在混凝土第一条裂缝出现之前，整个混凝土的拉应变以及压应变数据随着荷载等级的上升而缓慢增大，整个变化趋势呈现一种平稳的趋势。在荷载达到 150kN 时，由于裂缝宽度过大导致应变计失准，数据失效。

图 2-9 为静载试验时沿梁高度的混凝土应变曲线图。在试验板受到静力荷载时，混凝土应变基本上随着试验板横断面高度呈现接近线性的变化。随着荷载的增加，空心板出现裂缝导致应变测试仪器数据失准，无法确定中性轴是否下移。但是根据后期实测数据得到中性轴位于空心板横截面下部，表示试验板仍可以满足试验要求。

2.2.3.4　预应力试验空心板静载试验挠度数据分析

通过对预应力混凝土试验空心板在不同荷载等级下的挠度数据进行相应的研究，分析预应力混凝土试验空心的具体力学特性。具体空心板各部位挠度试验数据可以参见表 2-9。图 2-10 是空心板在不同荷载等级下的挠度变化曲线。

试验板挠度变化数据表　　表 2-9

荷载（kN）	0	50	100	150	200	245
跨中挠度（mm）	0	－0.6135	－0.9595	－1.3115	－2.8930	－3.8620
1/4 跨挠度（mm）	0	－0.526	－0.849	－1.142	－2.826	－3.6085

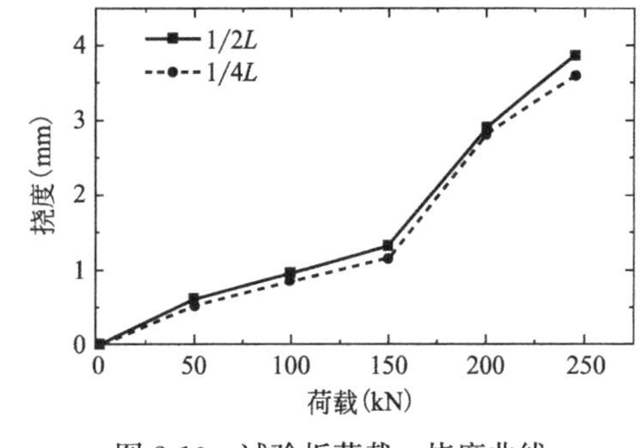

图 2-10　试验板荷载—挠度曲线

图 2-10 中横轴表示荷载等级，竖轴预应力试验板的挠度。随着荷载的增加，预应力试验板的下挠开始增大，1/4 跨处的下挠数据明显小于跨中下挠数据。在预应力试验板出现裂缝之前，整体下挠数据随着荷载等级的增加平稳增加，呈现近似于线性变化趋势，但 1/4 跨处的下挠数据与跨中下挠数据之间的差值逐步增大，试验现象符合预应力试验板在三分点加载时的挠度变化趋势。

随着荷载等级的逐渐增加，预应力试验板开始逐步出现裂缝，试验板下挠速度逐渐增加。由于预应力试验板出现应力破坏，1/4 跨与跨中挠度差距小于裂缝出现之前的差距。

通过对预应力试验板的荷载—挠度曲线进行分析，可以看到随着荷载的增加，预应力试验板的挠度变化符合预应力试验板的挠度变化趋势。在混凝土大规模开裂时，预应力筋承受了几乎全部的荷载，此时挠度变化开始逐渐放缓。

2.2.3.5　截面承载力理论计算

1）材料参数

预应力空心板为 2000mm×500mm×320mm，空心部分宽高为 400mm×220mm，混凝土强度级为 C50，f_{ck}＝32.4MPa，f_{tk}＝2.65MPa，f_{cd}＝20.5MPa，f_{td}＝1.83MPa。预应力钢筋采用 1×3 股钢绞线，直径 12.7mm，截面面积 98.7mm^2，f_{pk}＝1860MPa，f_{pd}＝1260MPa，E_P＝1.95×10^{5}MPa。纵筋与箍筋均为 HRB400 钢筋，f_{sk}＝400MPa，f_{sd}＝330MPa，箍筋在两端支座 200mm 处加密，间距为 50mm，其余段间距为 100mm。

2）极限承载力验算

由于试验梁的静载破坏形态为斜截面抗剪破坏，所以需要对斜截面的抗剪承载能力进行理论计算，将矩形空心版等效为工字形截面，上翼板与下翼板厚度均为50mm，腹板厚度为100mm。选取距支座$h/2$处和箍筋间距变化处，进行斜截面抗剪承载力复核。其中箍筋采用HRB335级$\phi 6$钢筋，$s_v=100mm$，距支座200mm范围内$s_v=50mm$。

（1）首先，进行截面抗剪强度上下限复核：

$$0.5\times10^{-3}\alpha_2 f_{td}bh_0\leqslant\gamma_0 v_d\leqslant0.51\times\sqrt{f_{cu,k}}bh_0$$

$\alpha_2=1.25$是按《公预规》第5.2.10条，板式受弯构件可乘以1.25提高系数。

则：$0.5\times10^{-3}\alpha_2 f_{td}bh_0=0.5\times10^{-3}\times1.25\times1.83\times100\times295=33.74kN$

$$0.51\times10^{-3}\sqrt{f_{cu,k}}bh_0=0.51\times10^{-3}\times\sqrt{68}\times100\times295=124.06kN$$

$$1/2P=124.06\quad P=248.12kN$$

（2）距支座$x=200$薄弱处斜截面抗剪承载力

只配置箍筋，斜截面抗剪承载力按式（2-8）计算：

$$v_{cs}=\partial_1\partial_2\partial_3\times0.45\times10^{-3}bh_0\sqrt{(2+0.6p)\sqrt{f_{cu,k}}\rho_{sv}f_{sd,v}}\tag{2-8}$$

式中 ∂_1——异号弯矩影响系数，对于简支梁，$\partial_1=1.0$；

∂_2——预应力提高系数，取1.0；

∂_3——受压翼缘影响系数，取1.1；

b——斜截面受压端正截面处截面腹板厚度，取$b=100mm$；

p——斜截面纵向受拉钢筋配筋率，$p=100\times\dfrac{(3\times98.7+57)}{100\times295}=1.197$；

ρ_{sv}——箍筋配筋率，$\rho_{sv}=\dfrac{A_{sv}}{b_{sv}}$，箍筋选用双肢$\phi 6$（HRB335），$f_{sv}=280MPa$。

配箍率：$\rho_{sv}=\dfrac{A_{sv}}{bS_v}=\dfrac{56.52}{50\times200}=1.13\%>\rho_{svmin}=0.12\%$（按《公预规》第9.3.13条规定，HRB335，$\rho_{svmin}=0.12\%$）

$$\begin{aligned}v_{cs}&=\partial_1\partial_2\partial_3\times0.45\times10^{-3}bh_0\sqrt{(2+0.6p)\sqrt{f_{cu,k}}\rho_{sv}f_{sd,v}}\\&=1.0\times1.0\times1.1\times0.45\times10^{-3}\times100\times295\times\sqrt{(2+0.6\times1.197)\times\sqrt{68}\times0.005625\times330}\\&=94.19kN\end{aligned}$$

采用三分点加载：

$$1/2P=94.19kN\qquad P=188.38kN$$

2.2.3.6 本节小结

本章通过对先张法预应力混凝土试验空心板进行静载试验。对静载试验条件下的预应力混凝土空心试验板的混凝土受力及变形情况、混凝土裂缝开展情况以及极限应力大小进行了观测与初步分析研究。主要结论有以下几点：

（1）通过试验得到了预应力混凝土试验空心板的极限承载能力$P_u=245kN$。试验板在达到该荷载等级时，产生极限破坏，试验板不再具有任何承载能力；

通过试验得到了预应力混凝土试验空心板的抗剪承载力并与理论计算值比较，与理论值相吻合。试验板在达到该荷载等级时，产生极限破坏，承载能力丧失；试验板剪切裂缝达到 0.2mm 与挠度达到 1.8mm 均出现在 15～20t 之间，与理论计算抗剪承载力极限破坏值 18.8t 相接近，因此确定裂缝达到 0.2mm 梁体承载力为 18.8t。

（2）通过试验得到了预应力试验板的最大应力出现位置，当荷载等级达到 P_u=16kN 时，试验板支座处会首先出现剪切裂缝。

（3）通过试验得到了预应力试验空心板的主要破坏形态。当荷载逐步增大时，预应力试验板的主要破坏位置以及破坏形式为：两端支座处的剪切裂缝、腹板处纵向贯通缝、顶板处产生大量不规则的压碎裂缝以及底板预应力筋处的纵向贯通缝。

（4）随着荷载的增加，试验板的下挠数据逐步增加；在裂缝开展前，试验板下挠数据呈现近似于线性的变化趋势；在出现裂缝后试验板下挠数据变化加快，并随着荷载的增加以及裂缝的逐渐增多，预应力筋开始承担几乎全部荷载时，试验板的下挠速率逐渐下降。

（5）随着荷载的增加，试验板的混凝土应变数据变化基本符合平截面假定。裂缝出现以前，混凝土应变变化缓慢；但随着裂缝的开展，应变变化趋势开始增大。

2.2.4 小结

本章主要工作如下：

（1）基于相似性原理设计了空心板为长度为 2m 的预应力混凝土空心板梁，并利用后张法完成了预应力混凝土空心板梁的制作，为后续试验提供构件。

（2）通过静载极限承载力试验来确定预应力混凝土试验空心板的最大极限荷载与最先破坏位置。通过对试验板的极限荷载的测定确定疲劳试验的最大应力比与疲劳振幅以及重点观测部位，并通过静载极限荷载试验来确定混凝土裂缝发展规律及确定疲劳试验时试验空心板的破坏标准。

3 不利环境侵蚀作用下预应力空心板梁疲劳特性试验

3.1 概述

桥梁是交通运输系统中的关键性枢纽，然而部分桥梁由于超载及不利环境侵蚀导致耐久性劣化现象严重，在众多侵蚀环境中，碳化、氯离子侵蚀、冻融是桥梁病害的常见形式。实际工程中，由于外界环境侵蚀而导致的结构耐久性下降，进而造成经济损失甚至人员伤亡的事故时有发生。由于混凝土碳化后会对钢筋表面的钝化膜进行腐蚀，导致钢筋锈蚀、混凝土脱落等一系列的破坏，造成混凝土构件不可逆病害，最终导致结构承载力下降、使用寿命缩短。考虑到耐久性劣化对结构疲劳特性的影响，开展耐久性劣化构件疲劳特性研究对掌握耐久性劣化桥梁构件疲劳寿命衰减规律、制定加固优化方案及避免安全事故发生具有重要的理论价值及现实意义，但针对该方面的研究还比较有限。

3.2 碳化侵蚀作用下预应力空心板梁疲劳特性研究

3.2.1 碳化侵蚀混凝土结构耐久性及疲劳特性研究现状

混凝土碳化的主要机理是指空气中的 CO_2 等酸性气体与混凝土中液相的 Ca（OH)$_2$ 作用，生成 $CaCO_3$ 和 H_2O 的中性化过程，此外，水化的硅酸钙以及未水化的硅酸三钙和硅酸二钙也要消耗 CO_2 气体。碳化改变了混凝土的化学成分和组织结构，对混凝土的化学性能和物理力学性能有明显的影响。碳化过程是 CO_2 由表及里向混凝土内部逐渐扩散、反应的复杂的物理化学过程。其主要化学反应式可以参见式（3-1)～式（3-4)：

$$CO_2 + H_2O = H_2CO_3 \tag{3-1}$$

$$Ca(OH)_2 + H_2CO_3 = CaCO_3 + 2H_2O \tag{3-2}$$

$$3CaO \cdot 2SiO_2 \cdot 3H_2O = 3CaCO_3 + 2SiO_2 + 6H_2O \tag{3-3}$$

$$2CaO \cdot SiO_2 \cdot 4H_2O + 2H_2CO_3 = 2CaCO_3 + SiO_2 + 6H_2O \tag{3-4}$$

由于温室气体的排放和极端天气的频率出现，桥梁碳化的速率要明显快于以往。而在现今的桥梁工程中，在桥梁结构中一旦形成碳化开裂便没有完全修复的可能性。

1）国外研究现状

由于钢筋混凝土结构在力学性能上独特的优越性，越来越多的桥梁将钢筋混凝土结构作为主要的承重结构。随着桥梁投入使用时间的推移，碳化对钢筋混凝土桥梁的损害也越来越引起人们的注意。国际材料与结构试验学会（RILEM）于 1960 年专门成立了“混凝土中钢筋锈蚀”技术委员会，该委员会历时五年，总结了各国在钢筋锈蚀方面的研究成果并提出了关于在钢筋锈蚀方面的研究方向；《CEB》耐久性设计规范（1990 年第二版）对混凝土碳化和钢筋锈蚀的机理作了阐述，并提出了耐久性设计方法。苏联的标准文件也规定了钢筋混凝土结构使用寿命的预测方法。美国的试验与材料委员会（ASTM）自 1976 年以来，每三年便要召开一次关于混凝土结构耐久性的会议。ASTM 与美国标准局（NBS）更是制定过混凝土耐久性研究建议条例。美国的国家科学基金会从 1986 年开始重点资助混凝土耐久性研究。在 1991 年美国颁布了基本建设法案，其中明确规定了设计时要考虑结构耐久性。美国 ACI437 委员会于 1991 年提出了《已有混凝土房屋抗力评估》的最新报告，提出了检测试验的详细方法和步骤。日本土木学会混凝土委员会于 1989 年制定了《混凝土结构物耐久性设计准则》，1992 年，欧洲混凝土委员会颁布的《耐久性混凝土结构设计指南》反映了当今欧洲混凝土结构耐久性研究的水平。自 20 世纪 60 年代以来，各国已举办过多次有关混凝土碳化及钢筋锈蚀的学术讨论会，如：ACI 第 222 委员会于 1973 年召开了混凝土中金属腐蚀问题讨论会；ASTM 召开过多次有关钢筋腐蚀的专题讨论会，如 1976 年召开了氯化物腐蚀问题的讨论会，1990 年召开了混凝土中钢筋腐蚀速率问题研讨会；另外，多届国际水泥化学会议也都报道了混凝土碳化研究的进展。

（1）国外关于混凝土碳化的研究现状

近年来世界各国对混凝土碳化和钢筋锈蚀的研究方兴未艾，发表了大量论文。Struble 粗略统计了 1987 年发表的有关钢筋混凝土结构耐久性的文献，多达 638 篇，混凝土碳化和钢筋锈蚀是其中的重点。仅仅在 1990～1994 年之间的四年，就将近有 200 余篇论文发表。Fick 第一扩散定律推导了经典混凝土碳化理论模型，见式（3-5）：

$$X(t)=k\sqrt{t} \tag{3-5}$$

式中 $X(t)$——碳化深度（mm）；

k——碳化系数，反应碳化速度的综合参数；

t——碳化时间。

苏联的一些学者通过 Fick 第一定律深入研究了这个多相物理化学过程，得到碳化过程受二氧化碳在混凝土孔隙中扩散控制的结论，列克谢耶夫并由此建立了更加全面的碳化深度模型，见式（3-6）：

$$X(t)=\sqrt{\frac{2D_{CO_2}C_{CO_2}}{M_{CO_2}}}\sqrt{t} \tag{3-6}$$

式中 $X(t)$——碳化深度（mm）；

t——碳化时间；

D_{CO_2}——CO_2 在混凝土中的有效扩散系数；

C_{CO_2}——混凝土表面 CO_2 的浓度；

M_{CO_2}——单位体积混凝土吸收 CO_2 的量。

Ying-yu 等学者主要从孔结构、孔隙大小对碳化的影响方面研究了水泥砂浆的碳化机理。Houst 等研究了孔隙率和混凝土含水量对 CO_2 在硬化水泥浆中扩散的影响。日本学者也建立了混凝土孔结构模型，推导出的碳化公式更加实用，例如日本的岸谷孝一便提出了关于预测混凝土碳化深度的经典模型，见式（3-7）：

$$X(t)=\begin{cases} r_c r_s r_a \sqrt{\dfrac{\dfrac{W}{C}-0.25}{0.3\left(1.15+3\dfrac{W}{C}\right)}} & W/C>0.6 \\ r_c r_s r_a \dfrac{4.6\dfrac{W}{C-1.76}}{\sqrt{7.2}}\sqrt{t} & W/C<0.6 \end{cases} \tag{3-7}$$

式中　W/C——水灰比；

X（t）——碳化深度（mm）；

r_c、r_a、r_s——水泥品种、骨料品种、混凝土掺合料影响系数；

t——碳化龄期。

Parrott 最先采用试验方法验证了钢筋在碳化深度未达到钢筋表面时便开始锈蚀这一现象并通过运用热重分析法研究了混凝土碳化前缘的物质浓度梯度问题。

(2) 国外混凝土构件疲劳特性研究现状

在混凝土构件疲劳特性方面，早在 1964 年 Sinha 等人就针对混凝土疲劳特性提出了“变形唯一性”的理论，该理论认为如果残余变形相同，混凝土梁无论之前受到多少次疲劳荷载，当再次受到疲劳荷载时，荷载与变形的关系仍将保持不变。A M Ozell 等在试验中发现，疲劳加载的前期，梁的挠度较小，加载后期梁的挠度有明显增大，梁的正截面疲劳破坏起控制作用。1986 年，Oh 在进行混凝土弯曲疲劳强度试验后通过计算得到了混凝土疲劳 S-N 曲线公式中参数值。同年，EI Shahaw 对采用后张法工艺的预应力钢筋混凝土 T 形梁进行了疲劳试验，通过试验结果发现裂缝、挠度、非预应力筋应力变化在加载初期变化显著，随后至疲劳破坏阶段会发展比较缓慢，由此得到了疲劳破坏是源于非预应力筋的疲劳断裂。Byung Hwan Oh 等根据疲劳试验结果表明，粘钢加固后梁的疲劳力学性能有显著的增强，但是在同等条件下，相对于未加固的梁，其变形要较小。Tien S Chang 试验结果表明，低应力水平的重复荷载会导致弯曲疲劳破坏：高应力水平的重复荷载将导致剪切疲劳破坏，荷载应力水平对其破坏形态其决定性作用。日本学者 OkadaI 等对锈蚀前后钢筋混凝土梁在低周反复荷载作用下的受力性能进行了比较研究，发现在反复荷载作用下，锈蚀钢筋混凝土梁承载力退化明显加快，抗震性能降低。Haraj. li. MH 等试验结果表明，梁的疲劳破坏发生在产生裂缝截面，且是由于非预应力筋断裂而引起的。Pritpal S Mangat et al 为了加快钢筋锈蚀的速度，通过运用电化学方法加速锈蚀，并对大批试验梁进行了抗弯试验研究。1970 年 Bazant Z P 认为在混凝土的轴心受压疲劳性能方面，在经历 200 万次后混凝土的抗压疲劳强度折减系数是 0.5 左右。

2) 国内研究现状

我国关于钢筋混凝土结构耐久性的研究始于 1960 年。最初的研究方向主要为钢筋混凝土中混凝土的碳化与钢筋的锈蚀。20 世纪 80 年代初，我国关于钢筋混凝土结构耐久性的研究进入了一个高峰期，并取得了一系列的研究成果。中国土木工程学会曾在 1982 年、1983 年两年内连续两次召开了全国耐久性学术会议，为后来国内对钢筋混凝土结构耐久性的研究奠定了理论基础，也进一步推动了耐久性研究工作的发展。1991 年 12 月全国混凝土耐久性学组在天津成立，它的诞生让我国关于钢筋混凝土耐久性的研究朝系统化、规范化的方向迈进了一步。在1994年国家科委组织的“重大土木与水利工程安全性与耐久性的基础研究”这一国家基础性研究中也取得了很多研究成果。2000年在杭州举行的土木工程学会第九届年会学术讨论会，混凝土结构的耐久性作为会议主题之一，会议认为必须要重视工程结构耐久性的研究。《混凝土结构耐久性设计建议》更是被编进建设部“九五”科技研究课题。这显示了我国学术界对混凝土结构耐久性的重视。2001年和2002年在北京举行了关于混凝土安全性耐久性及耐久性设计的论坛，论坛主要内容涉及：我国混凝土工程中的钢筋锈蚀和混凝土腐蚀的严重现状与对策，对混凝土结构疲劳耐久性认识的历史演变与发展展望等，报告一致强调混凝土工程的疲劳耐久性对当前我国正在进行的大规模工程建设的重要意义和紧迫性，混凝土结构疲劳特性问题得到了前所未有的重视。

（1）国内混凝土碳化研究现状

碳化由于其对钢筋混凝土结构的侵蚀，是导致混凝土结构耐久性失效的关键的作用。现如今，随着我国对于碳化导致混凝土结构耐久性失效的研究的大量增加，国内学者在这一领域取得了丰富的成果，叶绍勋根据化学热力学基本原理，计算比较了水泥硬化浆体中液相和固相水化产物发生碳化反应的活性大小以及因碳化反应而发生的固相体积变化。张令茂等在长期自然碳化试验基础上，做了对应的人工碳化试验，最终得到了人工碳化与自然碳化速率的相关式，为在试验室中实现碳化试件提供了可能。同济大学的张誉提出了以自己名字命名的碳化深度预测经验模型，见式（3-8）：

$$X(t)=839(1-RH)^{1.1}\sqrt{\frac{\frac{W}{C_{r}}-0.34}{\gamma_{HD}\gamma_{C}C}}\sqrt{C_{CO_2}}\sqrt{t} \tag{3-8}$$

式中 $X(t)$——碳化深度（mm）；

RH——环境相对湿度（%）；

γ_c——水泥品种修正系数，硅酸盐水泥取1，其他水泥为：1-掺合含量；

γ_{RH}——水泥水化修正系数，养护超过90d取1，养护超过28d取0.85，中间龄期用线性内插法取值；

t——碳化龄期；

C_{CO_2}——二氧化碳浓度。

西安建筑科技大学的牛荻涛教授提出了关于混凝土碳化的概率模型可以在建筑物碳化方面基本准确地预测混凝土结构的碳化深度。2003年，牛荻涛以快速锈蚀试验数据和大量工程检测结果为依据，提出了保护层开裂前钢筋锈蚀速率和临界锈蚀量的计算公式，提出了保护层开裂后钢筋锈蚀深度的估算方法，考虑受条件限制无法进行工程检测的情况，给出了由钢筋锈蚀深度计算协同工作系数的公式。中建院的龚洛书提出了关于碳化深度的多系数模型，见式（3-9）：

$$X(t)=n_1\cdot n_2\cdot n_3\cdot n_4\cdot n_5\cdot n_6\cdot \alpha\sqrt{t} \tag{3-9}$$

式中 $X(t)$——碳化深度（mm）；

n_1，n_2，n_3——水泥用量、水灰比、粉煤灰掺量影响系数；

n_4——水泥品种影响系数，普通水泥取1.0；

n_5——骨料品种影响系数，普通骨料取1.0；

n_6——养护方法影响系数，普通标准取1.0；

t——碳化龄期；

α——自然碳化系数，普通混凝土取 2.32。

运用这个模型可以直接从材料配比与养护方法上直接预测混凝土碳化寿命。在混凝土碳化对耐久性影响的方面，刘志勇认为灾害一般由简单元素组成，经过不断地演化而发展成为复杂的整体系统，从低级到高级，从简单到复杂，不断地演化，这是灾害最本质的特征，这对于研究影响耐久性的因素以及研究影响耐久性损伤和如何提高桥梁结构的耐久性具有指导意义。长安大学付静则根据碳化会引起钢筋锈蚀这一现象，建立了钢筋锈蚀后混凝土梁抗弯承载力的计算模型。同济大学蒋政武等在碳化引起钢筋锈蚀这一原理提出了电化学再碱化这一对钢筋混凝土碳化进行修补的方法，并在试验室的试验中取得了成功。中南大学施清亮等在经过总结前人的研究并通过试验与理论研究得出了钢筋混凝土结构在各种受力状态下的碳化速率变化。涂永明则在 2006 年着重对预应力混凝土结构中影响混凝土碳化速率的各个因素中的钢筋应力进行了研究。

(2) 国内混凝土构件疲劳特性研究现状

1990 年，姚明初通过对混凝土轴心受压疲劳性能进行的试验研究结果，最终提出了关于混凝土轴心受压疲劳失效的 S-N 曲线公式。1991 年，王瑞敏通过理论与试验研究，最终得到了以荷载上限及荷载下限作用下的初始瞬时应变表示的混凝土疲劳 S-N 曲线公式。1999 年，赵顺波通过对普通钢筋混凝土桥面板进行疲劳性能试验研究，通过进行试验得到了疲劳强度与裂缝宽度的计算方法，在试验的基础上为普通钢筋混凝土桥面板的疲劳设计提供了理论依据。肖建庄等人通过试验提出受压区混凝土应变、受拉钢筋应变和跨中挠度随重复荷载次数变化可分为快速发展阶段和稳定发展阶段两个阶段。高性能混凝土梁的疲劳性能要高于相同配筋的普通混凝土梁。郑州大学刘立新教授等通过疲劳试验研究，最终得到了按照刚度折减法和初始挠度扩大系数法计算总挠度的方法，并认为第 N 次循环疲劳荷载下跨中总挠度由荷载挠度与残余挠度两个部分组成。车惠民等根据试验结果发现，重复荷载作用对钢筋混凝土梁板的静载抗弯强度的影响较小。李惠民等通过试验研究得到了钢筋混凝土梁的斜截面的疲劳破坏形式与静载破坏形式相似的理论。赵灿晖等通过试验研究认为钢筋混凝土梁的抗剪强度会随疲劳荷载作用次数增加而逐渐衰减。西南交通大学钟明全等对 12 片部分预应力混凝土梁分别进行了静载与疲劳试验，通过对试验结果进行分析，得到了在疲劳荷载作用下，试验梁的裂缝出现、开展的具体情况。并且在经过进一步的分析后，得到了疲劳裂缝的出现进一步加剧受拉钢筋应力、最大裂缝宽度增长以及预应力的损失的结论。

3.2.2 主要研究内容

基于预应力空心板梁构件模型及对碳化设备的改造，开展预应力空心板梁碳化试验，并对不同碳化腐蚀程度下预应力空心板构件的疲劳特性进行研究，主要研究内容如下：

(1) 碳化腐蚀后混凝土力学性能研究

对预应力空心板及同期试块进行快速碳化试验，研究碳化对立方体混凝土同期试块抗压强度、弹性模量等的影响；在碳化池中将试验梁分别处理为轻度碳化、重度碳化两种碳化深度，具体评定标准为碳化深度 5mm 为轻度碳化，碳化深度 10mm 为重度碳化，重点研究碳化程度对预应力空心板梁动静力特性的影响，为评判耐久性劣化构件承载力提供技术支撑。

（2）碳化腐蚀后预应力空心板疲劳特性研究

对不同碳化程度预应力空心板梁开展疲劳特性试验，研究碳化侵蚀下预应力空心板疲劳特性及破坏形态，建立碳化腐蚀程度与预应力混凝土空心板疲劳特性的相关关系。

（3）软件模拟与数据处理分析

通过运用ANSYS模拟软件对三组试验板进行模拟比对，分别模拟出未受到碳化影响、轻度碳化处理与重度碳化处理的试验板在疲劳条件下的应变、位移以及动态数据，并通过试验数据验证数值模拟的正确性。将试验中测试出的数据收集处理，运用MATLAB软件对数据处理分析，最终建立了不同碳化腐蚀程度的试验板挠度增长率与疲劳次数之间的数理模型。

3.2.3 预应力空心板梁及同期试块碳化试验

混凝土碳化的机理是空气中的二氧化碳通过混凝土表面的空隙进入到混凝土内部，经过与混凝土内部的孔隙水中的融合后，产生酸性溶液，破坏混凝土钝化膜对钢筋的保护作用，导致钢筋锈蚀现象的发生。本书基于《普通混凝土长期性能和耐久性能试验方法标准》，考虑到试验构件尺寸，对碳化设备进行了升级改造，通过相关设备的配置保证碳化试验环境如碳化温度、二氧化碳浓度、相对湿度满足规范要求。

3.2.3.1 预应力空心板快速碳化腐蚀试验

1）试验准备

（1）碳化试验以及混凝土性能检测设备

碳化试验中要保证二氧化碳浓度、空气湿度、碳化温度、碳化深度等试验指标，并及时测定试块在受到碳化腐蚀后的强度以及弹性模量等力学性能指标。本次试验所需设备如下所示：

① 碳化池

本次试验中需要将长度为2m的预应力混凝土试验空心板进行快速碳化试验，现有快速碳化箱不能在尺寸方面到达要求。所以根据《普通混凝土长期性能和耐久性能试验方法标准》中关于快速碳化试验的具体要求，本次快速碳化试验在改造的快速碳化池中进行快速碳化试验。碳化池内放置支架，保证预应力混凝土构件与混凝土试块可以与二氧化碳气体充分接触，并在碳化池底部与上部分别设置二氧化碳进气口与气体导出口。在碳化池内设置试验用加湿器以及试验用温度控制设备，并通过温度湿度传感器监控碳化池内试验期间的湿度以及温度。通过内置二氧化碳检测仪对快速碳化池内的二氧化碳浓度进行监测，根据具体检测数据，进行人工调节，保证快速碳化池内的相对湿度、二氧化碳浓度以及温度达到试验要求。具体试验设备参见图3-1（*a*）。

② 压力试验机

本次试验中要对混凝土试块抗压强度以及弹性模量进行监测，液压式压力试验机应当符合《试验机通用技术要求》GB/T 2611中的具体要求。具体试验设备参见图3-1（*b*）。

③ 酚酞试剂

本次试验中要测试不同时间段内混凝土的碳化深度，测试方法按照《回弹法检测混凝土抗压强度技术规程》JGJ/T 23—92的要求进行。具体做法为：首先使用合适的工具在

(*a*) 碳化池及附属设备　　　　(*b*) 液压式压力试验机

图 3-1　碳化及压力监测试验设备

混凝土试块测区表面形成具体有一定深度的剖面，将剖面中的碎屑以及混凝土粉末清除干净，然后采用浓度为 1%的酚酞试剂均匀喷洒在混凝土试块剖面上，根据变色情况使用深度测量工具测定混凝土试块上没有变色的部位深度，测量三次取平均值作为混凝土试块实际碳化深度。

（2）试验试件

依据试验目的，本次试验主要分为三组，一组为预应力空心板板梁构件，一组为混凝土碳化深度试件，一组为混凝土力学性能试件。

① 混凝土立方体试块（100mm×100mm）

混凝土同期立方体试块主要用于测定碳化深度与不同碳化深度下的力学性能，混凝土试块尺寸为标准尺寸 100mm×100mm。每块预应力混凝土空心板匹配同期试块两组，每组三个立方体试块。试块放置在快速碳化池内前按照《普通混凝土长期性能和耐久性能试验方法标准》的要求进行处理，在满足 28d 标准养护期后通过在烘干箱中高温处理 48h，并在各个表面沿各边平行方向画 10mm 平行线用以评判碳化深度。

② 预应力混凝土试验空心板

预应力混凝土试验空心板作为主要碳化试验对象，在快速碳化池内总共放置三块。三块预应力混凝土试验空心板平行布置于快速碳化池底部，试验板底部在端头部位放置枕木，保证预应力混凝土试验空心板底板部分可以充分与二氧化碳接触。

2）快速碳化试验具体内容

本次试验依据《普通混凝土长期性能和耐久性试验方法标准》中关于快速碳化试验的要求以及实际情况将快速碳化的各项指标指定为：二氧化碳浓度为 60±10%，相对湿度为 70±10%，温度为 30±10℃。

具体试验步骤为：

（1）将处理好的预应力混凝土试验空心板与混凝土立方体试块放置在快速碳化池内，应保证试验板以及混凝土立方体试块表面完全裸露在二氧化碳中，且间距不小于 50mm。

（2）试验板与混凝土立方体试块放置至规定位置时，密封碳化池。开启二氧化碳泵、加湿器与恒温设备。并开启气体流通阀门，保证碳化池内多余空气可以迅速排出池外。试验前期应该每 2h 观测一次数据，保证碳化池内环境负荷快速碳化试验要求；试验后期每 4h 观测一次，并根据检测数据调节设备，保证环境各项指数恒定。参见图 3-2（*a*）。

（3）碳化至预定时间后，打开碳化池取出混凝土立方体试块。将试块破开，使用浓度为 1%的酚酞试剂进行滴定，观察其变色情况。具体试验情况参见图 3-2（*b*）。如达到预定深度，将其相对应的预应力混凝土试验空心板与立方体试块取出，如果没有达到预计深度则封好剖开面继续碳化。

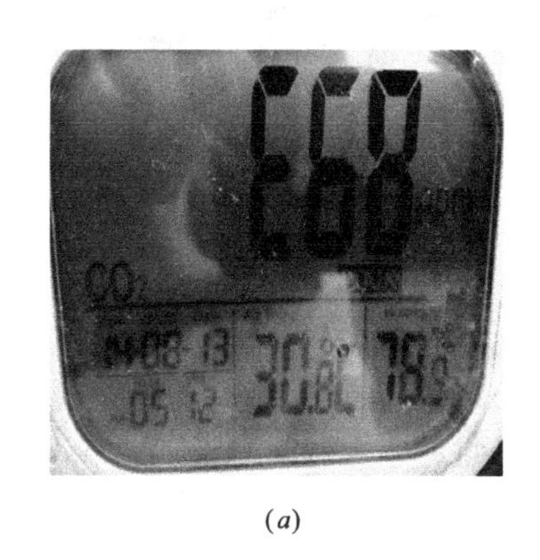

（*a*）

（*b*）

图 3-2　碳化试验图示

（4）将混凝土立方体试块在试验各个龄期内测试得到的混凝土碳化深度进行统计计算，得到这一阶段内混凝土碳化深度，计算公式参见式（3-10）：

$$\overline{d}_{\mathrm{t}}=\frac{1}{n}\sum_{i=1}^{n}d_{i} \tag{3-10}$$

式中　$\overline{d}_{\mathrm{t}}$——试块在第 t 天的碳化深度（mm）；

n——测点数目；

d_i——各测点的碳化深度（mm）。

3.2.3.2　碳化腐蚀后混凝土试块力学性能试验

1）混凝土立方体试块轴心抗压强度试验

（1）试验步骤

根据具体试验要求，需要进行以下试验步骤测定混凝土立方体试块力学性能指标。

① 将待测试块取出，对表面进行清理，清理干净后马上进行混凝土立方体试块轴心抗压强度试验；

② 将混凝土立方体试块放置在液压式压力机下压板上，调整试块放置位置，保证混凝土立方体试块处于下压板中心位置；调整上压板位置，使上压板与混凝土立方体试块上表面接触完全；

③ 在试验过程中均匀施加压力，速率为每秒钟 0.3～0.5MPa。按照五个等级分级加载：第一等级为标准强度的 25%，第二等级为 50%，第三等级为 75%，第四等级为 100%，第五等级为混凝土立方体极限破坏荷载。

（2）混凝土立方体轴心抗压强度计算

为了研究碳化后预应力混凝土试验空心板的疲劳特性，要对碳化后的混凝土立方体抗压强度进行测量，混凝土立方体轴心抗压强度计算公式参见式（3-11）。

$$f_{\mathrm{c}}=0.95\,\frac{F}{A} \tag{3-11}$$

式中　f_{c}——混凝土立方体轴心抗压强度（MPa）；

F——试件试验破坏荷载（N）；

A——试件试验承压面积（mm^2）。

经过压力测试后的混凝土立方体轴心抗压强度参见表 3-1。

混凝土轴 心抗压强度记录表 **表 3-1**

试件尺寸(mm)	强度	碳化前强度(MPa)		碳化深度为 5mm 强度(MPa)		碳化深度为 10mm 强度(MPa)	
100×100×100	C50	53.5	54.4	59.4	61.0	68.9	69.0
		55.5		61.5		69.8	
		54.2		62.0		68.3	

根据表 3-1 的计算结果，可以清晰地看到随着碳化深度的增加，混凝土立方体的轴心抗压强度有一定的增加。C50 混凝土立方体轴心抗压强度在碳化前为 54.4MPa，碳化到达 5mm 时，强度增加至 61.0MPa；碳化深度达到 10mm 时，混凝土立方体轴心抗压强度达到 69.0MPa。

2）混凝土立方体弹性模量试验

（1）试验步骤

根据具体试验条件及设备条件，按照以下几点进行相应的弹性模量试验。

① 将待测试块取出，表面清理干净后马上进行混凝土立方体试块弹性模量试验。

② 将混凝土立方体试块放置在液压式压力机下压板上，具体放置方法参见混凝土轴心抗压试验步骤。待接触完全后放置百分表，将两只百分表放置在底板两端，保证应变计竖直放置，并记录初始读数。

③ 在试验过程中均匀施加压力，具体施加方法参见混凝土抗压强度试验步骤，随着试验荷载的逐步增加，记录百分表读数。

（2）混凝土立方体弹性模量计算

混凝土的弹性模量对于桥梁构件的疲劳特性有着极其重要的影响，所以为研究碳化后预应力试验空心板的疲劳特性，需要对碳化深度与混凝土弹性模量之间的关系进行研究。具体的弹性模量计算公式参见式（3-12）：

$$E_c = \frac{0.95}{n-1}\sum_{i=1}^{n}\frac{F_n - F_{n-1}}{A}\times\frac{L}{\varepsilon_n - \varepsilon_{n-1}} \tag{3-12}$$

式中 E_c——混凝土弹性模量（MPa）；

F_n——第 n 次加载压力（N）；

A——试件试验承压面积（mm^2）；

ε_n——第 n 次加载时，百分表读数；

L——测量标距（mm）。

根据上述试验结果可以看到，随着混凝土碳化深度的增加，混凝土弹性模量呈现上升的趋势。未经碳化处理的 C50 混凝土弹性模量可以达到 43.9GPa，碳化深度达到 5mm 时，混凝土的弹性模量上升到了 49.5GPa；当混凝土的碳化深度进一步加深，达到 10mm 时，混凝土的弹性模量上升到了 55.5GPa，表明混凝土随着碳化深度的加深，弹性模量呈现正比变化。

混凝土弹性模量记录表　　表 3-2

试件尺寸(mm)	强度	碳化前弹性模量(GPa)		碳化深度为 5mm 弹性模量（GPa）		碳化深度为 10mm 弹性模量（GPa）	
100×100×100	C50	42.5	43.9	51.1	49.5	55.2	55.5
		46.0		49.2		57.3	
		43.1		48.3		53.9	

3.2.3.3　小结

本试验成果如下：

（1）运用快速碳化试验的碳化处理，将预应力混凝土试验空心板进行快速腐蚀。试验板分三组，即健康预应力试验板、碳化腐蚀深度为 5mm 的轻度腐蚀的预应力试验板以及碳化深度为 10mm 的重度腐蚀预应力试验板。

（2）通过对不同碳化深度的 C50 混凝土立方体试块进行力学性能测试，得到未受到碳化侵蚀的混凝土试件抗压强度为 54.4MPa，碳化深度为 5mm 的混凝土试件抗压强度为 61MPa，抗压强度增加 12.1%；碳化深度为 10mm 的混凝土试件抗压强度为 69MPa，抗压强度增加 26.8%。

（3）通过对不同碳化深度的 C50 混凝土立方体试块进行弹性模量检测，得到未受到碳化侵蚀的混凝土试件弹性模量为 43.9GPa，碳化深度为 5mm 的混凝土试件弹性模量为 49.5GPa，弹性模量增加 12.8%；碳化深度为 10mm 的混凝土试件弹性模量为 55.5GPa，弹性模量增加 26.4%。

3.2.4　碳化腐蚀条件下预应力空心试验板疲劳试验

本次疲劳试验主要是通过对不同碳化腐蚀程度条件下的预应力混凝土试验空心板开展疲劳试验，研究混凝土碳化对预应力试验板疲劳特性的具体影响。

本次试验主要采用三分点疲劳加载法进行加载。疲劳加载装置采用郑州大学 50t 液压疲劳试验机进行加载，中间放置工字钢作为荷载传递导梁。在导梁与试验板之间放置钢轨以防止由于产生集中荷载而导致的顶板损坏。将工字钢支座使用水泥砂浆与地面进行固定并找平。支座固定并找平结束后在支座上设置橡胶圆形支座，并保证两端支座在同一水平面上且圆心距离为 1800mm。

本次疲劳试验的主要测量项目有以下几项：

（1）预应力混凝土试验空心板在一定疲劳次数下的应变与位移数据。混凝土应变数据主要采集试验板跨中与 1/4 跨混凝土应变；挠度数据主要采集底板跨中、1/4 跨竖向挠度数据。

（2）测量一定疲劳次数下的动态应变与位移。对疲劳荷载下的试验板进行动态位移测量，研究分析试验板在不同碳化深度影响下动态位移的变化。主要测量仪器为 DZ 型电涡流位移传感器，采集分析设备为东方所 INV3060V 型网络分布式采集分析仪。

（3）测量在规定疲劳次数下试验板的动态模阻与自振频率。通过对受到不同碳化腐蚀条件下的试验板在经过一定次数的疲劳荷载后的弹性模量进行测量，得到预应力试验板在不同碳化深度条件下的刚度变化，采集设备为中国地震局工程力学研究所 891-4 型拾振器。

（4）试验板在不同碳化腐蚀影响下的裂缝开展情况。主要包括裂缝开展时间、裂缝开展位置以及裂缝宽度。

3.2.4.1　疲劳试验准备以及设备布置

1）疲劳试验主要设备及疲劳加载方案

本次疲劳试验在郑州大学结构试验室进行，采用的主要设备为50t疲劳试验机、武汉华岩数码应变计及位移计、中国地震局工程力学研究所891-4拾振器、电阻式应变片、东方所INV3060V型网络分布式采集分析仪以及DZ型电涡流位移。具体仪器布置位置如图3-4所示。

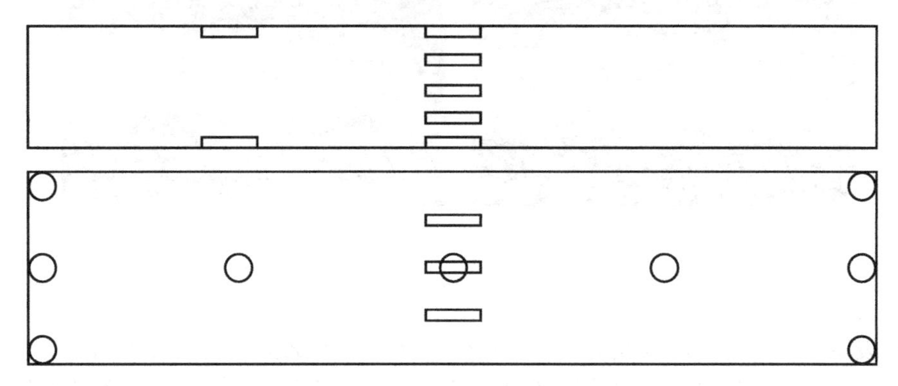

图3-3　应变以及拾振器布置位置

具体疲劳加载方式为三分点加载，加载示意图见图3-4。疲劳加载采用的应力比为0.8，频率为5Hz。每50万次疲劳加载后进行一次静载试验用以测定应变以及位移情况。另每5万次测1万次动态位移及动态模量大小。试验板分为三组，分别为未经过碳化腐蚀（BW）、轻度碳化腐蚀（BQ）以及重度碳化腐蚀（BZ），每组两块试验板具体标号以及加载方式及数据参见表3-3。

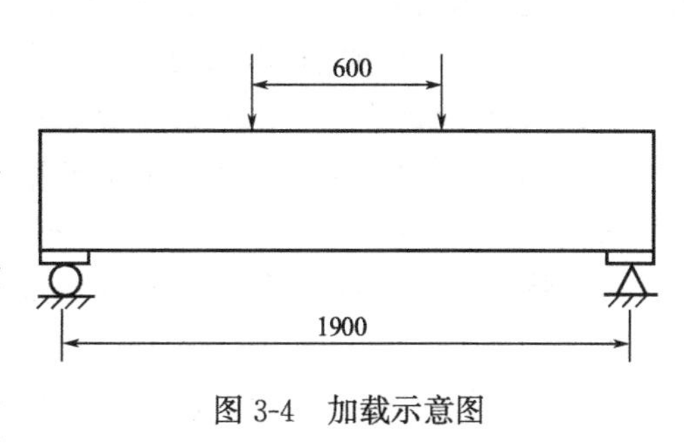

图3-4　加载示意图

疲劳试验方案　　表3-3

试件编号	最大疲劳荷载 F'_{max}(kN)	最小疲劳荷载 F'_{min}(kN)	频率（Hz）
BW	200	50	5
BQ	200	50	5
BZ	200	50	5

2）试验测量数据及方法

根据试验方案，试验测量数据以及具体的试验测量方法有：

（1）应变及位移测量：每经过50万次疲劳荷载后，进行一次静载试验，用以测量预应力试验板在经过疲劳荷载后的力学特性。主要测量方法为：自初始状态加载五级，自0

次疲劳开始，每级 50kN，直至加载至 200kN，测量结束后卸载至 0kN，然后记录当时的残余应变以及位移。

（2）动态应变位移以及弹性模量：在试验板每经过 50 万次疲劳荷载后，开始测量一万次动位移与动态应变，并通过网络分布式采集仪采集动态位移数据；试验板每经过 50 万次疲劳荷载时，使用拾振器与网络分布式采集仪对试验板的动态响应进行测量并收集，采集时间为 20min。具体试验过程参见图 3-5。

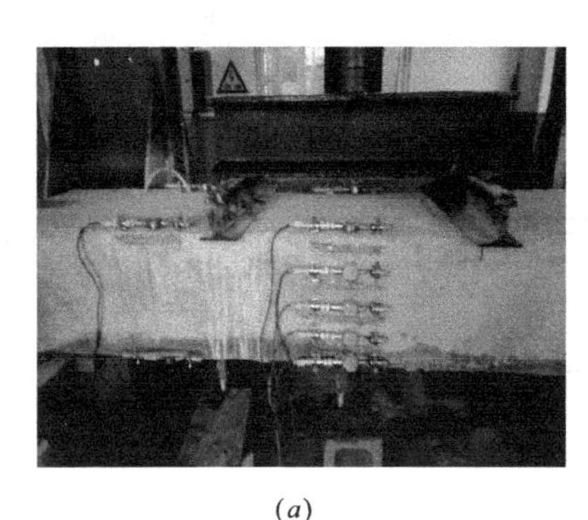

(a)

(b)

图 3-5　具体试验过程

（3）裂缝的开展情况以及裂缝宽度：疲劳试验时，由试验人员实时观测试验板表面裂缝开展情况，并记录裂缝开展方式以及裂缝宽度。根据静载试验的结果，裂缝观测控制点为试验板支座剪切裂缝、试验板顶板压碎裂缝以及试验板腹板竖向裂缝。一旦裂缝宽度达到 0.2mm 时，便可判定试验板已经疲劳损坏，应立即停止疲劳试验。

3.2.4.2　碳化腐蚀作用下试验板疲劳试验

1）预应力混凝土试验板疲劳试验步骤

根据试验方案设计具体的试验步骤分为以下四步：

（1）将预应力试验板通过橡胶圆形支座简支在工字钢支座上，并通过水泥砂浆固定并找平工字钢支座。

（2）试验板放置在规定位置并检查无误后，首先进行一次静载数据采集并测量试验板初始动态模量。操控设备缓慢施加荷载至 165kN，然后调节疲劳机振幅与频率，逐步加载至规定荷载大小、振幅与频率。打开电子计数器记录疲劳次数。并打开动态应变及位移测量仪器，采集一万次动态位移及动态应变数据。

（3）首次数据采集结束后，拆除动态测量设备。继续施加疲劳荷载至五万次。然后每五万次进行一次数据测量及采集。通过每次采集数据进行现场初步分析，观察数据大致变化趋势。

（4）疲劳试验进行过程中，有试验人员严密观测试验板裂缝发展情况。一旦出现裂缝即停止疲劳试验，测量裂缝宽度，判断试验板受损等级。

2）不同碳化侵蚀条件下预应力试验板疲劳试验过程

分别开展不同碳化侵蚀程度预应力空心板梁试验，研究碳化对预应力空心板疲劳特性、整体力学性能及破坏形态的影响。

（1）未受到碳化腐蚀的试验板疲劳试验过程及现象

随着疲劳次数的增加，健康试验板在疲劳次数达到 160 万次左右时出现第一条裂缝，出现位置为支座处斜向上 45°角处。具体裂缝位置与形状参见图 3-6（*a*）、（*b*），这与第 2 章试验板破坏试验中第一条裂缝出现位置基本相同。此时裂缝宽度为 0.01mm，一旦卸荷，裂缝完全闭合。当疲劳次数加载至 220 万左右时裂缝宽度达到 0.1mm，顶板出现细小贯通裂缝，参见图 3-6（*c*）、（*d*）。此时测量数据已经呈现出较大变化，试验板已经接近疲劳破坏。当第一组试验板疲劳次数达到 320 万次左右时裂缝宽度明显增大，最大宽度达到 0.2mm，顶板裂缝明显增多且裂缝宽度均达到 0.1mm。参见图 3-6（*e*）、（*f*）。此时可以判定试验板已经疲劳损坏，不能再继续正常使用，需要进行修补后才可以继续使用。

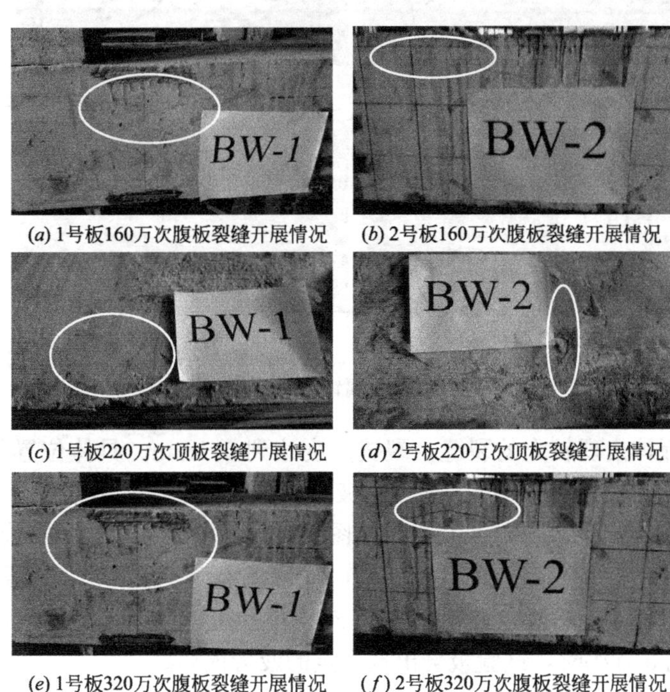

(*a*) 1号板160万次腹板裂缝开展情况　(*b*) 2号板160万次腹板裂缝开展情况

(*c*) 1号板220万次顶板裂缝开展情况　(*d*) 2号板220万次顶板裂缝开展情况

(*e*) 1号板320万次腹板裂缝开展情况　(*f*) 2号板320万次腹板裂缝开展情况

图 3-6　未受到碳化腐蚀的试验板裂缝图

（2）轻度碳化腐蚀试验板的疲劳试验过程

将轻度碳化腐蚀（碳化深度为 5mm）试验板进行疲劳试验发现其应变相对于未受到碳化腐蚀的试验板有小幅度增加，位移有小幅度下降；经过 120 万次疲劳加载后，轻度碳化腐蚀的试验板在未受到碳化腐蚀的试验板出现裂缝的近似位置出现第一条剪切裂缝，如图 3-7（*a*）、（*b*）所示，裂缝宽度近似为 0.01mm。在疲劳试验进行到 140 万次左右时裂缝宽度增加至 0.1mm，空心板的顶板贯通裂缝开始出现，如图 3-7（*c*）、（*d*）所示，此阶段一旦荷载释放，裂缝闭合。当疲劳荷载加至 250 万次时，空心板的裂缝最大宽度已经达到 0.2mm，且试验测量数据与之前数据有相对较大变化，受到轻度碳化腐蚀的空心板已经疲劳破坏，如图 3-7（*e*）、（*f*）所示。

（3）重度碳化腐蚀试验板的疲劳试验过程

第三组试验板为重度碳化（碳化深度为 10mm）试验空心板，在疲劳试验开始前进行的静载试验测量数据相对健康构件可以明显看到有所变化。在疲劳进行到第 2 万次左右

(*a*) 1号板120万次腹板裂缝开展情况

(*b*) 2号板120万次腹板裂缝开展情况

(*c*) 1号板140万次顶板裂缝开展情况

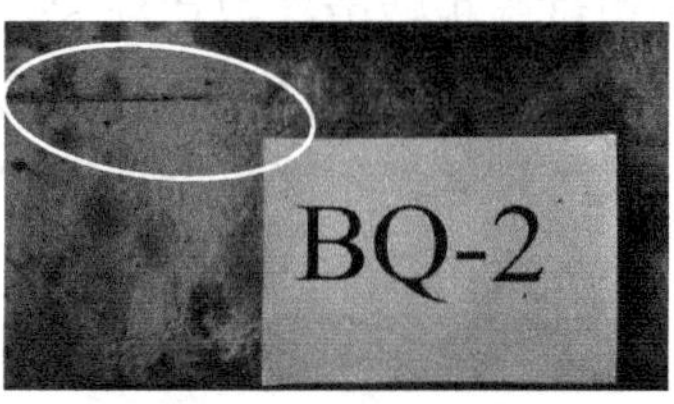

(*d*) 2号板140万次顶板裂缝开展情况

(*e*) 1号板250万次腹板裂缝开展情况

(*f*) 2号板250万次腹板裂缝开展情况

图 3-7　轻度碳化腐蚀的试验板裂缝图

时，BZ-1 号试验板体出现较大的裂缝，裂缝宽度达到 0.1mm。具体位置与之前试验板裂缝出现位置近似相同，如图 3-8（*a*）所示。疲劳试验最终在进行到第 5 万次左右时裂缝宽度达到 0.2mm，顶板出现大量贯通裂缝，如图 3-8（*b*）所示。BZ-2 号试验板在疲劳加载至 5 万次左右时，支座处直接出现宽度达到 0.2mm 的裂缝，破坏形式如图 3-8（*c*）所示，顶板处同样大量出现贯通裂缝，参见图 3-8（*d*）。由此可以判断，受到重度碳化侵蚀的试验板疲劳次数达到 5 万次时，试验板会出现严重的疲劳损坏。

(*a*) 1号板2万次腹板裂缝开展情况

(*b*) 1号板2万次顶板裂缝开展情况

(*c*) 2号板5万次腹板裂缝开展情况

(*d*) 2号板5万次顶板裂缝开展情况

图 3-8　重度碳化腐蚀的试验板裂缝图

3）最大裂缝宽度

按照《公路桥梁混凝土及预应力混凝土桥涵设计规范》中关于最大裂缝的相关计算的规定，空心板梁的箱形截面受弯构件的最大裂缝宽度可以参照矩形、T形和I形截面的混凝土构件的计算方法进行计算。规范中关于裂缝计算的具体计算公式可以参见公式（3-13）、式（3-14）。

$$W_{fk}=C_1C_2C_3\frac{\sigma_{ss}}{E_s}\left(\frac{30+d}{0.28+10\rho}\right)(\text{mm}) \tag{3-13}$$

$$\rho=\frac{A_s+A_p}{bh_0+(b_f-b)h_f} \tag{3-14}$$

式中 C_1——钢筋表面形状系数，光面钢筋为1.4；带肋钢筋为1.0；

C_2——作用长期影响效应系数，$C_2=1+0.5\frac{N_l}{N_s}$；

C_3——与构件受力性质有关的指数，当为板式受弯构件时为1.15；

σ_{ss}——钢筋应力；

d——纵向受拉钢筋直径（mm）；

ρ——纵向受拉钢筋配筋率，当$\rho>0.02$时，取$\rho=0.02$；当$\rho<0.006$时，取$\rho=0.006$；

b_f——构件受拉翼缘宽度；

h_f——构件受拉翼缘厚度。

按照公式（3-14）所示的计算方法来计算规范允许的最大裂缝宽度。将规范中允许的最大裂缝宽度W_{fk}与试验得到的最大裂缝宽度W'_{fk}进行对比，发现受到不同碳化腐蚀的各个空心板的试验实测裂缝宽度W'_{fk}在疲劳破坏时均已经达到规范允许的最大裂缝宽度W_{fk}。说明在经过一定次数的疲劳试验后试验板的裂缝宽度均不能达到标准的要求，需进行修补后才可以继续使用。数据参见表3-4。

不同碳化侵蚀条件下试验板最大裂缝宽度计算值与试验值对比表　　表3-4

试件编号	未碳化	轻度碳化	重度碳化
W'_{fk}	0.21mm	0.23mm	0.29mm
W_{fk}	0.15mm	0.15mm	0.15mm

3.2.4.3 不同碳化侵蚀程度下预应力试验板疲劳性能分析

经过一定次数的疲劳荷载试验后，要对受到不同程度碳化腐蚀的预应力试验空心板梁在疲劳荷载下的混凝土拉压应变、试验板挠度、试验板裂缝、动态应变、动态位移、动态阻尼预计动态频率进行测量，并通过数据测量结果对预应力试验空心板梁在不同碳化腐蚀作用下疲劳特性的变化进行分析与研究。

1）预应力试验板在不同碳化条件下裂缝分析

三组不同程度碳化腐蚀的空心板在受到疲劳荷载时均在同一位置处出现第一条裂缝，且裂缝开展形式基本相同。三组试验最大裂缝宽度均可以参见表3-5，宽度最大的裂缝均为试验板支座处的剪切裂缝。随着碳化侵蚀深度的加深，裂缝出现的时间越早，在碳化侵蚀初期，裂缝开展速度相对缓慢，轻度碳化腐蚀的空心板的1号板梁与轻度碳化腐蚀的2

号板梁的裂缝宽度从0.1mm变为0.2mm用了近100万次的疲劳加载；但是当碳化深度达到10mm时，裂缝宽度从0.01mm扩大为0.2mm仅经历了2万次疲劳荷载。由此可以看到随着碳化深度的加深，预应力试验板无论在裂缝开展时间还是在裂缝发展速度上均要大于未受到碳化处理的试验板。

碳化腐蚀条件下疲劳荷载作用下最大裂缝宽度（mm）　　表3-5

疲劳次数	2万次	5万次	120万次	140万次	160万次	250万次	300万次
未碳化	0	0	0	0	0.019	0.114	0.201
轻度碳化	0	0	0.010	0.102	0.187	0.211	
重度碳化	0.010	0.254					

2）预应力试验板在不同碳化条件下混凝土应力与挠度分析

随着空心板受到的疲劳次数逐渐增加，板梁跨中以及1/4跨处的混凝土拉应变均在逐渐地增加。但是对三组空心板进行对比分析可以发现：随着碳化深度的加深，试验板在相同疲劳次数下的应变随着碳化深度增加而逐渐减小。未受到碳化腐蚀的空心板与轻度碳化腐蚀的空心板在100万次疲劳以前应变间的差距较大，可以达到100$\mu\varepsilon$，但随着试验中疲劳次数逐渐达到200万次后，两组试验数据之间的差别逐渐慢慢减小，应变差值由原来的100$\mu\varepsilon$逐渐变为50$\mu\varepsilon$左右。特别是在空心板疲劳次数达到250万次时，两组试验板之间应变数据之间的差距明显变小。具体数据及数据变化趋势参见表3-6、表3-7及图3-9所示。

疲劳加载后试验板跨中200kN静载应变数据　　表3-6

疲劳次数	0万次	2万次	50万次	100万次	150万次	200万次	250万次
BW跨中应变	305.8	312.7	329.8	342.3	357.0	369.6	427.5
BQ跨中应变	205.3	218.5	237.1	249.2	263.9	284.1	373.1
BZ跨中应变	174.2	314.8					

疲劳加载后试验板1/4跨200kN静载应变数据　　表3-7

疲劳次数	0万次	2万次	50万次	100万次	150万次	200万次	250万次
BW1/4跨应变	103.0	124.3	158.3	181.1	210.4	261.8	347.9
BQ1/4跨应变	97.9	102.1	141.3	150.3	169.4	192.7	244.5
BZ1/4跨应变	94.0	220.1					

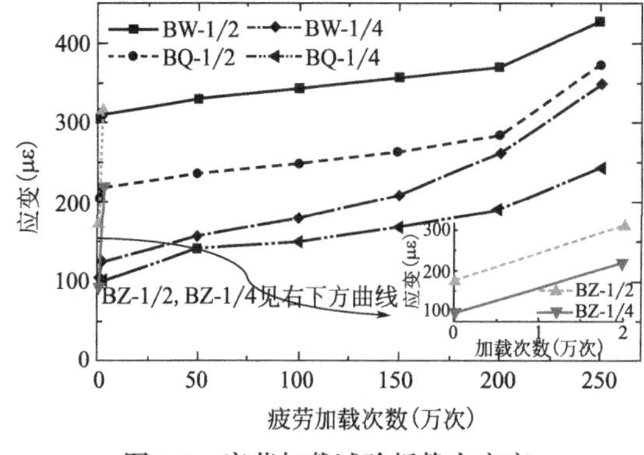

图3-9　疲劳加载试验板静力应变

在随着疲劳次数的增加，两组试验板的跨中挠度以及1/4跨挠度均呈现缓慢增长的现象。在200万次疲劳次数以前，随着碳化侵蚀的增加试验板的跨中挠度及1/4跨挠度均呈现逐渐增加的趋势，但相比健康构件，增长趋势较为缓慢；但是在疲劳次数达到200万次以上时，随着疲劳次数的增加，碳化侵蚀试验板与健康构件挠度变化趋势之间的差距逐渐增大，当达到250万次左右时，挠度变化及差距达到最大，具体数据参见表3-8、表3-9，具体变化趋势参见图3-10。

疲劳加载后试验板跨中200kN静载挠度数据 表3-8

疲劳次数	0万次	2万次	50万次	100万次	150万次	200万次	250万次
BW跨中挠度（mm）	0.946	1.050	1.390	1.510	1.610	1.670	1.7310
BQ跨中挠度（mm）	0.903	0.972	1.170	1.240	1.300	1.320	1.350
BZ跨中挠度（mm）	0.868	0.994					

疲劳加载后试验板1/4跨200kN静载挠度数据 表3-9

疲劳次数	0万次	2万次	50万次	100万次	150万次	200万次	250万次
BW1/4跨挠度（mm）	0.707	0.719	0.781	0.805	0.821	0.830	0.840
BQ1/4跨挠度（mm）	0.693	0.719	0.770	0.778	0.795	0.791	0.794
BZ1/4跨挠度（mm）	0.499	0.579					

3）预应力试验板在不同碳化条件下动态数据分析

预应力试验空心板在受到碳化腐蚀后，关于试验板在疲劳荷载过程中的动态数据会由于试验板疲劳特性的改变而发生改变，所以在试验过程中需要对动态疲劳数据进行详细的测量。

（1）预应力试验板动态应变数据分析

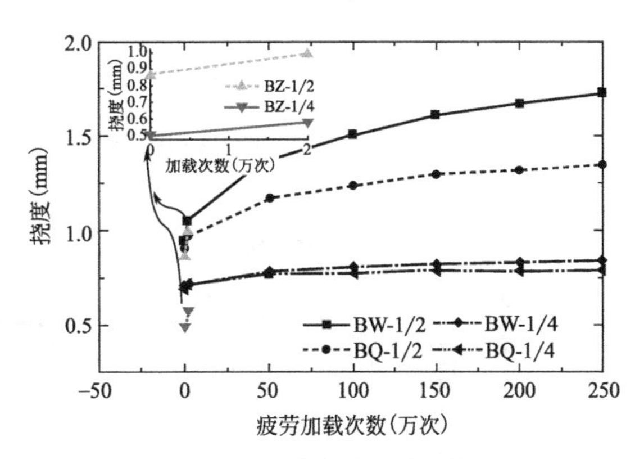

图3-10 疲劳加载试验板挠度

每进行50万次疲劳进行1万次的动态应变采集，采集频率为256Hz，分析频率为80～100Hz，具体采集数据可以参见图3-11。主要测量点为预应力试验板跨中以及1/4跨处各应变测量点，由于疲劳荷载变化趋势呈现正弦曲线变化，所以动态应变均呈现正弦曲线变化，根据试验过程可以看到随着疲劳次数增加应变逐渐变大。将三组经过不同处理后的试验板的数据进行整合可以看到随着碳化深度的增加，相同疲劳次数下的动态应变逐渐变小，当裂缝出现时由于应变片损坏，部分测点出现失效的状况，具体数据比对参见表3-10及表3-11。

相同碳化腐蚀程度下试验板应变随疲劳次数变化表 表3-10

输出值	波峰	波谷	振幅
0万次	10.7	−21.5	32.2
50万次	11.3	−21.7	33.0
100万次	17.3	−17.7	35.1
200万次	22.9	−19.6	42.6

相同疲劳次数下试验板动态应变随碳化腐蚀深度变化表　　表 3-11

输出值	波峰	波谷	振幅
未受到碳化腐蚀	19.8	−13.7	33.6
轻度碳化腐蚀	17.4	−13.0	30.3
重度碳化腐蚀	13.7	−13.1	26.9

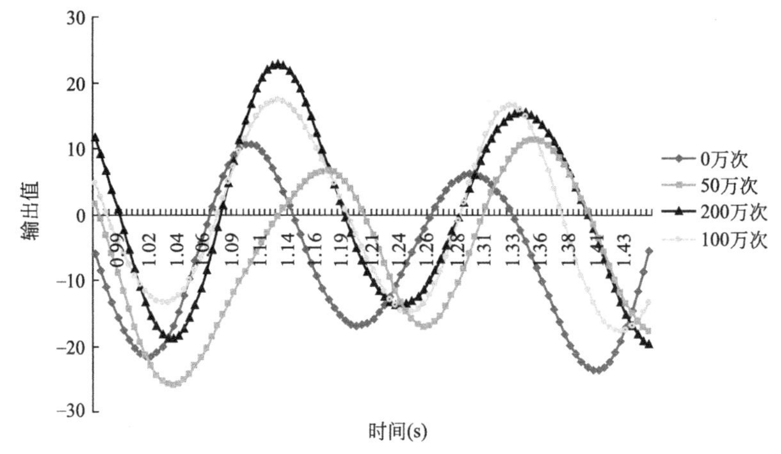

(a) 相同碳化侵蚀条件下试验板应变随疲劳次数变化趋势

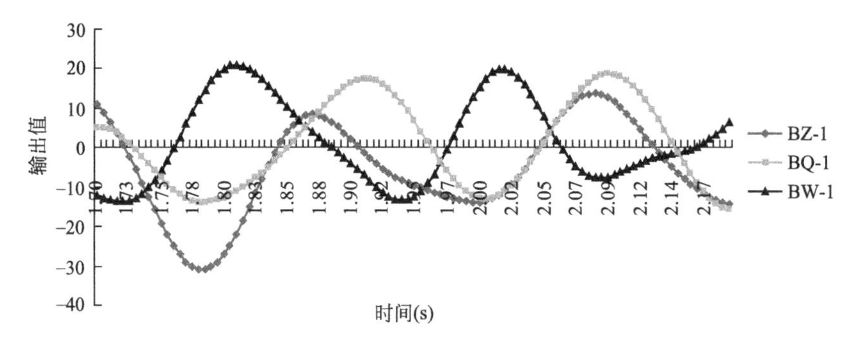

(b) 不同碳化侵蚀条件下试验板应变随碳化深度变化趋势图

图 3-11　试验板动态应变图

(2) 预应力试验板动态挠度数据分析

本次试验采用电涡流采集试验板在疲劳荷载下的动态位移。每增加 50 万次疲劳荷载测量一次，每次测量 1 万次疲劳荷载下的动态位移。根据图 3-12 所示，动态位移在疲劳荷载下与动态应变同样呈现正弦曲线变化，随着疲劳次数的增加动态位移逐渐增大，试验板逐渐接近疲劳破坏。但是随着碳化深度的加深，相同疲劳次数下的试验板的动态位移逐渐变小，受到碳化侵蚀的试验板的动态位移明显小于未受到碳化侵蚀的试验板的动态位移，见表 3-12 及表 3-13。

不同碳化腐蚀条件下试验板挠度随疲劳次数变化趋势表　　表 3-12

位移（mm）	波峰	波谷	振幅
0 万次	0.8	−0.8	1.6

续表

位移（mm）	波峰	波谷	振幅
50 万次	1.0	−0.9	2.0
100 万次	1.1	−1.1	2.2
200 万次	1.5	−1.3	2.8

相同疲劳次数下试验板动态位移随碳化腐蚀程度变化趋势表　　表 3-13

位移（mm）	波峰	波谷	振幅
未受到碳化腐蚀	1.16	−1.08	2.25
轻度碳化腐蚀	1.05	−0.97	2.02
重度碳化腐蚀	0.96	−0.98	1.94

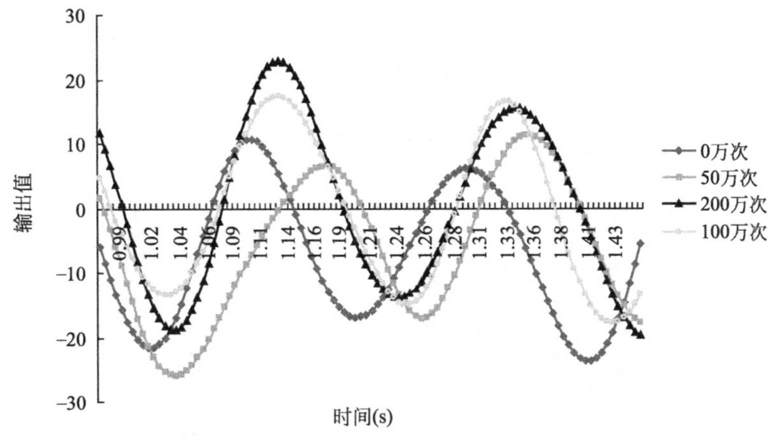

(*a*) 相同碳化侵蚀条件下试验板位移随疲劳次数变化趋势

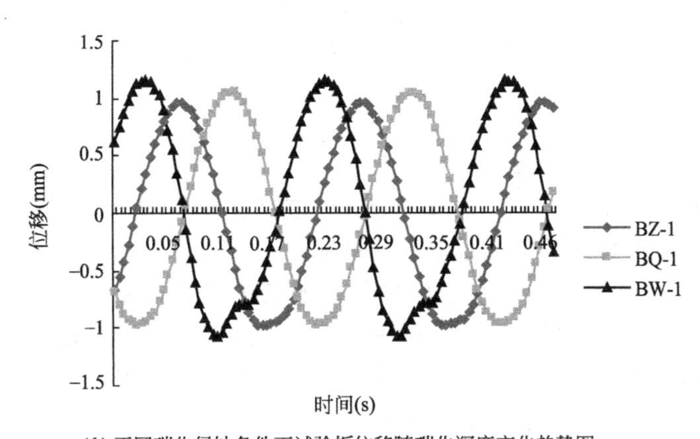

(*b*) 不同碳化侵蚀条件下试验板位移随碳化深度变化趋势图

图 3-12　试验板动态位移图

（3）预应力试验板自振频率分析

每进行 50 万次疲劳试验，对试验板进行一次自振频率测量。使用黄油将拾振器固定于试验板上待检测位置，检测时间为 20min，采集速度为 480/s，采集数据如图 3-13 所示。可以清晰地看到，随着疲劳次数的增加，三组试验板的自振频率均在降低。但随着碳化侵蚀程度的不同，自振频率也存在着变化：在相同疲劳次数下，随着碳化深度加深试验板的自振频率会有一定的增大，说明碳化后试验板整体刚度有明显增加，较易发生疲劳破坏。

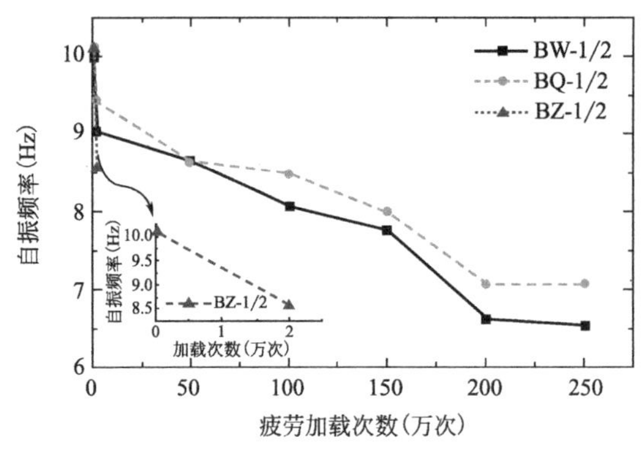

(a) 不同碳化侵蚀条件下自振频率随疲劳次数变化曲线图

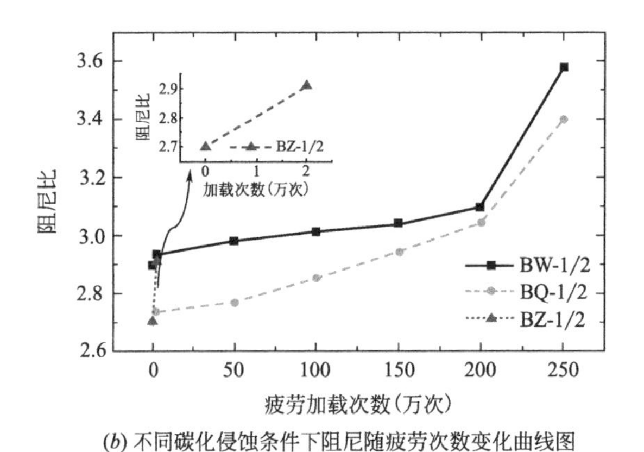

(b) 不同碳化侵蚀条件下阻尼随疲劳次数变化曲线图

图 3-13 动态采集数据图

(4) 预应力试验板阻尼数据分析

阻尼数据可以作为评定现有结构地震安全性的重要参考指标，本次试验采用拾振器对试验板在经过一定疲劳荷载后的阻尼数据进行采集。

通过图 3-13 可以看到随着疲劳次数的增加试验板的动态模阻均呈逐渐增大的趋势，但随碳化程度加深，混凝土中的毛细孔道被碳化反应后的反应物所填充，混凝土的整体性逐渐增加，最后导致试验板的整体刚度越来越大，相应动态模阻相应变大。但是随着疲劳次数的增加，受到碳化侵蚀的试验板阻尼变化速度逐渐大于未受到碳化的试验板，该变化趋势表明虽然碳化后试验板的刚度增大，但是疲劳特性下降速度却要大于未受到碳化的试验板。经典阻尼公式为依靠阻尼判断结构稳定性提供了基本的理论工具，具体可以参见 Rayleigh 阻尼公式 (3-15)、式 (3-17)：

$$c = a_0 m + a_1 k \tag{3-15}$$

$$\xi_n = \frac{a_0}{2}\frac{1}{\omega_n} + \frac{a_1}{2}\omega \tag{3-16}$$

$$\frac{1}{2}\begin{bmatrix}1/\omega_i & \omega_i \\ 1/\omega_j & \omega_j\end{bmatrix}\begin{bmatrix}a_0 \\ a_1\end{bmatrix}=\begin{bmatrix}\xi_i \\ \xi_j\end{bmatrix} \tag{3-17}$$

式中 ξ_n——第 n 阶振型的阻尼比；

a_0，a_1——常数（/s 或 s）。

不同碳化腐蚀程度下的试验板自振频率变化表　　表 3-14

疲劳次数	0 万次	5 万次	50 万次	100 万次	150 万次	200 万次	250 万次
未受到碳化腐蚀	9.98	—	8.45	8.06	7.76	6.61	6.54
轻度碳化腐蚀	10.1	—	8.63	8.50	8.02	7.06	7.06
重度碳化腐蚀	10.1	8.56					

不同碳化腐蚀程度下试验板阻尼变化表　　表 3-15

疲劳次数	0 万次	5 万次	50 万次	100 万次	150 万次	200 万次	250 万次
未受到碳化腐蚀	2.90	—	2.98	3.01	3.04	3.10	3.58
轻度碳化腐蚀	2.70	—	2.77	2.85	2.94	3.04	3.40
重度碳化腐蚀	2.70	2.91					

3.2.4.4 碳化腐蚀对疲劳特性影响分析

试验显示随着疲劳次数的增加，试验板跨中挠度逐渐增加，疲劳次数 N 与试验板的跨中挠度存在对应关系，所以对疲劳次数与跨中挠度增加量进行理论分析是很有必要的。

每经过 50 万次疲劳后测量试验板在静载试验中的跨中以及 1/4 跨挠度，挠度为 f，挠度增加量为 f'，由于跨中以及 1/4 跨挠度与挠度增加量之间关系为 $f=\xi f'$，所以根据跨中挠度与荷载之间的关系可以求得挠度增加量与荷载之间的关系，具体关系可以参见图 3-14～图 3-17。

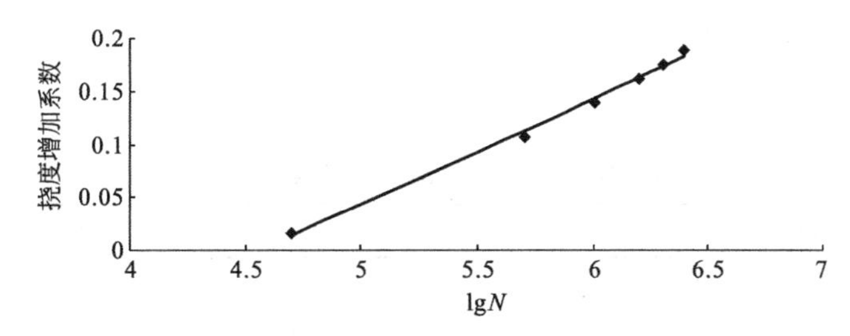

图 3-14　BW-1 号板 1/4 跨挠度增加系数与疲劳次数之间的关系

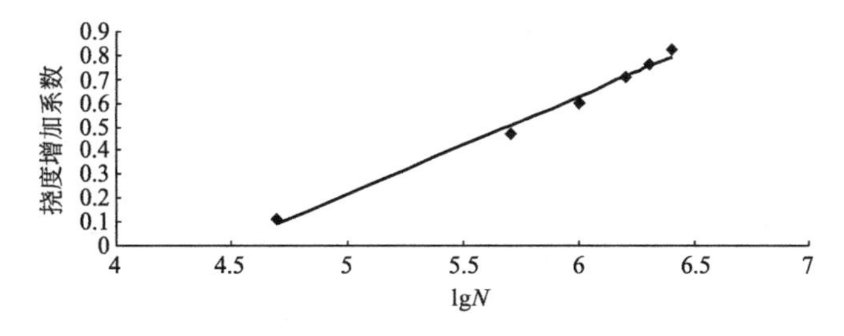

图 3-15　BW-1 号板 1/2 跨挠度增加系数与疲劳次数之间的关系

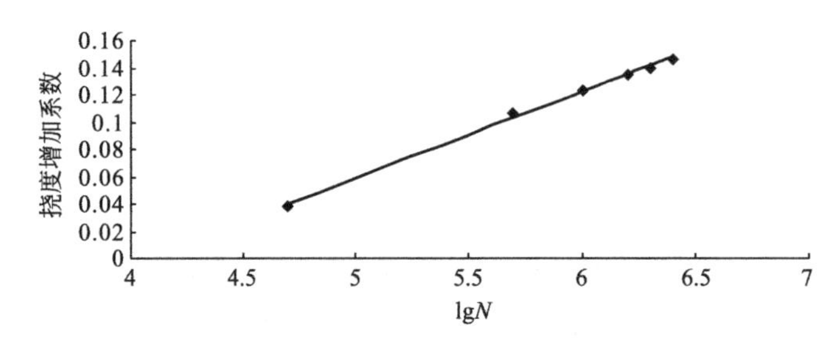

图 3-16　BQ-1 号板 1/4 跨挠度增加系数与疲劳次数之间的关系

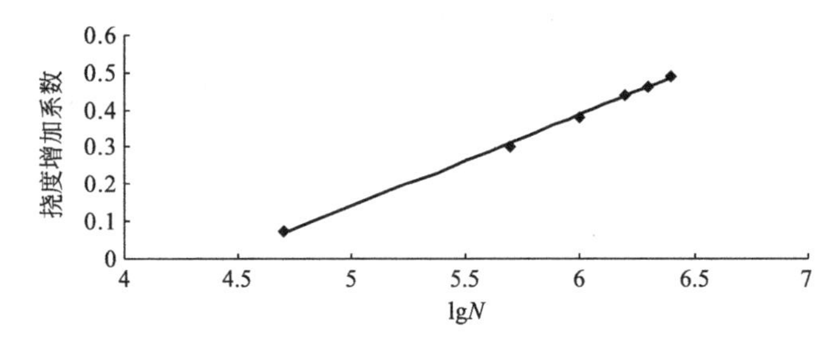

图 3-17　BQ-1 号板 1/2 跨挠度增加系数与疲劳次数之间的关系

运用线性回归将图中的数据点模拟成为一条函数曲线。得到的相应的挠度增加系数随疲劳次数变化的公式参见式（3-18）～式（3-21），公式中 N 为疲劳次数。

BW-1 号试验板 1/4 跨挠度增加系数公式：

$$\kappa = 0.0996\lg N - 0.4541 \tag{3-18}$$

BW-1 号试验板 1/2 跨挠度增加系数公式：

$$\kappa = 0.4134\lg N - 1.8517 \tag{3-19}$$

BQ-1 号试验板 1/4 跨挠度增加系数公式：

$$\kappa = 0.0636\lg N - 0.2594 \tag{3-20}$$

BQ-1 号试验板 1/2 跨挠度增加系数公式：

$$\kappa = 0.2447\lg N - 1.0817 \tag{3-21}$$

疲劳增加系数 κ 计算值与试验值比较　　　**表 3-16**

梁编号	位置	疲劳次数（万次）	试验值 κ^f	计算值 κ	κ/κ^f
BW-1	1/4 跨	5	0.018	0.014	0.80
		50	0.106	0.113	1.07
		100	0.140	0.143	1.02
		150	0.162	0.163	1.01
		200	0.175	0.173	0.99
		250	0.189	0.183	0.97
	1/2 跨	5	0.113	0.091	0.80
		50	0.469	0.505	1.08
		100	0.597	0.629	1.05
		150	0.704	0.711	1.01
		200	0.769	0.753	0.98
		250	0.830	0.794	0.96

续表

梁编号	位置	疲劳次数（万次）	试验值 κ^{f}	计算值 κ	κ/κ^{f}
BQ-1	1/4 跨	5	0.038	0.040	1.04
		50	0.107	0.103	0.97
		100	0.124	0.122	0.99
		150	0.135	0.135	1.00
		200	0.140	0.141	1.01
		250	0.146	0.148	1.01
	1/2 跨	5	0.076	0.069	0.90
		50	0.299	0.313	1.05
		100	0.375	0.387	1.03
		150	0.443	0.436	0.98
		200	0.461	0.460	1.00
		250	0.495	0.485	0.99

按照公式（3-18）～式（3-21）分别对试验板挠度进行计算，然后将计算值与试验值进行分析比较，具体数值参见表 3-16。

按照公式（3-18）～式（3-21）计算出的疲劳增加系数 κ 与试验得到的疲劳增加系数 κ^{f} 的大小以及对比数值，如表 3-16 所示，可以得到 κ/κ^{f} 的平均值为 0.99，标准差为 0.0653，变异系数为 0.066，吻合较好。

3.2.4.5　小结

通过对三组不同程度碳化侵蚀后的试验板进行疲劳试验，可以清楚地看到试验板在不同碳化侵蚀条件下受到疲劳荷载左右后的具体力学特性以及疲劳特性变化，具体结果如下：

（1）本次试验得到了在不同碳化侵蚀条件下，试验板裂缝的出现时间以及裂缝发展规律。未受到碳化的试验板在疲劳次数达到 160 万次时出现裂缝，在疲劳次数达到 320 万次时裂缝宽度超过 0.2mm。轻微碳化的试验板在第 120 万次出现裂缝，在疲劳次数达到 250 万次时裂缝宽度达到 0.2mm。重度碳化的试验板在第 2 万次出现裂缝，第 5 万次裂缝宽度达到 0.2mm。

（2）在疲劳试验中，随着疲劳次数的增加，混凝土应变均随着疲劳次数增加而增加。但当疲劳次数小于 150 万次时，随着碳化深度的增加，试验板的混凝土应变变化呈现出逐渐降低的趋势。碳化会影响试验板的变形，并降低试验板的应变水平。当疲劳次数达到 150 万次以上时，相同荷载下的应变基本没有变化。

（3）试验板的挠度在疲劳试验中均呈增长的趋势，但是随着碳化侵蚀程度的增加，挠度逐渐降低。在受到 200kN 的荷载时，未受到碳化腐蚀的空心板跨中挠度为 1.67mm，受到轻度碳化腐蚀的试验板跨中挠度为 1.32mm，明显小于未受到碳化腐蚀的试验板。

（4）根据对试验板动态应变与位移测量发现，未受到碳化腐蚀的空心板动态应变振幅为 33.6 个输出值，动态应变振幅为 2.5mm；受到轻度碳化腐蚀的空心板动态应变振幅达 31.3 个输出值，动态应变振幅为 2.1mm；重度碳化腐蚀的空心板动态应变振幅为 26.9 个输出值，动态应变振幅为 1.9mm。以上现象说明随着碳化腐蚀深度增加，试验板动态应变与挠度变化均减小。

（5）通过使用拾振器对试验板进行动态模量测试，在 250 万次疲劳后，轻度碳化腐蚀后的试验板动自振频率为 7.06Hz，未受到碳化腐蚀的试验板自振频率为 6.54Hz；受到碳化腐蚀后的空心板动态阻尼为 3.40%，未受到碳化腐蚀的空心板动态阻尼为 3.58%。

（6）对试验数据进行相应分析可以得到：未受到碳化腐蚀的空心板跨中挠度增加率公式为 $\kappa=0.2447\lg N-1.0817$，受到碳化腐蚀的空心板跨中挠度增加率公式为 $\kappa=0.4134\lg N-1.8517$；未受到碳化腐蚀的空心板 1/4 跨挠度增加率公式为 $\kappa=0.0996\lg N-0.4541$，受到碳化腐蚀的空心板 1/4 跨挠度增加率公式为 $\kappa=0.0636\lg N-0.2594$。根据分析结果可以得到，随着碳化深度增加挠度增加率变化速率增大。

3.2.5 预应力空心板构件承载力及疲劳数值分析

数值模型是开展科学研究的重要辅助手段，本节运用有限元件对预应力试验板疲劳试验过程进行模拟计算，通过软件模拟运算结果与试验结果进行对比来验证模拟结果的真实性与准确性，进而可以通过数值模型开展更广泛的研究。

3.2.5.1 试验板静载试验模拟比对

ANSYS 主要有两种方法对预应力进行分析：整体分析法与分离式分析法。整体式分析法主要是将钢筋与混凝土作为成一个整体进行模拟与分析，采用 link 单元模拟预应力钢筋，具体方法有初始应变法与温缩法等。分离式分析法是将混凝土与预应力筋的作用分别进行考虑，预应力筋的作用以荷载形式取代。

1）有限元模型建立

通过温缩法对试验板进行预应力模拟，模型尺寸为 200mm×500mm×320mm，预应力钢筋为 3ϕ12.7，由于试验板中箍筋以及纵筋不受力，所以在计算机模拟时可以忽略纵筋以及箍筋作用。采用 SOLID65 单元模拟混凝土材料，该单元可以有效地模拟出混凝土开裂、压碎以及徐变等一系列力学变化过程。使用 LINK8 单元模拟预应力筋，方便使用温缩法模拟。

具体加载方式为三分点加载方法，模拟应力为试验板实际破坏应力 245kN。荷载施加方式采用平面均布荷载施加，保证模型发生集中破坏。约束方式采用在试验板两端将 X 轴以及 Y 轴自由度进行约束。

2）材料本构关系以及参数选取

软件模拟过程中混凝土的具体抗压、抗拉强度以及弹性模量采用实际测量值，混凝土泊松比设定为 0.2，弹性模量为 4.4×10^4MPa。软件模拟过程中预应力钢绞线弹性模量取为 2×10^5N/mm^2，线膨胀系数取为 2×10^{-5}。

3）ANSYS 具体模拟结果

具体模拟过程参见图 3-18，静载试验裂缝产生位置为跨中竖向裂缝、支座剪切裂缝以及顶板由于混凝土受压破坏产生横向贯通缝。根据模拟结果云图以及最大主应力图可以看出各部分应变以及挠度变化与具体试验结果基本一致，表明数值模拟结果的有效性。

参见图 3-18（*c*）中的最大主应力曲线发现，静载试验模拟结果的应变基本与实际试验一致。静载模拟中试验板在 245kN 的荷载条件下，裂缝开展位置与试验基本相同，参见图 3-18（*d*）。

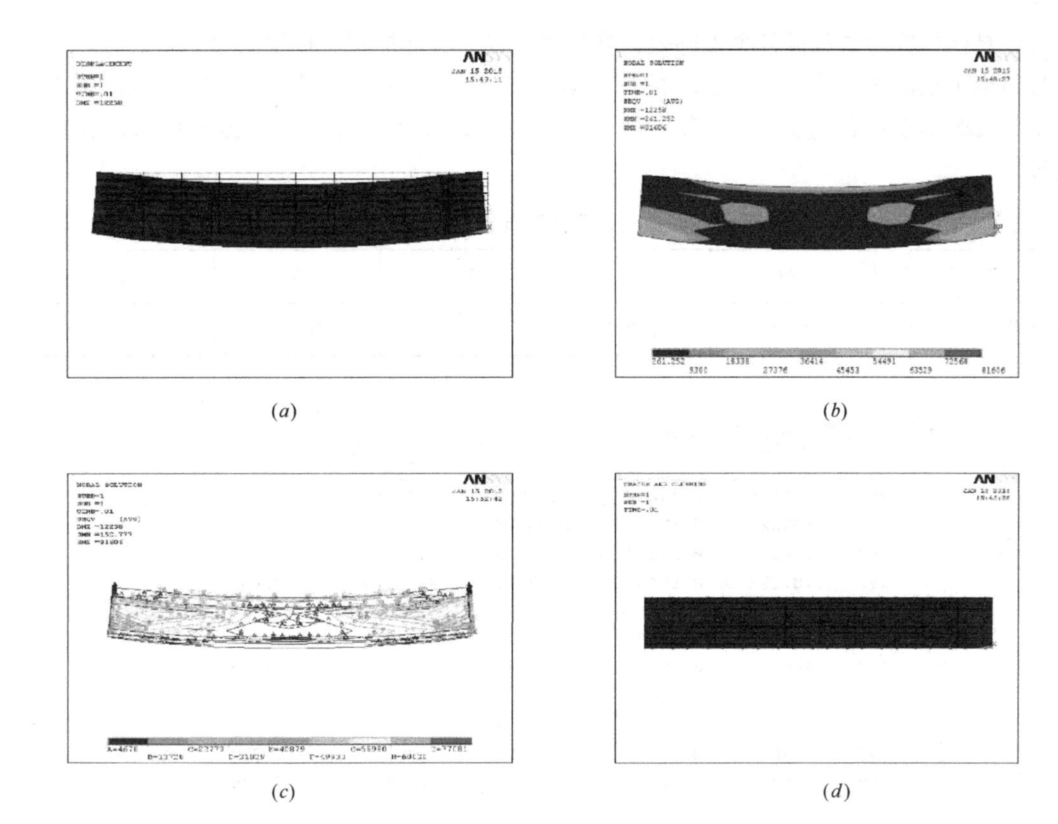

(a) (b) (c) (d)

图 3-18 静载模拟结果图

具体实测挠度数据与软件模拟挠度数据对比参见表 3-17。具体实测数据与软件模拟数据之间比值 ω^{f}/ω 的平均值为 0.85，标准差为 0.018，变异系数为 0.021。经过对比分析，试验中由于设备及人为因素，考虑到材料非线性等因素，导致试验结果与软件模拟结果之间存在一定误差。

静载实际测试数据与模拟挠度数据对比 **表 3-17**

跨中底部挠度	实测值（ω^{f}）	模拟值（ω）	
50kN	−0.614	−0.706	0.87
100kN	−0.960	−1.157	0.83
150kN	−1.312	−1.660	0.79
200kN	−2.893	−3.404	0.85
245kN	−3.862	−4.244	0.91

3.2.5.2 不同碳化侵蚀条件下试验板疲劳试验模拟

ANSYS 中疲劳运算可以计算出模拟对象在现有应力作用下的最易疲劳位置，将这些最易疲劳位置进行预先选定后，可以在确定一定数目的事件以及荷载后将这些位置上的应力进行储存，然后根据最易疲劳位置进行疲劳分析，计算出疲劳失效次数。

1）计算最大等效应力

首先根据 ANSYS 中的静力计算方法计算出三组试验板在疲劳荷载下的最大等效应力

节点，具体位置为试验板各个支座处，参见表 3-18。具体模拟数据输出参见图 3-19，通过模拟结果可以清晰地看到三组试验板均在第 36 号节点处应力为最大，所以判定试验板最先受到疲劳损伤的位置为 36 号节点处，将这些最易疲劳位置以及应力储存后进行疲劳运算。

最大等效应力以及关键点位置计算结果表　　　表 3-18

节点号	133	304	290	36	36
最大等效应力（Pa）	18.834	2.0876	1.6435	31.781	29.257

```
PRNSOL  Command
File
    388  0.71619E-01-0.23057     -0.41879      0.49041      0.42851
    389  0.44862E-01-0.88721E-02-0.26273      0.30759      0.28455
    390  0.13031      0.99229E-03-0.12133      0.25165      0.21796
    391  0.70759E-01-0.10465E-01-0.19098      0.26174      0.23205
    392  0.43705E-01-0.68015E-01-0.37722      0.42093      0.37767
    393  0.65481E-01-0.25307     -1.1523       1.2178       1.0939
    394  0.96029     -0.52748E-01 -4.8590      5.8193       5.3847
    395   4.3953      0.11143     -9.2308      13.626       12.069
    396   6.1282      0.24367     -10.438      16.566       14.546
    397   4.0505      0.22533     -15.308      19.358       17.757
    398   4.0534      0.21603     -14.837      18.890       17.294

 MINIMUM VALUES
 NODE      213         174          36          390         390
 VALUE   -2.0884     -6.2632     -28.471     0.25165     0.21796

 MAXIMUM VALUES
 NODE      133         304         290          36          36
 VALUE    18.834      2.8876      1.6435      31.781      29.257
```

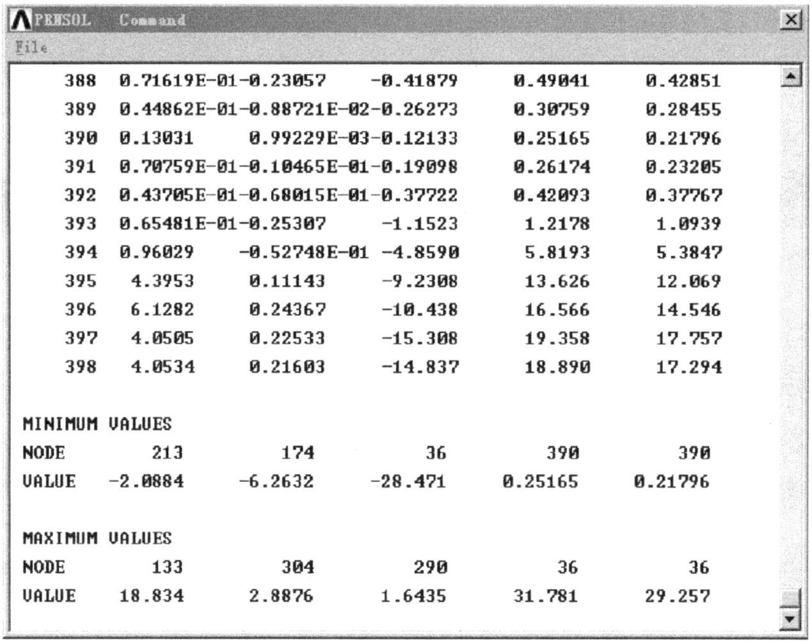

图 3-19　ANSYS 计算输出结果图

2）疲劳分析

在将疲劳位置以及应力储存后，分别对三种不同碳化侵蚀条件下的混凝土试验板模型中混凝土材料进行定义，钢绞线材料具体的参数不变。受到碳化侵蚀的试验板混凝土材料根据试验数据定义表层混凝土参数，碳化后的混凝土弹性模量为 6.1×10^{4}MPa，泊松比为 0.2，并根据公式（3-22）确定混凝土疲劳荷载条件下的本构关系。

$$S_{max}=0.942-0.050\lg N \tag{3-22}$$

式中　N——疲劳次数。

然后确定节点 36，并储存相应的应力，设置疲劳次数为 N 万次，在进行疲劳运算后分别得到三组试验板最易疲劳损坏点为试验板节点 36。模拟结果显示试验板分别在第 165 万次、125 万次与第 2 万次左右使用后发生疲劳失效。具体结果输出可以参见图 3-20～图 3-22。三种不同碳化侵蚀条件下的试验板模拟疲劳试验计算结果可以参见表 3-19。

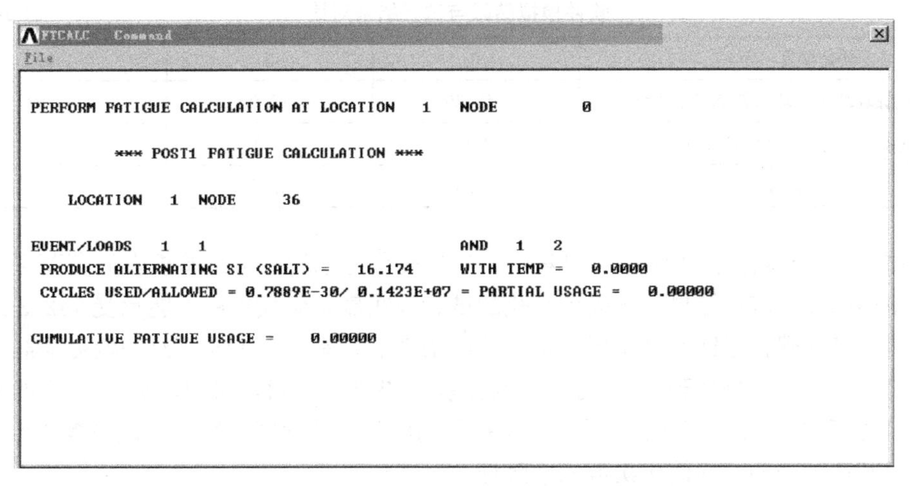

图 3-20 不受碳化侵蚀的试验板疲劳计算输出结果

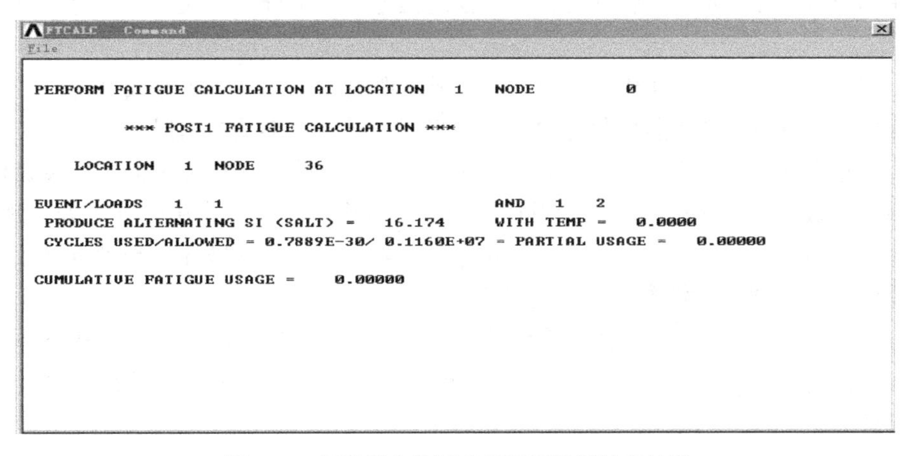

图 3-21 轻微碳化的试验板疲劳计算输出结果

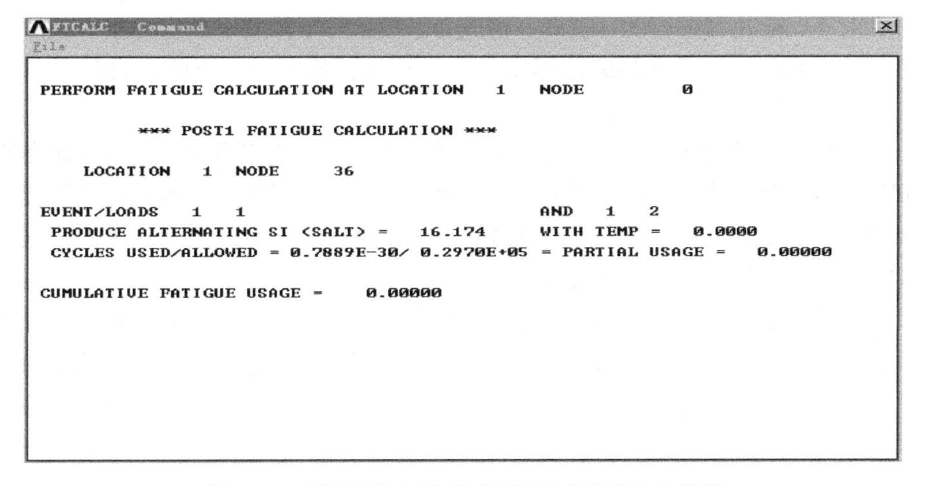

图 3-22 重度碳化侵蚀的试验板疲劳计算输出结果

软件模拟结果与试验结果对比 **表 3-19**

碳化深度（mm）	0	5	10
模拟计算疲劳破坏次数 N（万次）	142.30	116.00	2.97
试验疲劳破坏次数 N^f（万次）	160	120	2
N/N^f	0.89	0.97	1.49

根据 ANSYS 软件模拟结果可以看到，受到疲劳荷载的三组试验板在疲劳荷载条件下呈现出不同的疲劳破坏结果。未受到碳化的试验板在最大荷载条件下能承受 142.3 万次的疲劳荷载；轻度碳化侵蚀的试验板在最大荷载条件下只能承受 116 万次的疲劳荷载；重度碳化条件下疲劳次数降低到 2.97 万次。与试验结果进行比对，可以看到 N/N^f 的平均值为 1.11，结果基本相近，验证了随着试验板受到碳化侵蚀程度的增加，试验板疲劳特性逐渐下降，其可承受的循环使用次数相应降低。

3.2.5.3 小结

运用 ANSYS 有限元分析软件对整个试验过程进行模拟分析，模拟运算得到以下几点结论：

（1）在受到 24.5kN 的静载荷载后，试验板出现破坏，主要破坏形式为支座处剪切裂缝、顶板压碎裂缝以及腹板竖向贯通缝，破坏形式与试验结果基本相似。

（2）通过运用 ANSYS 中的疲劳分析模块，得到了试验板在模拟中的主要裂缝位置以及疲劳破坏次数。未受到碳化的试验板在受到 165 万次循环荷载作用时支座处出现破坏；受到轻微碳化腐蚀的试验板在受到 125 万次循环荷载作用时出现破坏；受到重度碳化的试验板在受到 6 万次循环荷载作用时出现破坏。

（3）公式（3-22）对试验板在未受到碳化腐蚀以及受到轻度碳化腐蚀的状态下的疲劳特性有较好的适应性，但是在对试验板受到重度碳化腐蚀的情况该公式具有较大的局限性，误差较大。

3.2.6 小结

本节针对不同碳化腐蚀程度，在 0.8 倍应力系数条件下开展了预应力空心板静载试验以及疲劳试验，系统研究了不同碳化程度对空心板构件疲劳特性影响，得到了以下几点结论：

（1）随着碳化深度的增加，预应力混凝土试验空心板的疲劳裂缝出现的时间会明显早于未受到碳化侵蚀的试验板，而且裂缝发展速度要快于未受到碳化侵蚀后的试验板。在受到重度碳化侵蚀后试验板疲劳寿命急剧降低。如果混凝土构件受到重度碳化侵蚀（碳化深度大于 10mm），应严密注意构件的裂缝发展情况。

（2）随着碳化深度的加深，小于 150 万次疲劳时，受到碳化侵蚀的试验板的应变会小于未受到碳化侵蚀的试验板；但当疲劳次数大于 150 万次时，随着疲劳次数的增加，碳化侵蚀后的试验板的应变会逐渐增大，在邻近疲劳破坏时，受到碳化侵蚀的试验板的应变与未受到碳化侵蚀的试验板的应变数据基本相同。因此，仅仅从应变变化来判断混凝土构件的疲劳性能是不充分的。

（3）碳化侵蚀后的试验板的挠度在疲劳荷载初期会小于健康试验板的挠度，但随着疲劳次数的逐渐增加，两者之间的差距会逐渐缩小。在试验板临近疲劳破坏时，挠度数据之间近似相等，可以认为受到碳化腐蚀的试验板在疲劳荷载初期构件的挠度不会有较大变化，但是当空心板邻近疲劳破坏时，构件的挠度会有较大的变化；随着碳化的加深，试验板的动态应变、位移均呈现反比增长。且随着碳化腐蚀程度的增加，试验板自振频率增加，阻尼下降。由此可以断定，受到碳化侵蚀的预应力混凝土构件在受到疲劳荷载时，更易于产生脆性破坏。

(4) 通过对不同碳化条件下试验板的挠度变化进行统计分析，得到了不同碳化条件下的挠度增长率与疲劳次数之间的预估模型，为类似桥梁使用寿命评价提供了参考。

3.3　氯离子侵蚀作用下预应力混凝土空心板疲劳特性试验研究

3.3.1　氯离子侵蚀混凝土结构耐久性及疲劳特性研究现状

近年来，由于混凝土耐久性的问题而引发的桥梁破坏的事故时有发生，对国家经济、基础建设造成了不可估量的影响。在20世纪90年代初，P. K. Mehta教授在《混凝土耐久性50年进展》报告中明确提出："钢筋混凝土结构破坏的主要因素中，最严重的就是钢筋锈蚀"。大量工程调查表明桥梁结构的破坏大多起因于混凝土耐久性的不足，使桥梁结构的适用性能和安全性能降低，大大增加了桥梁维修和重建的费用。美国学者曾经以"五倍定律"来阐述混凝土耐久性问题的重要性，即：在混凝土结构设计时期，在建项目钢筋防护方面每节省1美元，就意味着在出现钢筋锈蚀情况时采取的维修措施费要多追加5美元，若混凝土结构顺筋开裂则多追加25美元，结构严重破坏时就会多追加到125美元。混凝土耐久性问题不仅仅涉及钢筋混凝土结构的安全使用，同时还与桥梁工程建设的经济效益和社会经济利益紧密相关。

我国桥梁结构耐久性问题同样不容忽视。我国海岸线附近的城市众多，且沿海城市之间还修建了许多跨海大桥，由于桥梁每天都在承受着海洋环境侵蚀作用，氯离子侵蚀严重降低了桥梁结构的耐久性性能，从而导致桥梁结构未达到规定的使用年限就已经丧失使用功能。在我国广大北方地区，冬季桥梁路面上都会积雪，要保证交通顺畅，就要洒除冰盐，融化积雪。目前我国使用的除冰盐中，氯盐占据着主要成分。研究表明，氯离子侵蚀将导致桥梁结构疲劳性能的衰减，进而影响到桥梁结构的使用寿命。目前，国内外学者关于氯离子侵蚀对桥梁疲劳耐久性的影响已经逐步开展，但是目前的研究大多数是针对混凝土标准试块在氯离子侵蚀下的材料力学性能的研究，针对结构开展的耐久性及其疲劳特性的研究还相当有限，因此，开展预应力混凝土空心板在受到氯离子侵蚀作用下的耐久性及其疲劳特性的研究很有必要。

1) 国外研究现状

(1) 国外关于混凝土受到氯离子侵蚀的研究现状

从20世纪60年代开始，氯离子侵蚀环境下混凝土材料的耐久性问题越来越引起世界各国的普遍关注。1976年美国试验与材料协会（ASTM）召开了氯化物腐蚀问题的专题会议，对氯离子环境下混凝土结构的耐久性问题进行了专门的探讨，以后每年都对此问题进行了专门的立项研究。英国于1979年在伦敦召开了专门针对氯离子对混凝土结构锈蚀的学术会议，在如何防护氯离子对钢筋混凝土结构腐蚀的问题上进行了深刻的探讨。20世纪80～90年代后，大量的钢筋混凝土结构耐久性的问题日益突出，很多国家开始对氯离子环境下的结构耐久性进行深度研究，制定混凝土结构耐久性的设计规范和指南。ACI201委员会编制的耐久性混凝土指南、1992年欧洲CEB颁布的《耐久性混凝土设计指南》等都是在这一时期制定的。20世纪90年代之后，世界大多数国家的钢筋混凝土结构物开始进入老龄化时期，人们开始对氯离子环境下的混凝土结构的耐久性问题倍加关心，计算机技术的发展更加推动了氯离子环境下钢筋混凝土结构耐久性研究的发展。1992年美国和加拿大联合举办了第二届混凝土结构的耐久性会议。1993年在日本召开了建筑材料与结构的第六届耐久性国际会议。自从Frohnsdorff提出使用计算机虚拟仿真技术模拟混凝土耐久性问题以来，计算机技术在现代混凝土耐久性研究领域起到了越来越重要的作用，很多学者对此进行了相关的研究并取得了很多研究成果。日本东京大学混凝土试验室和美国硅粉协会都开发了相关的计算机程序对混凝土结构耐久性的问题进行了模拟，为氯离子环境下钢筋混凝土结构耐久性问题的研究提供了全新的研究技术和方法。

(2) 国外对疲劳的研究现状

在混凝土构件疲劳特性方面，国外还有不少学者对钢筋混凝土构件疲劳性能进行了研究，TarigAhmed等试验结果表明，碱性硅酸盐反应对增强梁的抗剪性能是有利的，可以增加梁的疲劳寿命。A M Ozell等试验表明，在疲劳加载的前期，梁的变形很小，加载后期梁的挠度有显著的增大；梁的正截面疲劳破坏起控制作用。Byung Hwan Oh等疲劳试验的结果表明，粘钢加固后梁的疲劳力学性能有显著的增强，在同等条件下，相对于未加固的梁，其变形较小。Tien S Chang试验结果表明，低应力水平的重复荷载将导致弯曲疲劳破坏；高应力水平的重复荷载将导致剪切疲劳破坏，荷载应力水平对其破坏形态起决定性作用。Haraj li MH等试验结果表明，梁的疲劳破坏发生在产生裂缝截面处，且是由于非预应力筋断裂而引起的。Rodriguez等对不同箍筋间距及不同锈蚀率的钢筋混凝土梁的试验发现钢筋锈蚀率和箍筋间距较大时，往往会发生剪切破坏。

2) 国内研究现状

(1) 国内关于氯离子侵蚀混凝土的研究现状

20世纪60年代南京水利科学院开始对氯离子环境下的钢筋混凝土结构耐久性进行研究。1982年和1983年中国土木工程协会连续两年召开关于钢筋混凝土结构耐久性学术会议。1989年我国颁布的《钢铁工业建（构）筑物可靠性鉴定规程》YBJ 219—89规定了钢筋混凝土结构物使用寿命的预测方法。1991年全国钢筋混凝土标准技术委员会下成立了“混凝土耐久性学组”。1992年中国土木工程学会混凝土及预应力混凝土分科学会下成立了“混凝土耐久性专业委员会”等。这些科研机构的成立标志着我国混凝土耐久性研究开始进入系统化和规范化。1994年国家科学委员会组织的国家基础性研究重大项目（攀登B计划）“重大土木工程与水利工程安全性与耐久性的基础研究”，在混凝土耐久性研究中取得了大量的研究成果，这些研究成果代表了我国在20世纪钢筋混凝土结构耐久性研究领域的最新进展。近年来，我国在该领域的研究进入了一个新的高潮期，同时也涌现出了很多在氯离子环境下钢筋混凝土结构耐久性研究方面的专家。李田、刘西拉等学者通过对钢筋混凝土结构耐久性的研究，对如何提高混凝土结构耐久性进行了分析并提出了设计建议。肖纪美等学者对混凝土材料的腐蚀及其控制方法进行了研究。金伟良等学者对受腐蚀钢筋混凝土构件的混凝土强度、钢筋抗拉强度和钢筋与混凝土之间的黏结力进行了系统的研究，取得了很多有代表性的结论。赵铁军等学者对氯离子在混凝土结构中的扩散系数进行了研究。

氯离子环境下钢筋混凝土结构的腐蚀问题首先是组成结构的混凝土和钢筋材料的物理、化学性质和尺寸的变化，接着是混凝土构件承载能力的变化，最后才是钢筋混凝土结构耐久性的丧失，从而影响了整个结构物的安全性。因此国内有些学者将氯离子环境下钢筋混凝土结构的研究分为三个层次：材料层次、构件层次、结构层次。氯离子环境下钢筋混凝土结构的侵蚀首先是对组成结构物的材料进行侵蚀，所以材料层次的研究属于最基础性的研究，主要是对氯离子侵入混凝土的机理、氯离子侵入混凝土的扩散系数、混凝土中氯离子浓度的确定和临界氯离子浓度的确定等相关研究；构件层次的研究主要是研究钢筋混凝土构件遭受氯离子腐蚀后承载能力的变化，主要的研究方法有现场试验法和试验室加速腐蚀法，前者能够真实地反映现实氯离子环境下混凝土构件承载力的退化规律，但是存在试件不容易获得、时间长、条件不好控制等缺点。试验室加速腐蚀法有试验时间短、灵活、条件容易控制等优点，但现实环境往往十分复杂，试验室加速腐蚀法不能够完全模拟现实环境条件。结构层次的研究是研究混凝土构件的承载力，从而对整个结构的安全性进行评估。目前，氯离子环境下钢筋混凝土结构耐久性的研究大多还是停留在材料和构件层次上。人们对氯离子环境下钢筋混凝土结构腐蚀问题在材料层次的研究已经取得了具有代表性的研究成果，混凝土受到氯离子腐蚀后其宏观力学性能有两个阶段的变化，第一阶段是氯离子从表面扩散到混凝土的毛细管内，与混凝土的材料发生化学反应生成的产物急速膨胀，慢慢积累直至填满混凝土结构内的空隙使钢筋混凝土结构物的承载能力得到提高；第二阶段是混凝土毛细管中的氯离子继续与混凝土发生反应产生一定的膨胀应力。当氯离子与混凝土反应生成的膨胀物达到一定量时就会使混凝土中原有的微裂缝进一步扩大，并产生新的裂缝，这个过程不断发展，就使得混凝土材料的承载能力开始降低。

（2）国内对疲劳的研究现状

国内在混凝土疲劳方面的研究主要有：铁科院在20世纪80年代初期对混凝土的等幅疲劳性能及变幅疲劳性能进行了系统的研究。李朝阳根据单轴等幅疲劳试验，对混凝土疲劳变形的三阶段规律进行深入研究并给出了疲劳变形方程。钟明全对部分预应力梁疲劳试验的研究发现，部分预应力梁的疲劳破坏过程首先是非预应力钢筋的逐根疲劳断裂，一般不会出现预应力钢筋疲劳断裂和受压混凝土疲劳压碎，姜昭恒和罗小勇等人通过试验也得到同样的结论。疲劳作用使裂缝截面刚度降低，引起该处应力重分布，同时预应力钢筋应力变幅增大，从而导致预应力钢筋的疲断，或者由于截面变形过大，而使预应力钢筋应力进入非线性段，导致截面上预应力的部分消失。这些现象仅发生在疲劳破坏的断面上，而其他梁段与正常梁段无异。因此，部分预应力梁的疲劳破坏过程既具有相对持续性，又具有局部性。钟铭等人的研究成果表明：高强混凝土梁疲劳试验表明高强混凝土梁在疲劳荷载作用下，正截面平均应变仍符合平截面假定；确定了混凝土弯曲受压的变形模量与轴心受压弹性模量的平均关系。车惠民、何广汉的研究认为重复荷载作用对其静载抗弯强度的影响不大。吕海燕、戴公连试验表明部分预应力混凝土梁在疲劳荷载下预应力度对混凝土应力增大系数影响不大，但对预应力和非预应力筋应力增长影响较大。

基于预应力混凝土空心试验梁模型，开展快速氯离子侵蚀试验，通过疲劳试验开展及相关数据分析，阐明了不同氯离子侵蚀程度下预应力空心板构件的疲劳特性衰减规律，本节研究内容下：

1）氯离子侵蚀后混凝土力学性能研究

基于预应力空心板梁模型，运用氯盐溶液浸泡及快速侵蚀试验将预应力混凝土试验空心板与同期试块进行氯离子侵蚀处理。氯离子侵蚀处理后，测试立方体混凝土同期试块在受到侵蚀处理后的力学性能，分别测量混凝土的抗压强度与弹性模量，通过数据对比发现混凝土试块在受到氯盐浸泡处理后抗压强度有所增大，弹性模量有所降低。

2）氯离子侵蚀后预应力空心板疲劳特性研究

根据具体试验情况，在侵蚀池中将试验梁分别处理为轻度侵蚀、重度侵蚀两种侵蚀程度，具体评定标准为轻度侵蚀的侵蚀深度为钢筋混凝土保护层厚度 25mm，重度侵蚀为氯离子侵蚀深度达到混凝土保护层厚度，钢筋锈蚀率为 3%～5%。试验板分成为未受到侵蚀、轻度侵蚀、重度侵蚀三组。每组试验板分别进行疲劳试验，并进行主要数据测定以及数据分析。

3）数据处理分析

运用软件进行数据拟合。将试验中测试出的数据进行收集处理，运用 MATLAB 软件对数据进行处理分析，最终建立了受到不同侵蚀程度的试验板挠度增长率与疲劳次数之间的数理模型。

3.3.2 氯离子对预应力空心板梁的影响

3.3.2.1 氯离子侵蚀混凝土行为简述

混凝土中的氯离子的来源有内掺和外掺两种，暴露在海洋环境和除冰盐等恶劣条件下的混凝土，外界渗入混凝土的氯离子在钢筋表面积聚并达到临界浓度往往是引起钢筋腐蚀的主要原因。氯离子进入混凝土主要有几种方式包括：(1) 扩散作用：由于混凝土内部氯离子浓度差异，氯离子自高浓度的地方向低浓度的地方移动称为扩散。(2) 毛细管作用：在干湿交替条件下，混凝土表层含氯离子的盐水向混凝土内部干燥部分移动。(3) 渗透作用：在水压力作用下，盐水向压力较低的方向移动称为渗透。(4) 电化学迁移：即氯离子向电位高的方向移动。

扩散进入混凝土内部的氯离子，由两部分组成：(1) 混凝土孔隙溶液中的自由氯离子，这部分氯离子会引起混凝土中的钢筋产生锈蚀作用；(2) 被混凝土的固相成分如水化产物和孔结构表面发生物理吸附或化学结合的结合氯离子，通常化学结合过程总是伴随着物理吸附过程，它不对钢筋产生锈蚀危害。在混凝土中，由自由氯离子浓度和结合氯离子浓度之和构成了混凝土中总的氯离子浓度。

在混凝土结构中，通常认为只有自由氯离子才能导致钢筋表面的钝化膜破坏，并造成钢筋锈蚀和钢筋混凝土结构失效。自由氯离子和总氯离子在钢筋锈蚀进程中起的作用得到普遍认可，但是结合氯离子对钢筋侵蚀过程的影响至今仍持有不同点。一种观点认为只有自由氯离子对钢筋的侵蚀过程有影响，而结合氯离子已失去了游离状态，对钢筋的锈蚀没有影响，因此氯离子浓度临界值应以自由氯离子的含量为标准；另一种观点则认为氯离子的结合会影响到氯离子侵蚀的每个进程，用自由氯离子浓度来表征氯离子含量的临界值是不全面的。氯离子的结合会导致自由氯离子含量的减少，所以渗透进入混凝土内部的氯离子数量也会减少，进而导致钢筋表面混凝土中氯离子的堆积减少。当环境氯离子浓度较低时，结合氯离子含量的增加会降低混凝土内部的氯离子浓度，由于环境氯离子浓度较低，混凝土表面和内部的氯离子浓度差较小，导致氯离子侵入缓慢，进而延迟钢筋的初锈时间；当环境氯离子含量较高时，氯离子的结合导致混凝土内部氯离子浓度的降低，混凝土表面和内部的氯离子浓度差增大，加速了氯离子的侵蚀，从而加速了钢筋的锈蚀。

3.3.2.2　氯离子环境下钢筋的锈蚀机理

调查表明，氯离子具有半径小、活性大、穿透力强等特点，即使在混凝土碳化深度较浅时，氯离子含量较高的情况下钢筋也容易遭受腐蚀。当钢筋混凝土结构长期处于氯离子环境中时，氯离子就会大量吸附于钢筋混凝土结构上膜结构有缺陷的地方，使钢筋表面难溶的氢氧化铁钝化膜转变成易溶的氯化铁，使钢筋表面的钝化膜局部破坏。在氯离子侵蚀钢筋混凝土结构的过程中氯离子只是起到催化作用，并不改变锈蚀产物的组成成分，氯离子在混凝土中的含量也不会因腐蚀反应而减少。一旦氯离子的含量超过临界值，若不采取防护措施，腐蚀将会不断地进行下去。

氯离子对钢筋混凝土结构中的钢筋锈蚀可以看成是一个复杂的电化学过程，这个过程可比作电池反应。电池的电极引起阳极或阴极作用钢筋的不同表面。锈蚀过程见图 3-23。

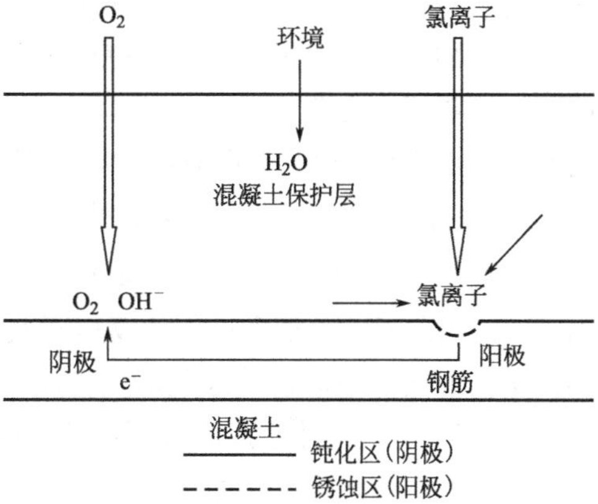

图 3-23　氯离子侵蚀钢筋锈蚀机理图

在电池阳极，铁失去两个电子变成二价铁离子，生成可溶性氯化铁，使钢筋表面致密的钝化膜破坏。反应如下：

$$Fe \rightarrow Fe^{2+} + 2e^- \tag{3-23}$$

$$Fe^{2+} + 2Cl^- + 4H_2O \rightarrow FeCl_2 \cdot 4H_2O \tag{3-24}$$

在电池阴极，电子、水、氧转化成氢氧根离子。阴极反应并不引起钢筋的损伤，而是起到保护钢筋的作用。阴极反应如下：

$$\frac{1}{2}O_2 + H_2O + 2e^- \rightarrow 2(OH)^- \tag{3-25}$$

电池阴阳极由于有电子的通过，使阴阳极之间产生了带电区域，氢氧根离子通过带电区域向阳极方向传递带有负电荷的离子。在阳极附近，$FeCl_2 \cdot 4H_2O$ 会逐渐向含氧量高的混凝土孔溶液中迁移，在环境中分解为 Fe $(OH)_2$。根据周围的环境条件，这些产物会继续反应，生成最终的产物铁锈。

$$FeCl_2 \cdot 4H_2O \rightarrow Fe(OH)_2 + 2HCl + 2H_2O \tag{3-26}$$

$$Fe(OH)_2 + \frac{1}{4}O_2 + \frac{1}{2}H_2O \rightarrow Fe(OH)_3 \tag{3-27}$$

3.3.2.3　氯离子对钢筋锈蚀的作用

正常情况下，环境中的氯离子进入钢筋混凝土结构中有两种途径：一个是“混入”，如在混凝土的浇筑过程中，通常要掺用一定量的外加剂，而这些外加剂中通常含有氯盐，而在浇筑过程中使用的水通常含有氯盐；另一个是“渗入”，已经浇筑成型的钢筋混凝土结构，或多或少都存在着宏观、微观的缺陷，环境中的氯盐通过这些缺陷渗入到混凝土结构中并且到达钢筋表面。环境中的氯盐能够渗入到钢筋混凝土结构中大都是施工过程中的问题，这些问题是不可避免的。钢筋混凝土结构通常具有多孔性本质，渗入通常与混凝土本身的性质有关。

氯离子进入混凝土后对钢筋锈蚀的主要作用：

（1）破坏钝化膜。钢筋混凝土结构在浇筑过程中，其内钢筋的表面会产生一种致密的保护膜，该膜对钢筋具有很强的保护作用。碱性越高，该保护膜的保护能力越强。当氯离子进入到钢筋混凝土结构中并且到达钢筋表面时，会使氯离子吸附处的 pH 迅速降低，使得该处的碱性变小，从而使钢筋表面的保护膜遭到破坏。

（2）形成腐蚀电池。氯离子进入到钢筋混凝土内部，先使钢筋表面的一小部分钝化膜发生破坏，使这些表面的铁基体完全暴露在氯离子的环境中。钢筋表面还未破坏的钝化膜与裸露在氯离子环境下的铁基体形成电位差。铁基体作为阳极，还未被破坏的钝化膜作为阴极。大阴极对应于小阳极，加速了钢筋的腐蚀，使得钢筋表面迅速产生坑蚀现象。这就是氯离子对钢筋表面产生坑蚀为主的原因。

（3）阳极去极化作用。在钢筋表面产生的电池反应过程中，阳极反应为 $Fe-2e=Fe^{2+}$，阳极反应会生成大量的 Fe^{2+}，如果这些 Fe^{2+} 不能被及时地搬运走而是积累在阳极的表面，那么由于 Fe^{2+} 的饱和，阳极的反应会减慢甚至停止。但是 Fe^{2+} 会与环境中的 Cl^- 反应生成易溶的 $FeCl_2$，这个过程会继续消耗 Fe^{2+}，使得阳极附近的 Fe^{2+} 迅速消耗，从而加速了阳极的反应。$FeCl_2$ 是易溶的，如果遇到 OH^-，会继续反应生成 $Fe(OH)_2$ 和 Cl^-。因此 Cl^- 在整个过程的反应过程中只是起到了搬运作用而不会被消耗，Cl^- 会在环境中周而复始地对钢筋起到破坏作用。

（4）Cl^- 的导电作用。腐蚀电池能够进行电极反应的必要条件就是要有离子通路。混凝土中的 Cl^- 能够降低腐蚀电池反应过程中阴、阳极之间的电阻，提高了反应效率，加速了腐蚀电池的反应过程。虽然氯离子对混凝土也有破坏作用，但是氯离子对钢筋的破坏占主导地位。

（5）Cl^- 与水泥的作用及对钢筋锈蚀的影响。在选用水泥材料的时候，一般选用铝酸三钙（C_3A）含量高的水泥。因为水泥中的铝酸三钙（C_3A）可以和氯离子反应生成不溶性复盐，大大降低了混凝土中游离 Cl^- 的存在，所以铝酸三钙（C_3A）含量高的水泥更有利于预防 Cl^- 的侵害。然而铝酸三钙（C_3A）和氯离子反应生成的不溶性复盐只能在强碱环境中保持稳定，当环境中混凝土的碱性降低时会使复盐发生分解释放出 Cl^-，因此保持混凝土环境的高碱性是非常必要的。若混凝土中含有硫酸盐，Cl^- 会首先与 C_3A 生成复盐降低硫酸盐与 C_3A 的作用。所以，Cl^- 可以抑制硫酸盐对混凝土的破坏作用，但是必须使混凝土结构保持在高碱性的环境中。

3.3.2.4 氯离子环境下钢筋锈蚀的发展过程

氯离子环境下钢筋混凝土结构腐蚀的状态随时间发展变化较大。目前国内外学者普遍认为钢筋发展过程分为四个时期，如图 3-24 所示。

（1）前期（腐蚀准备阶段，用时间 t_0 表示）：从钢筋混凝土结构的浇筑时刻起，钢筋混凝土结构长期处于氯离子的环境中，氯离子侵入到钢筋混凝土结构的内部并在内钢筋表面积聚。当氯离子浓度累积到使钢筋开始锈蚀时，钢筋表面钝化膜开始遭到破坏。这一时期到钢筋开始锈蚀时为止，与混凝土结构的抗氯离子渗透性能及环境中的氯离子的浓度等因素有关。

(2) 中期（腐蚀发展阶段，用时间 t_1 表示)：从钢筋开始腐蚀起，到混凝土保护层开裂为止。该段时间不仅与混凝土的电阻率和钢筋的尺寸有关，而且还与氧气和水的扩散速率等有关。据统计资料显示普通混凝土的腐蚀发展阶段时间一般为3～7年，而高性能混凝土由于其电阻率的成倍增长，该段时间可达到15～30年。

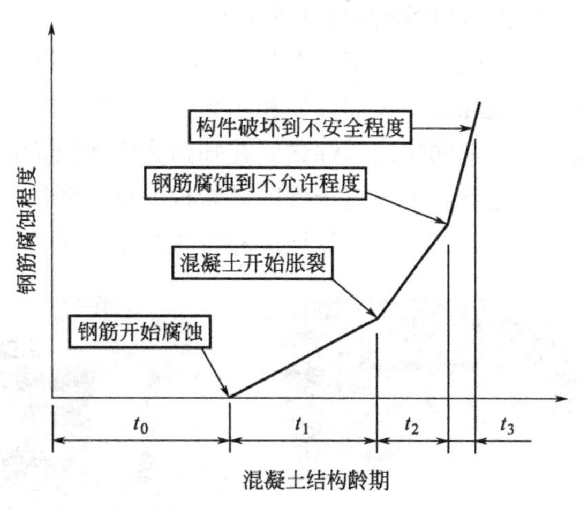

图 3-24　氯离子环境下钢筋腐蚀的发展过程图

(3) 后期（腐蚀破坏第一阶段，用时间 t_2 表示)：从混凝土表面因钢筋腐蚀膨胀开始破坏发展到混凝土普遍显示严重胀裂，剥落破坏，即已达到不可容忍的程度，必须全面维护为止。

(4) 晚期（腐蚀破坏第二阶段，用时间 t_3 表示)：钢筋腐蚀已发展到使结构区域性破坏，致使结构不能安全使用。

从钢筋腐蚀的全过程分析可以得出，掌握影响钢筋锈蚀发展过程的关键是对钢筋开始腐蚀时间、钢筋腐蚀速度以及钢筋腐蚀对结构性能影响的把握。

3.3.3　预应力混凝土空心板梁及同期试块氯离子侵蚀试验

为了研究氯离子侵蚀对预应力混凝土空心板梁的疲劳特性的影响，首先要对氯离子侵蚀后的混凝土材料的力学性能进行测试。参照标准试验规范《普通混凝土长期性能和耐久性能试验方法标准》中的氯离子快速侵蚀试验方法进行研究，结合具体试验条件确定本次试验的氯离子侵蚀方法——将预应力混凝土空心板梁浸泡在一定浓度的氯盐中让氯离子侵蚀到混凝土结构保护层即25mm达到轻度侵蚀以及在氯盐中通电的钢筋快速锈蚀。本次试验在氯离子侵蚀池中按时间先后分别放置了两片预应力混凝土空心试验板以及六块C50混凝土同期试块（100mm×100mm×100mm)。根据通电时间计算预应力混凝土空心试验板的具体侵蚀程度，通过对混凝土试块进行力学测试确定预应力混凝土空心试验板受到氯离子侵蚀后的混凝土的极限抗压强度及弹性模量的变化情况。

3.3.3.1　试验目的

本次试验的主要目的是为后期静载试验以及疲劳试验提供氯离子侵蚀预应力混凝土构件，并对混凝土同期试块进行氯离子侵蚀处理。主要目的有以下几点：

(1) 为了有效地研究氯离子侵蚀对预应力混凝土空心板的疲劳特性进行研究，首先要对预应力混凝土试验空心板进行氯离子侵蚀处理，因此要通过氯离子侵蚀试验在短时间内处理混凝土构件，进而研究预应力混凝土试验空心板的具体疲劳特性，为以后的研究提供基础。

(2) 由于氯离子会对混凝土的力学性能产生影响，所以，氯离子侵蚀后的混凝土试块需要进行力学性能检测，主要检测混凝土受到侵蚀作用下的强度变化与弹性模量变化。

3.3.3.2 试验准备及设备布置

本次试验需要将长度为2m的预应力混凝土空心试验板进行快速氯离子侵蚀试验，根据《普通混凝土长期性能和耐久性能试验方法标准》中关于氯离子快速锈蚀试验的具体要求，本次钢筋快速锈蚀试验在郑州大学改造后的氯离子快速锈蚀池中进行，采用钢筋快速锈蚀法进行重度氯离子侵蚀试验板的钢筋锈蚀工作。池底放置支架，将预应力混凝土空心试验板放置在支架上保证试验板块与氯离子溶液充分接触。具体试验设备参见图3-25。

(*a*) 氯离子侵蚀池及附属设备

(*b*) 液压式压力试验机

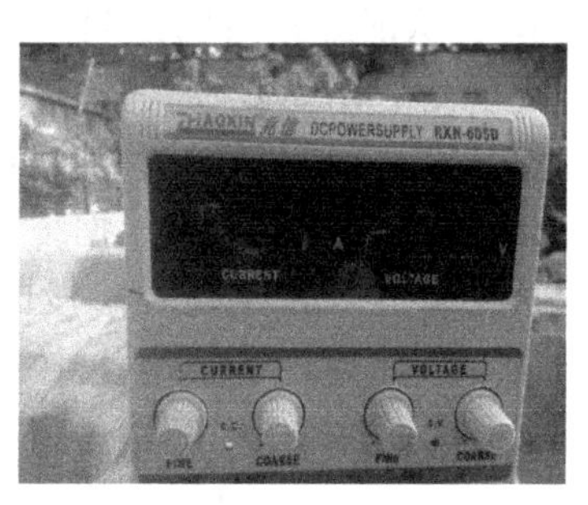

(*c*) 钢筋锈蚀所需电源

图3-25 氯离子侵蚀及压力监测试验设备

根据本次试验要求，进行氯离子侵蚀的试件主要分为两个部分，即预应力混凝土试验空心板和C50混凝土立方体标准试块。预应力混凝土空心试验板在经过氯离子侵蚀处理后进行疲劳试验，用以测试不同氯离子侵蚀程度对预应力混凝土空心板梁疲劳特性的影响。C50混凝土立方体试块主要用来测定氯离子侵蚀作用下的力学特性。

（1）混凝土立方体试块

混凝土同期立方体试块主要用于测定氯离子侵蚀作用下的混凝土力学性能。每块预应力混凝土空心试验板匹配同期试块三块。试块放置进氯离子侵蚀池内前按照《普通混凝土长期性能和耐久性能试验方法标准》的要求进行处理，在满足28d标准养护期后通过在烘干箱中高温处理48h之后进行侵蚀试验。

（2）预应力混凝土空心试验板

预应力混凝土空心试验板作为主要试验对象，按时间先后分别放入氯离子侵蚀池内。两块预应力混凝土试验空心板平行布置于氯离子侵蚀池底部，试验板底部在端头部位放置枕木，保证预应力混凝土试验空心板底板可以充分与氯离子侵蚀溶液接触。

（3）氯离子侵蚀池

因为本次试验中需要将长度为2m的预应力混凝土试验空心板进行快速侵蚀试验，所以根据《普通混凝土长期性能和耐久性试验方法标准》中关于快速氯离子侵蚀试验的具体要求，本次快速侵蚀试验在郑州大学改造后的快速侵蚀池中进行氯离子侵蚀试验。将梁体置于浓度为7%盐水中浸泡，具体试验设备参见图3-23（*a*）。

（4）压力试验机

本次试验中要对混凝土试块进行抗压强度以及弹性模量进行监测。液压式压力试验机应当符合《试验机通用技术要求》GB/T 2611中的具体要求。具体试验设备参见图3-25。

（5）硝酸银试剂

本次试验利用硝酸银试剂测试氯离子侵蚀深度。首先使用合适的工具在混凝土试块测区表面形成具体有一定深度的剖面，将剖面中的碎屑以及混凝土粉末清除干净，采用一定浓度的硝酸银试剂均匀喷洒在混凝土剖面上，根据变色情况使用深度测量工具测定混凝土试块上变色的部位深度，进而得到氯离子侵蚀深度。经过对比发现，经过氯离子侵蚀后的试块侵蚀程度达到将近 28mm 时破损梁的实际侵蚀程度也达到了 26mm，试块侵蚀深度以及梁体的侵蚀深度均达到了预期要求。

3.3.3.3　氯离子侵蚀具体内容

1）氯离子侵蚀作用下的钢筋快速锈蚀

（1）氯离子作用下钢筋电化学锈蚀机理

钢筋电化学加速锈蚀装置如图 3-26 所示，将浇筑成型的钢筋混凝土结构连同钢筋放置在盛有电解液的水槽中。用导线连接直流电源构成完整的闭合回路。钢筋电化学锈蚀是一个电解的过程，直流电源的正极连接钢筋混凝土结构内部的待腐蚀钢筋，充当电解池的阳极，负极连接钢板充当阴极。电解槽中存在电解反应，阳极钢筋发生氧化反应失去电子，阴极物质得到电子发生还原反应。电解液中存在水电离平衡：$H_2O \leftrightarrow H^+ + OH^-$。在反应过程中，电子在电极与电源之间移动，并不在电解液中传播。电解液中的 OH^- 向阳极移动，H^+ 向阴极移动，与电子形成等量电流，整个过程形成闭合电路。所以要使阳极钢筋失去电子，必须要保证电解液水分能到达钢筋表面以形成闭合电路。阳极反应：$Fe \rightarrow Fe^{2+} + 2e^-$，阴极反应：$2H^+ + 2e^- \rightarrow H_2$。在电化学反应过程中，由于存在电场的作用，只要是能发生的氧化还原反应在此过程中都可能发生，且随着反应的难易程度先后发生。混凝土浇筑时会在钢筋表面形成一层致密的钝化膜，在钝化膜破坏之前，钢筋只相当于一个惰性电极，其表面主要发生的反应 $4OH^- \rightarrow O_2 + 2H_2O + 4e^-$。当氯离子等强脱钝物质在钢筋表面达到一定浓度时，钢筋表面钝化膜即开始破坏，铁原子与水分子接触，在电场作用下失去电子，即发生加速锈蚀反应。

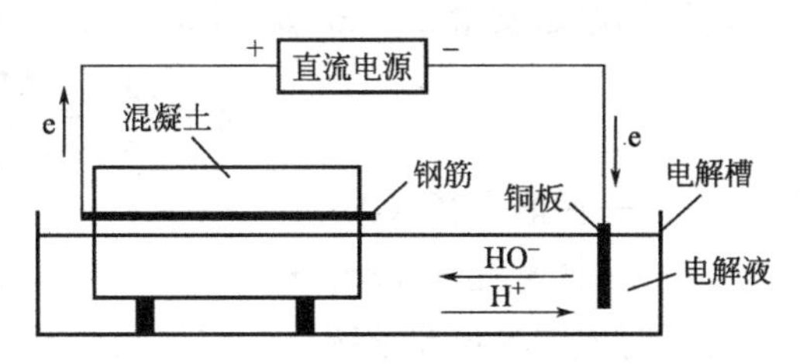

图 3-26　钢筋在混凝土中加速锈蚀机理

（2）基于法拉第定律确定的钢筋锈蚀率

法拉第定律的基本含义：在电极界面上发生化学变化的物质的质量与通入的电量成正比。在钢筋电化学快速腐蚀过程中，由通过钢筋的电流强度大小和通电时间，可算出钢筋的腐蚀质量，如式（3-28）所示。

$$\Delta m = \frac{MIt}{ZF} \tag{3-28}$$

式中　Δm——钢筋质量损失量（g）；

M——铁的摩尔质量（g/mol）；

I——腐蚀电流强度（A），为单位时间内通过钢筋锈蚀区域的电量；

t——锈蚀持续时间（s）；

Z——反应电极化学价，即失去的电子数。

在钢筋电化学反应中，第一步反应生成 Fe^{2+}，Z 取 2；F 为法拉第常数，即为 1 摩尔电子的电量，表示为 $F = N \times e$，N 为阿伏伽德罗常数，即 1 摩尔物质个数，等于 6.02×10^{23}， e为电子电量1.60×10^{-19}C。其中通过钢筋的电流强度也可由钢筋表面的电流密度得出：

$$I=iS=i\pi dl \tag{3-29}$$

式中 i——钢筋表面电流密度；

d——钢筋直径（cm）；

l——锈蚀钢筋长度（cm）。

钢筋质量锈蚀率为锈蚀质量与原始质量的比值，如式（3-30）所示：

$$\eta=\frac{\Delta m}{m} \tag{3-30}$$

将钢筋原始质量$m=\pi r^2\rho l$与式（3-29）代入式（3-30）得：

$$\eta=\frac{\Delta m}{m}=\frac{Mi\pi dlt}{ZF\pi r^2\rho l}=\frac{Mit}{Fr\rho} \tag{3-31}$$

式中 r——钢筋半径（cm）；

ρ——铁密度（7.8g/cm^2）。

计算时式中单位要求统一，质量锈蚀率为无量纲。所以只要准确测量钢筋损失电量，即可算出损失质量，进而算出质量锈蚀率。金属腐蚀一般都是从外向内的，其电子的损失也是从金属表面开始的，所以可以通过测量金属腐蚀过程中表面的损失电流密度结合腐蚀时间来计算质量损失，从而确定钢筋的腐蚀程度。

（3）通电时间确定

根据式（3-28）和式（3-30）所得钢筋锈蚀率与通电时间的关系，可以推算出通电时间与钢筋锈蚀率之间的关系，如式（3-32）所示：

$$t=\frac{m\eta FZ}{MI} \tag{3-32}$$

其中，

$m=\pi r^2\rho l=8\times3.14\times0.3^2\times7.8\times200+3\times3.14\times0.635^2\times7.8\times200=9452.32\text{g}$

$\eta=3.5\%$

$F=6.02\times10^{23}\times1.6\times10^{-19}=9.6\times10^4$

$Z=2$

$M=56\text{g/mol}$

$I=5\text{A}$

将以上数字代入式（3-30）计算得出需至少通电63h才能使预应力空心板梁钢筋锈蚀达到3%～5%。

2）氯离子轻度、重度侵蚀试验步骤

《普通混凝土长期性能和耐久性能试验方法标准》中关于钢筋电化学锈蚀试验的要求具体试验步骤为：

（1）将处理好的预应力混凝土空心试验板与混凝土立方体试块放置在快速侵蚀池内。放置时应保证试验板以及混凝土立方体试块表面完全裸露在氯离子溶液中。

（2）试验板与混凝土立方体试块放置至规定位置时，往侵蚀池内注入盐溶液，盐浓度为7%，浸泡30d后，将一块试验板取出，作为轻度侵蚀，剩余的一块试验板进行通电锈蚀试验。

(3) 连接好线路，开启电源开关，将电流调至 5A，电压在 36V 以下。具体设备图参见图 3-26。

3) 氯离子侵蚀过后混凝土试验板钢筋锈蚀率检测

为了检验钢筋电化学腐蚀效果，需要对钢筋锈蚀率进行检测，为了直观和准确地检测出钢筋锈蚀率，本次检测方法采用混凝土破损检测方法，人工将试验完毕的混凝土梁凿开，截断其中的预应力钢绞线、箍筋和架立筋，为了保证试验结果的准确性，每一种钢筋分为三组，分别用酸性除锈剂进行多次喷撒除锈，用精度为 1g 的电子秤分别称取除锈前的质量与除锈后的质量。试验结果表示，箍筋锈蚀比较严重，锈蚀率达到了 4.51%，达到了预期的要求，而预应力钢绞线的锈蚀率为 1.93%，预应力钢绞线的锈蚀率小于箍筋与架立筋的锈蚀率，说明在同等通电及氯离子侵蚀条件下，混凝土中预应力钢绞线的腐蚀程度要小于普通钢筋（表 3-20）。通过最后的疲劳试验结果，箍筋的锈蚀导致斜截面抗剪强度损失，斜截面更容易发生疲劳脆性破坏（图 3-27、图 3-28）。

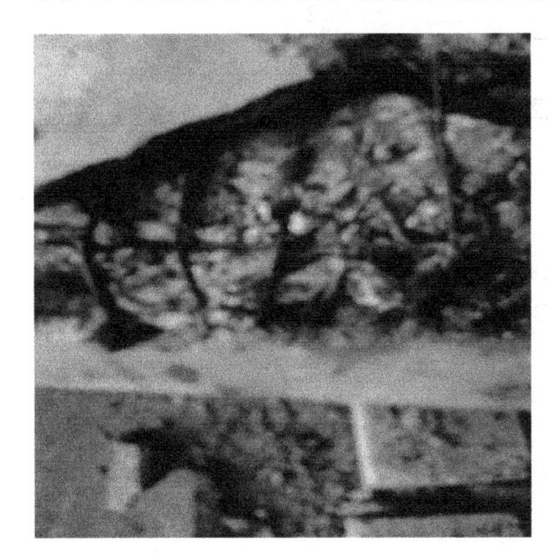

图 3-27　凿开后的混凝土梁

图 3-28　经过除锈后的预应力钢筋

混凝土中钢筋质量损失率　　**表 3-20**

钢筋类型	编号	除锈前质量	除锈后质量	质量损失率	质量损失率均值
预应力钢绞线	1	426	417	2.11%	1.93%
	2	454	443	2.42%	
	3	435	427	1.84%	
纵筋	1	134	129	3.73%	3.85%
	2	136	132	2.94%	
	3	128	123	3.91%	
箍筋	1	102	98	3.92%	4.51%
	2	84	79	5.95%	
	3	104	99	4.81%	

3.3.3.4　氯离子侵蚀后混凝土试块力学性能试验

1) 混凝土立方体试块轴心抗压强度试验

为了研究氯离子侵蚀过后预应力混凝土试验空心板的疲劳特性，要对氯离子侵蚀后的混凝土的轴心抗压强度进行测量，混凝土立方体轴心抗压强度计算公式参见式（3-33）：

$$f_c = 0.95\frac{F}{A} \tag{3-33}$$

式中 f_c——混凝土立方体轴心抗压强度（MPa）；

F——试件试验破坏荷载（N）；

A——试件试验承压面积（mm^2）。

经过压力测试后的混凝土立方体轴心抗压强度参见表 3-21。

混凝土轴心抗压强度记录表　表 3-21

试件尺寸（mm）	强度	侵蚀前强度（MPa）		侵蚀后强度（MPa）	
100×100×100	C50	69.2	68.1	65	71.6
		69.5		73.7	
		65.6		76.2	

如表 3-21 所示，C50 混凝土立方体抗压强度在氯离子侵蚀前为 68.1MPa，经过氯离子侵蚀后，强度增加至 71.6MPa。

2）混凝土立方体弹性模量试验

混凝土的弹性模量对于桥梁构件的疲劳特性有着极其重要的影响，为了研究氯离子侵蚀对预应力试验空心板的疲劳特性的影响，需要测量侵蚀前后的预应力空心板弹性模量。具体的弹性模量计算公式参见式（3-34）：

$$E_c = \frac{0.95}{n-1}\sum_{i=1}^{n}\frac{F_n - F_{n-1}}{A} \times \frac{L}{\varepsilon_n - \varepsilon_{n-1}} \tag{3-34}$$

式中 E_c——混凝土弹性模量（MPa）；

F_n——第 n 次加载压力（N）；

A——试件试验承压面积（mm^2）；

ε_n——第 n 次加载时，百分表读数；

L——测量标距（mm）。

混凝土弹性模量记录表　表 3-22

试件尺寸（mm）	强度	氯离子侵蚀前弹性模量（GPa）		氯离子侵蚀后弹性模量（GPa）	
100×100×100	C50	40.6	41.5	39.6	38.7
		41.2		38.2	
		42.8		38.4	

根据上述试验结果可以清晰地看到，经过氯离子侵蚀过后，混凝土弹性模量呈现下降的趋势。在 C50 混凝土未受到任何侵蚀处理时，弹性模量可以达到 41.5GPa，但是经过氯离子侵蚀后，混凝土的弹性模量下降到 38.7GPa。

3.3.3.5　小结

本节主要结论如下：

（1）运用快速氯离子侵蚀试验将预应力混凝土试验空心板进行快速侵蚀处理，按氯离子侵蚀程度分为三组：未受到氯离子侵蚀的预应力试验板、轻度侵蚀的预应力试验板以及重度氯离子侵蚀的预应力试验板。

(2) 通过对通电后的重度氯离子侵蚀试验板进行破坏试验发现，箍筋锈蚀比较严重，达到了4.51%，达到了预期的要求，而预应力钢绞线的锈蚀率为1.93%，预应力钢绞线的锈蚀率小于箍筋与架立筋的锈蚀率，说明在同等通电及氯离子侵蚀条件下，混凝土中预应力钢绞线的腐蚀程度要小于普通钢筋，箍筋的锈蚀导致斜截面抗剪强度损失，斜截面更容易发生疲劳脆性破坏。

(3) 通过对侵蚀前后C50混凝土立方体试块进行力学性能测试得到未受到氯离子侵蚀的混凝土试件抗压强度为68.1MPa，经过侵蚀过后的混凝土试件抗压强度为71.6MPa。

(4) 通过对侵蚀前后的C50混凝土立方体试块进行弹性模量检测，测试得到未受到氯离子侵蚀的混凝土试件弹性模量为41.6GPa，经过氯离子侵蚀过后为38.7GPa，弹性模量下降6.9%。

3.3.4 氯离子侵蚀条件下混凝土空心试验板疲劳试验

本次疲劳试验主要是通过对不同氯离子侵蚀条件下的预应力混凝土试验空心板进行疲劳试验，研究其在不同侵蚀程度条件下的力学特性。

3.3.4.1 疲劳试验准备以及设备布置

1) 疲劳试验加载方案

具体疲劳加载方式为三分点加载，加载示意图参见图3-29。疲劳加载采用的应力比为0.9，频率为5Hz。每10万次疲劳加载后进行一次静载试验用以测定应变以及位移情况。试验板分为三组，分别为未经过侵蚀（BW）、轻度氯离子侵蚀（BQ）以及重度氯离子侵蚀（BZ），每组两块试验板具体标号以及加载方式及数据参见表3-23。

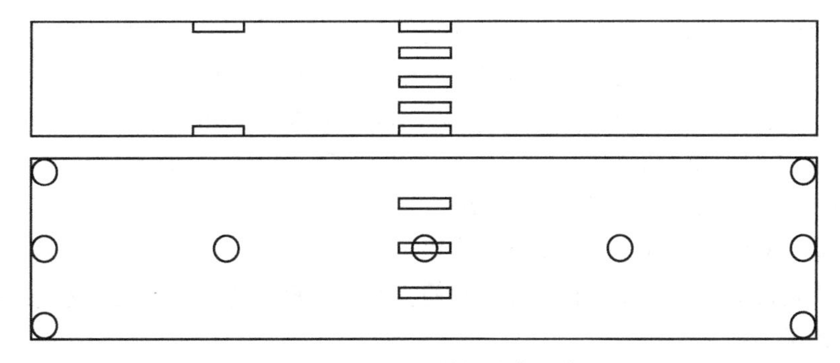

图3-29 应变以及拾振器布置位置

疲劳试验方案 表3-23

试件编号	最大疲劳荷载 F'_{max}(kN)	最小疲劳荷载 F'_{min}(kN)	频率（Hz）
BW	170	60	5
BQ	170	60	5
BZ	170	60	5

2）试验测量数据及方法

根据试验方案，具体的试验测量数据以及具体的试验测量方法有：

（1）应变及位移测量：每经过 10 万次疲劳荷载后，进行一次静载试验，用以测量预应力试验板在经过疲劳荷载后的力学特性。主要测量方法为：自初始状态加载五级，自 0 次疲劳开始，每级 50kN，直至加载至 150kN。每一级加载成功即记录当时的位移以及应变数据，持荷 10min 测定试验板最终位移以及应变。测量结束后卸载至 0kN，然后记录当时的残余应变以及位移，卸载 10min 后记录残余变与位移。

（2）模态测量：在试验板每经过 10 万次疲劳荷载后，使用拾振器与网络分布式采集仪对试验板的动态响应进行测量并收集。动模态采集时间为 20min。具体试验过程参见图 3-30。

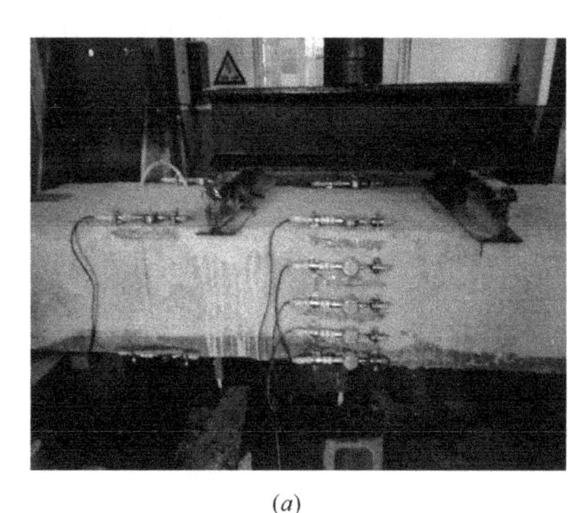
(a)

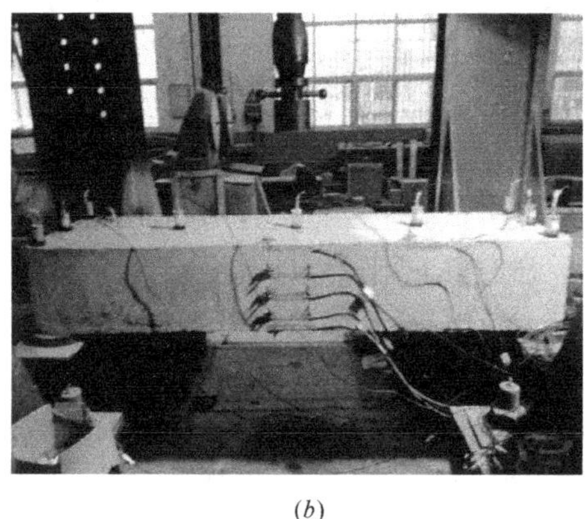
(b)

图 3-30　具体试验过程

（3）裂缝的开展情况以及裂缝宽度：疲劳试验时，由试验人员实时观测试验板表面裂缝开展情况，并记录裂缝开展方式以及裂缝宽度。根据静载试验的结果，裂缝观测控制点为试验板支座剪切裂缝、试验板顶板压碎裂缝以及试验板腹板竖向裂缝。一旦裂缝宽度达到 0.2mm 时，便可判定试验板已经疲劳损坏，根据具体情况确定是否终止试验。

3.3.4.2　氯离子侵蚀作用下预应力空心板梁疲劳试验

1）预应力混凝土试验板疲劳试验步骤

根据试验方案设计具体的试验步骤分为以下四步：

（1）将预应力试验板通过橡胶圆形支座简支在工字钢支座上，并通过水泥砂浆固定并找平工字钢支座。

（2）试验板放置在规定位置并检查无误后，首先进行一次静载数据采集并测量试验板初始动态模量。操控设备缓慢施加荷载至 165kN，然后调节疲劳机振幅与频率，逐步加载至规定荷载大小、振幅与频率，并记录疲劳次数。

（3）首次数据采集结束后，拆除动态测量设备。继续施加疲劳荷载至 10 万次。然后每 10 万次进行一次数据测量及采集。通过每次采集数据进行现场初步分析，观察数据变化趋势。

（4）疲劳试验进行过程中，有试验人员严密观测试验板裂缝发展情况。一旦出现裂缝即停止疲劳试验，测量裂缝宽度，判断试验板受损等级。

2）不同氯离子侵蚀条件下预应力试验板疲劳试验过程

疲劳次数为 0 次时，分别对三组试验板进行一次静载数据初步分析。初步分析结果显示三组试验板应变位移变化较小。

（1）未受到氯离子腐蚀的试验板疲劳试验过程

未开展疲劳静载试验时，梁体腹板处出现细微裂纹，疲劳加载至 12 万次时，裂缝可见，出现位置为支座处斜向上 45°角处（图 3-31）。具体裂缝位置与形状与第 2 章静载试验中第一条裂缝出现的位置基本相同。加载至 0.8 万次时，裂缝向顶板处延伸，腹板处测得裂缝宽度为 0.08mm，疲劳加载至 45 万次时，测得腹板处裂缝达到 0.26mm，测试数据出现较大变化，此时基本可以断定试验板已经疲劳破坏，不能继续正常使用，需要修补加固后方可继续使用。通过对混凝土的应变和挠度数据分析发现，1/4 截面与跨中截面处的挠度与应变均随着疲劳次数的增加而增加，跨中截面处挠度随疲劳次数的增加值要高于 1/4 截面处，疲劳试验中具体的挠度应变数据见表 3-24～表 3-29。

(a) 腹板处裂缝

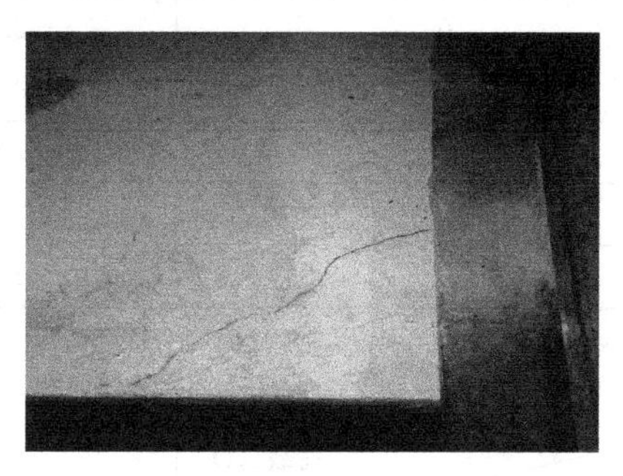

(b) 顶板处裂缝

图 3-31　未受到侵蚀的试验板裂缝

1/4 跨度挠度随疲劳次数变化表　　表 3-24

荷载（t） 疲劳次数（万次）	5	10	15
0	−0.11	−0.26	−0.43
10	−0.14	−0.38	−0.61
20	−0.23	−0.42	−0.68
30	−0.27	−0.51	−0.73
50	−0.34	−0.90	−0.86

跨中挠度随疲劳次数变化表　　表 3-25

荷载（t） 疲劳次数（万次）	5	10	15
0	−0.15	−0.37	−0.65
10	−0.16	−0.48	−0.77
20	−0.32	−0.79	−0.93
30	−0.37	−0.84	−1.20
50	−0.80	−1.09	−1.43

1/4 跨顶部混凝土应变随疲劳次数变化表　　表 3-26

荷载（t） 疲劳次数（万次）	5	10	15
0	−31.7	−68.5	−118.3
10	−38.6	−72.2	−124.6
20	−49.2	−89.2	−128.2
30	−51.5	−94.5	−135.1
50	−60.2	−112.3	−154.1

跨中顶部混凝土应变随疲劳次数变化表　　表 3-27

荷载（t） 疲劳次数（万次）	5	10	15
0	−58.4	−100.9	−159.7
10	−62.0	−113.0	−169.9
20	−70.4	−123.5	−177.4
30	−72.3	−117.9	−178.1
50	−75.0	−134.9	−192.2

1/4 混凝土底部压应变随疲劳次数变化表　　表 3-28

荷载（t） 疲劳次数（万次）	5	10	15
0	27.0	51.4	83.9
10	32.9	66.4	94.3
20	39.8	71.3	100.4
30	42.4	78.3	110.4
50	48.2	85.8	125.4

混凝土底部拉应变随疲劳次数变化表　　表 3-29

荷载（t） 疲劳次数（万次）	5	10	15
0	48.7	96.8	147.3
10	50.2	101.3	168.1
20	68.5	120.7	173.3
30	74.5	121.4	173.8
50	65.9	127.0	185.8

（2）轻度氯离子侵蚀试验板的疲劳试验过程

将经过轻度腐蚀处理的试验板进行疲劳试验，并与健康试验板的应变数据进行对比分析发现：应变相对于健康试验板有较大幅度增加，挠度有所增加。经过 7.8 万次疲劳加载后，轻度氯离子侵蚀的试验板在健康试验板出现裂缝的近似位置出现第一条剪切裂缝，参见图 3-32（*a*），裂缝宽度近似为 0.02mm；在疲劳试验进行到 12.8 万次左右时裂缝宽度增加至 0.12mm，此阶段一旦荷载释放，裂缝均闭合不见。当疲劳荷载加至 24 万次时，空心板的裂缝最大宽度已经达到 0.2mm，且试验测量数据与之前数据相比有较大变化，轻度侵蚀腐蚀的空心板已经疲劳破坏（表 3-30～表 3-35）。

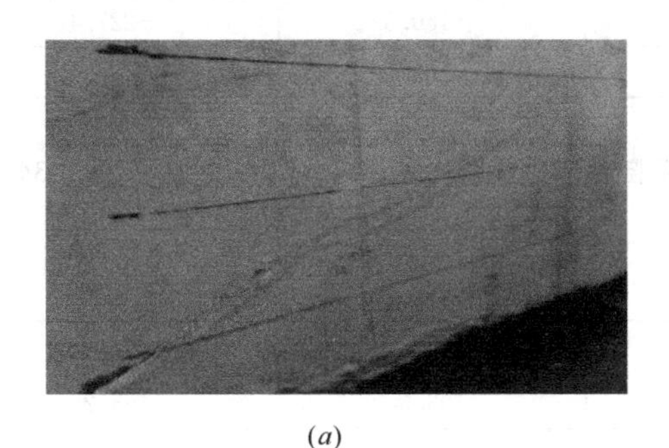
(*a*)

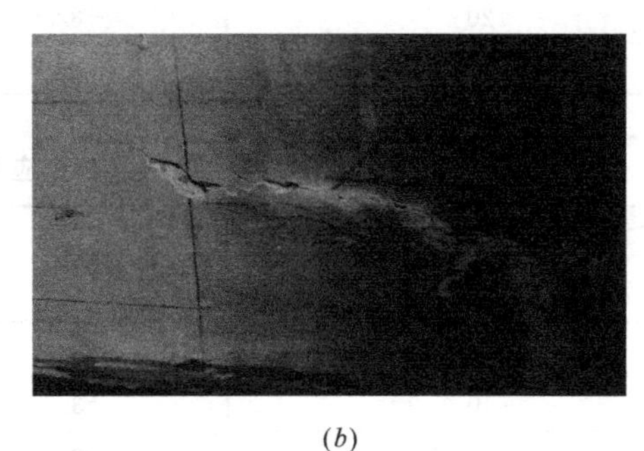
(*b*)

图 3-32 轻度氯离子侵蚀的试验板裂缝

1/4 跨挠度随疲劳次数变化表 **表 3-30**

疲劳次数（万次） \ 荷载（t）	5	10	15
0	−0.09	−0.23	−0.287
10	−0.12	−0.43	−0.6265
20	−0.35	−0.71	−1.0715
30	−0.51	−0.92	−1.391

跨中挠度随疲劳次数变化表 **表 3-31**

疲劳次数（万次） \ 荷载（t）	5	10	15
0	−0.15	−0.42	−0.66
10	−0.30	−0.55	−0.80
20	−0.41	−0.80	−1.18
30	−0.54	−0.93	−1.42

1/4 跨顶部混凝土应变随疲劳次数变化表 **表 3-32**

疲劳次数（万次） \ 荷载（t）	5	10	15
0	−40.0	−54.6	−100.3
10	−45.2	−74.3	−120.8
20	−56.1	−101.1	−151.4
30	−93.9	−145.5	−185.3

跨中顶部混凝土压应变随疲劳次数变化表 **表 3-33**

荷载（t） 疲劳次数（万次）	5	10	15
0	−58.7	−122.6	−200.2
10	−70.5	−142.3	−209.6
20	−82.6	−160.6	−227.4
30	−84.3	−168.1	−238.0

1/4 底顶部混凝土应变随疲劳次数变化表 **表 3-34**

荷载（t） 疲劳次数（万次）	5	10	15
0	49.4	93.6	141.6
10	53.3	108.6	163.2
20	87.6	193.8	283.8
30	118.0	234.5	344.8

跨中混凝土底部拉应变随疲劳次数变化表 **表 3-35**

荷载（t） 疲劳次数（万次）	5	10	15
0	82.9	137.1	186.7
10	79.4	148.0	214.8
20	76.3	157.4	234.6
30	80	168.3	250.4

（3）重度氯离子侵蚀试验板的疲劳试验过程

可以明显发现钢筋端头锈蚀严重，静载时出现细微裂缝，在疲劳进行到 1.2 万次左右时试验板出现较大的裂缝，裂缝宽度达到 0.15mm，具体位置与之前试验板裂缝出现位置近似相同。在疲劳加载过程中能够清晰地看见预应力筋一收一缩，混凝土梁预应力有所损失。疲劳试验在最终进行到第 3 万次左右时裂缝宽度超过 0.2mm，支座处出现较大裂缝，梁体支座处有小部分混凝土剥落，各项试验数据均产生较大变化（表 3-36～表 3-38）。疲劳加载 3 万次后做静载试验加至 5t 处时，混凝土梁支座处梁体散架，混凝土大面积剥落，箍筋外漏，梁体振动剧烈，试验终止。试验表明，受到重度氯离子侵蚀的试验板疲劳次数达到 3 万次时，试验板会出现严重的疲劳损坏（图 3-33）。

跨中挠度随疲劳次数变化表 **表 3-36**

荷载（t） 疲劳次数（万次）	2	5	10	15
0	—	−0.39	−0.67	−0.94
3	−0.70	−1.56	—	

跨中顶部混凝土应变随疲劳次数变化表　　　　表 3-37

荷载（t） 疲劳次数（万次）	2	5	10	15
0	—	−53.2	−97.3	−146.2
3	−58.3	−140.8	—	—

跨中混凝土底部应变随疲劳次数变化表　　　　表 3-38

荷载（t） 疲劳次数（万次）	2	5	10	15
0	—	57.4	108.9	163.6

(*a*) 支座处混凝土剥落

(*b*) 支座处裂缝

(*c*) 3万次静载时混凝土大面积剥落

图 3-33　重度氯离子腐蚀的试验板裂缝图

3）最大裂缝宽度

按照《公预规》中关于最大裂缝的相关计算的规定，空心板梁的箱形截面受弯构件的最大裂缝宽度可以参照矩形、T形和I形截面的混凝土构件的计算方法进行计算。规范中关于裂缝计算的具体计算公式可以参见下述公式：

$$W_{fk}=C_1C_2C_3\frac{\sigma_{ss}}{E_s}\left(\frac{30+d}{0.28+10\rho}\right)(\text{mm}) \tag{3-35}$$

$$\rho=\frac{A_s+A_p}{bh_0+(b_f-b)h_f} \tag{3-36}$$

式中　C_1——钢筋表面形状系数，光面钢筋为 1.4；带肋钢筋为 1.0；

C_2——作用长期影响效应系数，$C_2=1+0.5\frac{N_l}{N_s}$；

C_3——与构件受力性质有关的指数，当为板式受弯构件时为 1.15；

σ_{ss}——钢筋应力；

d——纵向受拉钢筋直径（mm）；

ρ——纵向受拉钢筋配筋率，当 $\rho>0.02$ 时，取 $\rho=0.02$；当 $\rho<0.006$ 时，取 $\rho=0.006$；

b_f——构件受拉翼缘宽度；

h_f——构件受拉翼缘厚度。

按照公式（3-35）所示的计算方法来计算规范允许的最大裂缝宽度，将规范中允许的最大裂缝宽度 W_{fk} 与试验得到的最大裂缝宽度 W'_{fk} 进行对比发现，受到不同氯离子腐蚀的各个空心板的试验实测裂缝宽度 W'_{fk} 在疲劳破坏时均已经达到规范允许的最大裂缝宽度 W_{fk}，具体数据参见表 3-39。

不同侵蚀条件下试验板最大裂缝宽度计算值与试验值对比表　　表 3-39

试件编号	完好	轻度侵蚀	重度侵蚀
W'_{fk}	0.28	0.36	—
W_{fk}	0.15	0.15	0.15

3.3.4.3　不同侵蚀程度下预应力试验板疲劳性能分析

经过一定次数的疲劳荷载试验后，要对受到不同程度氯离子侵蚀的预应力试验空心板梁在疲劳荷载下的混凝土拉压应变、试验板挠度、试验板裂缝进行相应的数据测量，并通过数据测量结果对预应力试验空心板梁在不同氯离子腐蚀作用下疲劳特性的变化进行分析与研究。

（1）预应力试验板在不同侵蚀条件下裂缝分析

三组受到不同程度氯离子侵蚀的空心板在受到疲劳荷载时均在相似位置处出现第一条裂缝，且裂缝开展形式基本相同。三组试验最大裂缝宽度均可以参见表 3-40。宽度最大的裂缝均为试验板支座处的剪切裂缝，随着侵蚀深度的加深，裂缝发展的速度越快，破坏越严重。在氯离子侵蚀初期，裂缝开展速度较慢，轻度氯离子侵蚀的空心板裂缝发展到 0.2mm 用了 20 多万次。但是经过通电锈蚀重度侵蚀后，裂缝发展较快，从最初的 0 万次静载出现裂缝到最后的混凝土剥落，仅经历了 3 万次疲劳荷载。因此，氯离子侵蚀空心板板无论在裂缝开展时间还是在裂缝发展速度上均要大于健康预应力空心板。

氯离子侵蚀条件下疲劳荷载作用下最大裂缝宽度（mm）　　表 3-40

疲劳次数	0 万次	3 万次	10 万次	20 万次	30 万次	50 万次
完好	0.00	0.08	0.10	0.16	0.19	0.28
轻度侵蚀	0.00	0.00	0.08	0.18	0.36	
重度侵蚀	0.06	—				

（2）预应力试验板在不同氯离子侵蚀条件下混凝土应力与挠度分析

随着疲劳次数逐渐增加，预应力空心板跨中及 1/4 跨处的混凝土拉压应变均呈逐渐增加的趋势，同时，轻度氯离子侵蚀试验板在相同疲劳次数下的应变比健康试验板有所增加，且两者间的应变差随着疲劳次数的增加而增加，30 万次时，应变差达到 60$\mu\varepsilon$；在挠度对比方面，随着疲劳次数的逐渐增加，两组试验挠度数据之间的差别逐渐由小变大，疲劳试验开始前，两组试验板的挠度数据相差不大，但随着疲劳试验的进行，两组试验板的挠度数据差值逐渐增大，说明经过氯离子侵蚀以后，混凝土梁的刚度损失较快。重度氯离子侵蚀由于破坏严重，疲劳次数少，3 万次静载加至 5t 时已严重破坏，比较三组试验板在 5t 静载时的挠度发现，随着氯离子侵蚀的程度加深，其在相同疲劳次数下挠度逐渐增大，尤其是重度氯离子侵蚀，在 0～3 万次的疲劳过程中，其挠度增加了 1.18mm，挠度突变较大。比较三组试验板在 5t 时的跨中混凝土顶部压应变，随疲劳次数增加，健康试验板与轻度侵蚀的试验板挠度数据相差不大，但是重度侵蚀的试验板疲劳由 0～3 万次的疲劳过程中，应变发生较大变化，具体数据参见表 3-41～表 3-48，具体数据变化如图 3-34～图 3-38 所示。

疲劳加载后试验板跨中 15t 静载拉应变数据　　表 3-41

疲劳次数	0 万次	10 万次	20 万次	30 万次	50 万次
BW	147.3	168.05	173.3	173.8	185.8
BQ	186.7	214.8	234.6	250.4	—
BZ	163.6	—	—	—	—

疲劳加载后试验板跨中 15t 静载压应变数据　　表 3-42

疲劳次数	0 万次	10 万次	20 万次	30 万次	50 万次
BW 跨中应变	159.7	169.0	177.4	178.1	192.2
BQ 跨中应变	200.2	209.6	227.4	238.0	—
BZ 跨中应变	146.2	—	—	—	—

疲劳加载后 1/4 跨试验板跨中 15t 静载拉应变数据　　表 3-43

疲劳次数	0 万次	10 万次	20 万次	30 万次	50 万次
BW	83.85	94.25	100.4	110.36	125.35
BQ	141.6	163.2	283.8	344.75	—
BZ	85.35	—	—	—	—

疲劳加载后 1/4 跨试验板跨中 15t 静载压应变数据　　表 3-44

疲劳次数	0 万次	10 万次	20 万次	30 万次	50 万次
BW	118.3	124.6	128.2	135.1	154.1
BQ	100.3	120.8	151.4	185.3	—
BZ	114.8	—	—	—	—

疲劳加载后试验板 1/4 跨 15t 挠度数据　　表 3-45

疲劳次数	0 万次	10 万次	20 万次	30 万次	50 万次
BW	0.43	0.61	0.68	0.73	0.86
BQ	0.29	0.63	1.07	1.39	—
BZ	0.35	—	—	—	—

疲劳加载后试验板跨中 15t 挠度数据 **表 3-46**

疲劳次数	0 万次	10 万次	20 万次	30 万次	50 万次
BW	0.65	0.67	0.93	1.20	1.43
BQ	0.66	0.80	1.18	1.42	—
BZ	0.94	—	—	—	—

疲劳加载后试验板跨中 5t 挠度数据 **表 3-47**

疲劳次数	0 万次	3 万次	10 万次	20 万次	30 万次	50 万次
BW	0.15	—	0.163	0.32	0.369	0.798
BQ	0.15	—	0.299	0.41	0.54	—
BZ	0.386	1.562	—	—	—	—

疲劳加载后试验板跨中顶部压应变数据 **表 3-48**

疲劳次数	0 万次	3 万次	10 万次	20 万次	30 万次	50 万次
BW	58.36	—	62	70.4	72.3	75
BQ	58.7	—	70.45	82.6	84.25	—
BZ	53.15	140.8	—	—	—	—

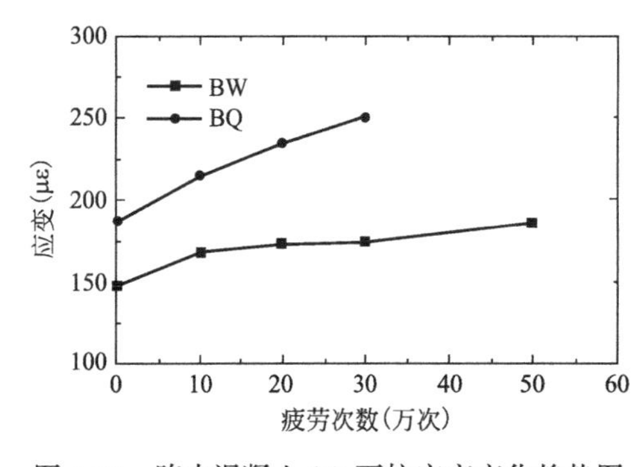

图 3-34 跨中混凝土 15t 下拉应变变化趋势图

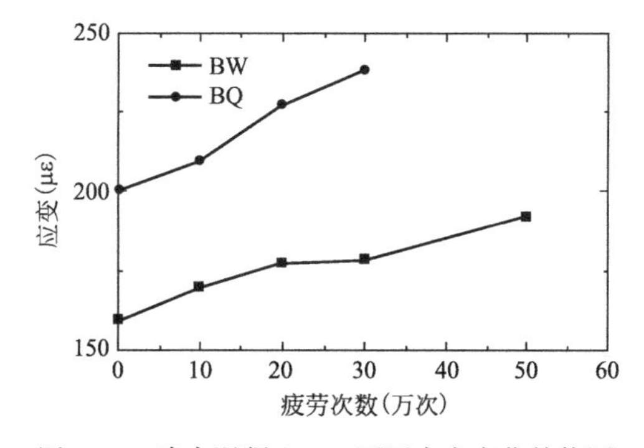

图 3-35 跨中混凝土 15t 下压应变变化趋势图

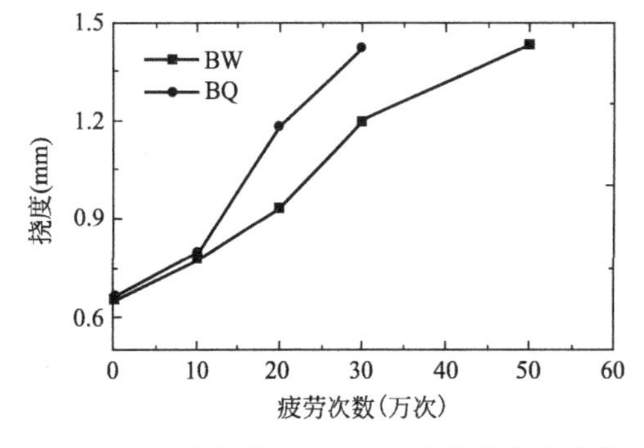

图 3-36 疲劳加载后 15t 下跨中挠度变化趋势

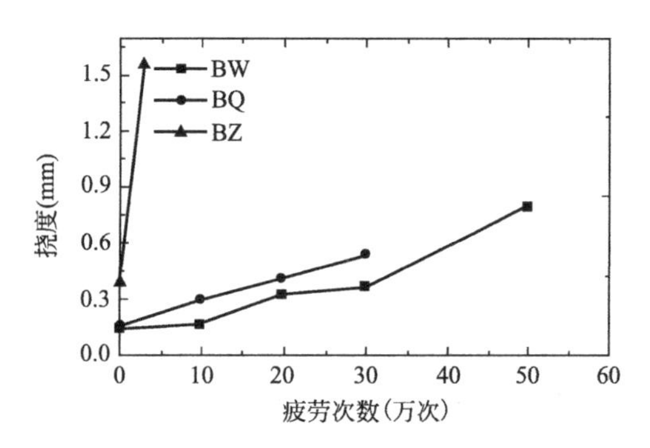

图 3-37 疲劳过程中 5t 作用下跨中挠度变化

3.3.4.4　不同氯离子侵蚀程度下预应力空心板梁疲劳过程模态分析

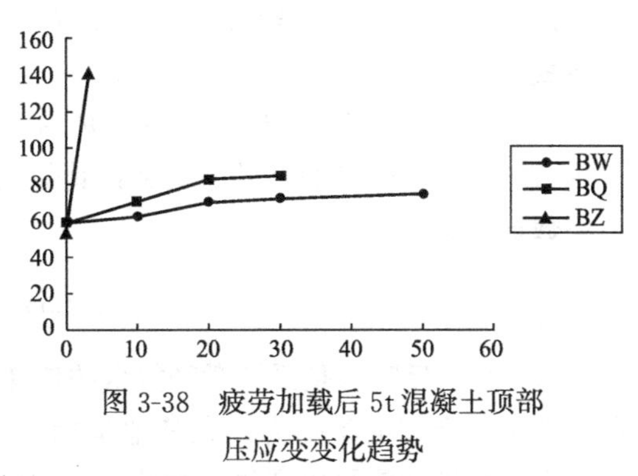

图 3-38　疲劳加载后 5t 混凝土顶部压应变变化趋势

振动特性分析在结构设计和评价中具有很重要的位置，而试验模态分析技术（EMA）是一种行之有效的结构检测的方法。试验模态分析通过测量模态参数（固有频率、阻尼比、振型、模态刚度、模态质量）产生的变化，并通过分析与识别技术判断结构安全程度的方法。模态分析包括理论模态分析和试验模态分析两部分，核心内容就是确定用以描述结构动态特性的固有频率、振型和阻尼比等模态参数。本节通过对预应力混凝土空心试验板进行试验模态分析，对受氯离子侵蚀后的预应力空心板梁的动力特性有了一个更全面的认识。对研究受氯离子侵蚀的预应力混凝土空心试验板的疲劳性能有很重要的作用。

1）模态分析方法

试验模态分析是一种参数识别方法，以承认实际结构可以运用所谓“模态模型”来描述其动态响应为前提，通过处理、分析试验数据，得到其“模态参数”。

试验模态分析的关键就是得到振动系统的特征向量（或叫作特征振型、模态振型）。试验模态分析是通过试验数据采集系统的各种信号，经过参数识别等一系列的步骤来获得模态参数。具体做法是：首先在静止状态下将结构物进行人工激励，通过测量激振力与振动响应，找出激振点和各个测量点之间的频响函数（也称为传递函数），建立频响函数矩阵，用模态分析理论，对试验导纳函数进行曲线拟合，识别出模态参数，从而建立出结构物的模态模型。

在频响测量分析过程中，固有频率被认为是最能准确获得的，因此寻求固有频率是频响分析工作的首要任务。待阻尼确定之后，需要求取刚度和质量。对于单自由度系统，参数识别就可以结束了。对于多自由度系统，得出阻尼之后，还得确定振型，并对振型进行适当的归一后，刚度和质量参数才能确定。因此，多自由度系统的参数矩阵中，除了阻尼、刚度、质量与模态频率矩阵之外，还有一个模态振型矩阵。

一个 n 自由度的线性定常系统，其运动方程可以用式（3-37）表示：

$$[M]\{\ddot{x}\}+[C]\{\dot{x}\}+[K]\{x\}=\{f(t)\} \tag{3-37}$$

式中　$[M]$，$[K]$，$[C]$——系统的质量、刚度和阻尼矩阵。

现在对式（3-37）两端进行傅里叶变换得到：

$$(-\omega^2[M]+\mathrm{j}\omega[C]+[K])\{X(\omega)\}=\{F(\omega)\} \tag{3-38}$$

式中　$X(\omega)$——$x(t)$的傅氏变换；

　　$F(\omega)$——$f(t)$的傅氏变换。

他们都是 ω 的函数，称为力和响应的傅氏谱。

式（3-39）可简记为：

$$[Z(\omega)]\{X(\omega)\}=\{F(\omega)\} \tag{3-39}$$

$Z(\omega)$ 为系统的阻抗矩阵，对式（3-39）两端乘以阻抗矩阵的逆得：

$$\{X(\omega)\}=[Z(\bar{\omega})]^{-1}\{F(\omega)\}=[H(\omega)]\{F(\omega)\} \tag{3-40}$$

式中　$H(\omega)$——系统的导纳矩阵，它是阻抗矩阵的逆，同样也是 n 阶对称矩阵。

将式（3-40）按第 l 行展开得：

$$X_l=H_{l1}F_1+H_{l2}F_2+\cdots+H_{lp}F_{\mathrm{p}}+\cdots+H_{ln}F_n \tag{3-41}$$

由式（3-41）可知 $H_{l\mathrm{p}}$ 的意义为：其他点上的激励力为零时，l 点响应谱与 p 点激励谱的复数比，即：

$$H_{l\mathrm{p}}(\bar{\omega})=\frac{X_l(\omega)}{F_{\mathrm{p}}(\bar{\omega})} \tag{3-42}$$

式（3-42）反映的是系统激励能量的传递路径，即系统在外力作用下的响应特性。系统的一个坐标上加上激励力，在其他坐标上不加激励力，这种情况在试验时比较容易做到。所以，导纳元素可以通过试验获得。利用这一性质，人们可以在结构的某一点上进行单点激励，在这一点和其他各点上测量响应，就可得到导纳矩阵某一列的元素值，换一个激励点又得到另一列元素值，如此重复便可得到所有导纳矩阵的元素值，确定了导纳矩阵，便完全了解了系统的动力特性。

导纳矩阵具有对称性质，则有 $H_{lj}=H_{ji}$。也就是说 i 点激励 j 点测振 j 点激励与 i 点测振的导纳完全一致，也就是跨点导纳的互易原理，在理论上和实践上都有重要的意义。根据互易性原理，n 阶导纳矩阵中有 $\frac{[n(n+1)]}{2}$ 个元素是独立的，相对于复杂的系统，确定这么多的元素是非常困难的。但是应用模态分析理论，只需要知道导纳矩阵的一行或一列元素，就可以确定整个导纳矩阵。

接下来接受模态分析理论，对于比例或结构阻尼系统，对式（3-37）中的物理坐标 $\{x\}$ 作线性变换，令：

$$\{x\}=[\Phi]\{q\} \tag{3-43}$$

式中　振型矩阵 $[\Phi]$ 为各阶振型列阵组成的方阵，即：

$$[\Phi]=[\{\varphi\}_1\{\varphi\}_2\cdots\{\varphi\}_i\cdots\{\varphi\}_n] \tag{3-44}$$

$\{\varphi\}_i$ 为第 i 阶振型，$i=1、2\cdots n$；$\{q\}$ 为主坐标矢量 $\{q\}=[q_1,\ q_2\cdots q_n]^{\mathrm{T}}$，将式（3-43）代入式（3-44）得：

$$[M][\Phi]\{\ddot{q}\}+[C][\Phi]\{\dot{q}\}+[K][\Phi]\{q\}=\{f\} \tag{3-45}$$

两端左乘振型矩阵的转置后得：

$$[\Phi]^{\mathrm{T}}[M][\Phi]\{\ddot{Q}\}+[\Phi]^{\mathrm{T}}[C][\Phi]\{\dot{q}\}+[\Phi]^{\mathrm{T}}[K][\Phi]\{q\}=[\Phi]^{\mathrm{T}}\{f\} \tag{3-46}$$

根据振型矩阵、质量矩阵、刚度矩阵和阻尼矩阵（比例阻尼或结构阻尼）的正交性关系，将质量矩阵、刚度矩阵和阻尼矩阵对角化即：

$$[\Phi]^{\mathrm{T}}[M][\Phi]=\begin{pmatrix}\ddots & & \\ & m_i & \\ & & \ddots\end{pmatrix},\ [\Phi]^{\mathrm{T}}[K][\Phi]=\begin{pmatrix}\ddots & & \\ & k_i & \\ & & \ddots\end{pmatrix},$$

$$[\Phi]^{\mathrm{T}}[C][\Phi]=\begin{pmatrix}\ddots & & \\ & c_i & \\ & & \ddots\end{pmatrix}$$

将上面三个方程式代入式（3-45）可得到解耦的方程：

$$\begin{pmatrix} \ddots & & \\ & m_i & \\ & & \ddots \end{pmatrix}\{\ddot{q}\}+\begin{pmatrix} \ddots & & \\ & c_i & \\ & & \ddots \end{pmatrix}\{\dot{q}\}+\begin{pmatrix} \ddots & & \\ & k_i & \\ & & \ddots \end{pmatrix}\{q\}=[\Phi]^{\mathrm{T}}\{f\} \tag{3-47}$$

式（3-47）是一组 n 个相互独立的单自由度振动微分方程，第 i 个方程是：

$$m_i\{\ddot{q}\}+c_i\{\dot{q}\}+k_i\{q\}=[\Phi_i]^{\mathrm{T}}\{f\}=\sum_{j=1}^{n}\varphi_{ji}f_i \tag{3-48}$$

式中 φ_{ji}——第 i 阶振型（模态）的第 j 个分量。

如果系统仅在 p 点受简谐力 $f_{\mathrm{p}}=F_{\mathrm{p}}e^{j\omega c}$ 的作用（单点激励），式（3-48）可变为：

$$m_i\{\ddot{q}\}+c_i\{\dot{q}\}+k_i\{q\}=\varphi_{\mathrm{p}i}F_{\mathrm{p}}e^{j\omega c} \tag{3-49}$$

式（3-49）与单自由度振动微分方程相同，假设解为 $q_i=Q_ie^{j\omega c}$，可以解得幅值：

$$Q_i=\frac{\varphi_{\mathrm{p}i}F_{\mathrm{p}}}{k_i-\omega^2m_i+j\omega c_i} \tag{3-50}$$

式（3-49）即为模态坐标的响应表达式。

根据物理坐标和模态坐标的关系式有 $\{X\}=[\Phi]\{Q\}$。其中，$\{X\}$ 为物理坐标 $\{x\}$ 的响应的复幅值阵列，$\{Q\}$ 为模态坐标 $\{q\}$ 的响应的复幅值阵列。所以系统中任一物理坐标点 l 上的响应幅值应为：$X_l=\sum\limits_{\mathrm{i}}\varphi_{li}Q_i$，式中 φ_{li} 为第 i 阶模态的第 1 个分量，将式(3-50)代入到上式可得 l 坐标的响应幅值为：

$$X_l=\sum_{i=1}^{n}\frac{\varphi_{li}\varphi_{\mathrm{p}i}F_{\mathrm{p}}}{k_i-\omega^2+j\omega c_i} \tag{3-51}$$

获得 p 点激励 l 点响应的位移导纳表达式为：

$$H_{l\mathrm{p}}=\sum_{i=1}^{n}\frac{\varphi_{li}\varphi_{\mathrm{p}i}}{k_i-\omega^2m_i+j\omega c_i} \tag{3-52}$$

由式（3-52）出发并扩展 $H_{l\mathrm{p}}$ 可将导纳矩阵第 p 列的列阵表示为：

$$\{H\}_{\mathrm{p}}=\sum_{i=1}^{n}\frac{\{\varphi\}_i\varphi_{\mathrm{p}i}}{k_i-\omega^2m_i+j\omega c_i} \tag{3-53}$$

将整个导纳矩阵表示为：

$$[H]=\sum_{i=1}^{n}\frac{\{\varphi\}_i\varphi_i^{\mathrm{T}}}{k_i-\omega^2m_i+j\omega c_i} \tag{3-54}$$

式（3-54）的右端是一个和式，如果和式中的每一项（例如第 i 项）可以用 $H_{l\mathrm{p}i}$ 表示，则导纳函数的展开式可表示为：

$$H_{l\mathrm{p}}=\sum_{i=1}^{n}H_{l\mathrm{p}i}(\omega) \tag{3-55}$$

$H_{l\mathrm{p}}(\omega)$ 为第 i 阶模态的导纳函数，也可称为对应于第 i 阶固有频率的单自由度振动系统的导纳函数，所以系统的总导纳为各阶模态的导纳之和。

如能通过模态试验求得导纳矩阵的任何一行或一列元素，如式（3-53）则各阶模态参数：固有频率 ω_i、模态阻尼比 ξ_i、模态刚度 k_i、模态质量 m_i，主振型 $\{\varphi\}_i$ 就可以完全确定，这便是模态参数识别。因此导纳矩阵的全部元素 H_{ij} 也就被确定，振动系统的动力特性就被确定下来。

在待测的结构上选择 l 个待测点，求某点 p 对所有各点的位移导纳，点数 l 一般大于或等于拟确定的模态数 N（即自由度数），则 p 点对任意点 l 的位移导纳可作如下处理：

$$|H_{lp}(\omega)|=\left|\sum_{i=1}^{N}\frac{(D_{lp})_i}{1-\left(\frac{\omega}{\omega_i}\right)^2+2j\xi_i\frac{\omega}{\omega_l}}\right|\approx\frac{(D_{lp})_r}{\sqrt{\left[1-\left(\frac{\omega}{\omega_r}\right)^2\right]^2+4\xi_r^2\left(\frac{\omega}{\omega_r}\right)^2}} \tag{3-56}$$

因此，由测得的幅频曲线 $|H_{lp}(\omega)|$ 的第 r 个峰值位置，就可近似确定第 r 阶固有频率 ω_r，由 ω_r 两侧半功率带宽，便可确定 r 阶模态阻尼比 $\xi_r(=\Delta\omega/2\omega_r)$。由 ω_r 处位移导纳的幅值 $|H_{lp}(\omega)|$ 就可以用下面的方法确定 $(D_{lp})_r$、模态刚度 k_r 和这一阶振型 $\{\phi\}_r$。当 $\omega=\omega_r$ 时，便有：

$$|H_{lp}(\omega)_r|=\frac{(D_{lp})_r}{2\xi_r} \tag{3-57}$$

$$\Rightarrow(D_{lp})_r=2\xi_r|H_{lp}(\omega)_r| \tag{3-58}$$

因为 $\Rightarrow(D_{lp})_r=\frac{\phi_{lr}\phi_{pr}}{k_r}$，故令 $\phi_{pr}=1$(振型中各元素具有确定的比例，其绝对值可人为地指定，不妨去 r 阶振型的第 p 个元素)时，由原点导纳曲线的峰值可得 r 阶模态刚度 $k_r=\frac{1}{2\xi_r|H_{lp}(\omega)_r|}$。

另外，当 $\omega=\omega_r$ 时，l 个导纳的幅值分别为：

$$|H_{1p}(\omega)_r|=\frac{\phi_{1r}\phi_{pr}}{2\xi_r k_r}$$

$$|H_{2p}(\omega)_r|=\frac{\phi_{2r}\phi_{pr}}{2\xi_r k_r}$$

$$\cdots$$

$$|H_{lp}(\omega)_r|=\frac{\phi_{lr}\phi_{pr}}{2\xi_r k_r}$$

易得，r 阶振型为：

$$\{\phi\}_r=\begin{Bmatrix}\phi_{1r}\\\phi_{2r}\\\cdots\\\phi_{lr}\end{Bmatrix}=\begin{Bmatrix}\pm|H_{1p}(\omega)_r|\\\pm|H_{2p}(\omega)_r|\\\cdots\\\pm|H_{lp}(\omega)_r|\end{Bmatrix}$$

对于瞬态激励或者随机激励，机械导纳并不能通过简单的傅里叶变换求得，而是通过计算力和响应的自功率谱密度和互功率谱密度方法求得。本模态试验分析就是根据以上模态分析理论，采用单点激励多点响应方法，求出导纳矩阵的一行元素，然后识别出模态参数。

本节采用简支约束方式，试验中五个拾振器沿长度方向均匀排列。采用锤击法分别对三种类型的模型梁进行模态分析测试，对各构件的模态试验数据进行处理（图 3-39）。

2）预应力试验板自振频率分析

每进行 10 万次疲劳试验进行一次模态检测，对试验板进行自振频率以及阻尼进行测量。使用黄油将拾振器固定于试验板上待检测位置，检测时间为 20min，采集速度为 480/s，试验板的振型动画如图 3-41 所示，其中具体采集数据如图 3-40 所示。可以看到，随着疲

图 3-39　仪器布置及试验过程图

劳次数的增加，三组试验板的自振频率均在降低，但随着氯离子侵蚀程度的加深，自振频率也存在着变化。在相同疲劳次数下，随着氯离子侵蚀侵蚀的程度加深，试验板的自振频率降低较快，说明氯离子侵蚀后的试验板的刚度有一定程度的衰减，更易受到疲劳荷载的破坏。具体数据可以参见表 3-49。

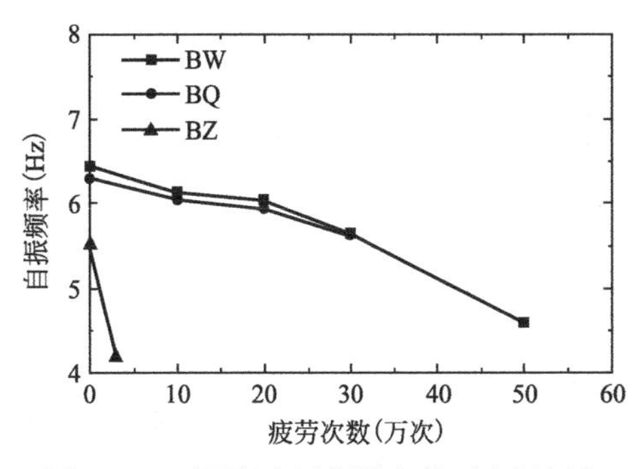

图 3-40　不同氯离子侵蚀条件下自振频率随疲劳次数变化曲线图

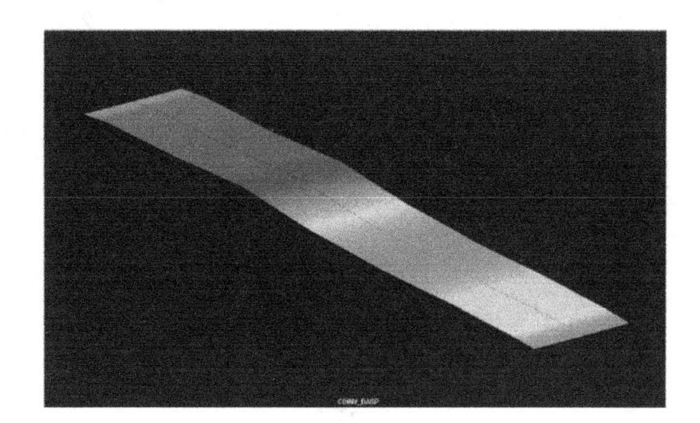

图 3-41　预应力混凝土梁的振型输出动画

不同氯离子腐蚀程度下的试验板自振频率变化表　　**表 3-49**

疲劳次数	0 万次	3 万次	10 万次	20 万次	30 万次	50 万次
未受到腐蚀	6.44	—	6.12	6.03	5.63	4.59
轻度氯离子侵蚀	6.29	—	6.04	5.94	5.63	—
重度氯离子侵蚀	5.52	5.17	—	—	—	—

简支梁的自振频率计算公式：

$$f=\frac{\pi}{2l^2}\sqrt{\frac{EI_c}{m_c}} \tag{3-59}$$

式中　l——结构的计算跨径（m）；

E——结构材料的弹性模量（N/m^2）；

I_c——结构跨中截面的截面惯矩（m^4）；

m_c——结构跨中处的单位长度质量（kg/m）；

G——结构跨中处延米结构重力（N/m）。

理论计算出结构的基频为5.91Hz，与实测值吻合较好。

3）预应力试验板阻尼数据分析

随着疲劳次数增加试验板的动态模阻均有逐渐增大的趋势，这是由于随着疲劳次数的增加，梁体出现裂缝；随着梁体中的裂缝越来越多，裂缝之间相互摩擦，混凝土的损伤程度越来越大。因此，阻尼会随着损伤程度增加而逐渐增加，也就是说随着疲劳次数的增大，三组试验板的抗疲劳特性均在降低。随着氯离子侵蚀程度的不同，试验板在相同的疲劳次数下的动态模阻也有变化。侵蚀程度增加，试验板受到的侵蚀越大，动态模阻也就越大。轻度氯离子侵蚀的试验板的阻尼随着疲劳次数的增加阻尼略高于健康试验板，但是疲劳特性下降速度却要大于健康试验板；而经过重度氯离子侵蚀后的试验板，由于裂缝出现的较快、较多，因此无论是在阻尼数值上，还是在阻尼的增长速度上，均是大于前两组试验板（图3-42、表3-50）。经典阻尼公式为基于阻尼判断结构稳定性提供了基本的理论工具，具体可以参见Rayleigh阻尼公式（3-60）～式（3-62）。

$$c = a_0 m + a_1 k \tag{3-60}$$

$$\xi_n = \frac{a_0}{2}\frac{1}{\omega_n} + \frac{a_1}{2}\omega \tag{3-61}$$

$$\frac{1}{2}\begin{bmatrix} 1/\omega_i & \omega_i \\ 1/\omega_j & \omega_j \end{bmatrix}\begin{bmatrix} a_0 \\ a_1 \end{bmatrix} = \begin{bmatrix} \xi_i \\ \xi_j \end{bmatrix} \tag{3-62}$$

式中　ξ_n——第n阶振型的阻尼比；

a_0，a_1——常数（/s与s）。

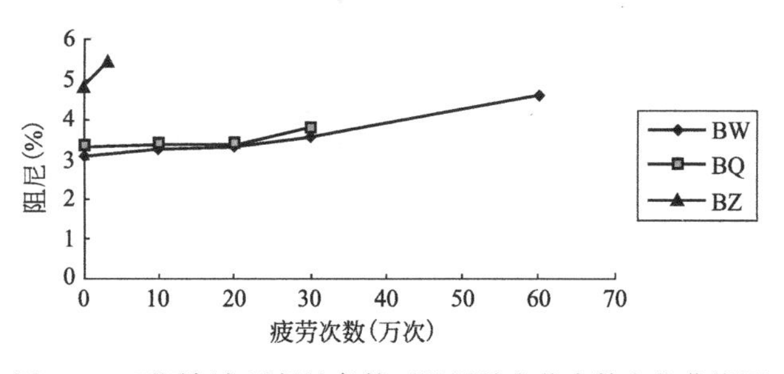

图3-42　不同氯离子侵蚀条件下阻尼随疲劳次数变化曲线图

不同侵蚀程度下试验板阻尼变化表　　**表3-50**

疲劳次数	0万次	3万次	10万次	20万次	30万次	50万次
未受到侵蚀	3.07	—	3.26	3.30	3.28	4.59
轻度氯离子侵蚀	3.32	—	3.35	3.36	3.78	—
重度氯离子侵蚀	4.85	5.41	—	—	—	—

3.3.4.5　氯离子侵蚀对疲劳特性影响分析

试验结果表明疲劳次数N对挠度增加量有很大的影响，在疲劳之前对试验梁进行静载试验加载至15t。此时梁的挠度为f_1，再每经过10万次疲劳后测量试验板在静载试验中的跨中以及1/4跨挠度，挠度为f，挠度增加量为$(\psi-1)f_1$，令$\kappa=\psi-1$，即挠度增加

量 κf_1，只需要找出系数 κ 与疲劳次数 N 之间的关系即可。通过分析试验数据可以看出，系数 κ 随着疲劳次数 N 的增加而不断增大，两者基本呈线性关系，根据跨中挠度与荷载之间的关系可以求得挠度增加量与荷载之间的关系，参见图 3-43～图 3-46。

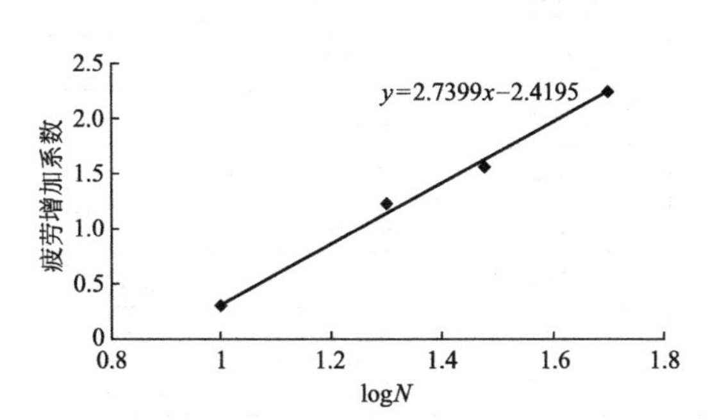

图 3-43　BW-1 号板 1/4 跨挠度增加系数与疲劳次数之间的关系

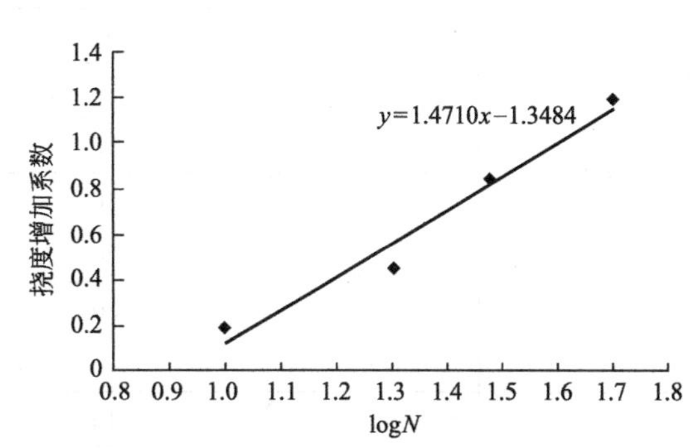

图 3-44　BW-1 号板 1/2 跨挠度增加系数与疲劳次数之间的关系

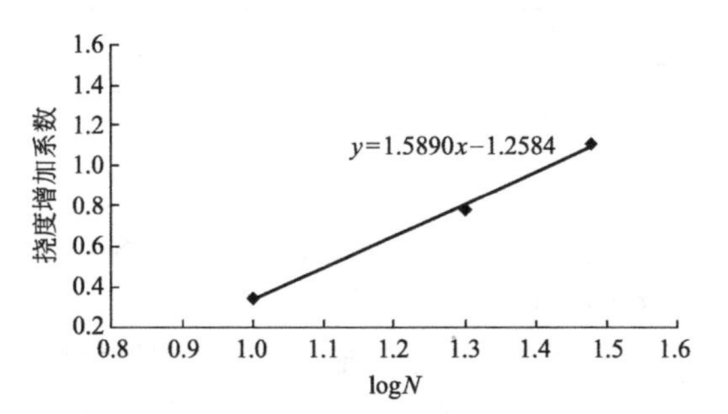

图 3-45　BQ-1 号板 1/4 跨挠度增加系数与疲劳次数之间的关系

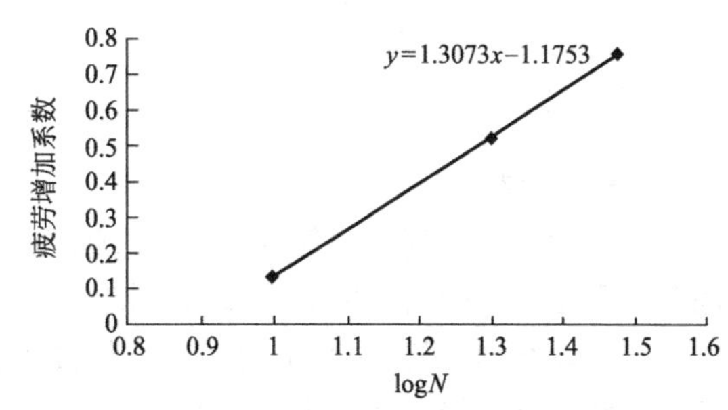

图 3-46　BQ-1 号板 1/2 跨挠度增加系数与疲劳次数之间的关系

运用线性回归将图中的数据点模拟成为一条函数曲线，得到相应的挠度增加系数随疲劳次数变化的公式，参见式（3-63）～式（3-66），公式中 N 为疲劳次数。

BW-1 号试验板 1/4 跨挠度增加系数公式：

$$\kappa = 2.7399\lg N - 2.4195 \tag{3-63}$$

BW-1 号试验板 1/2 跨挠度增加系数公式：

$$\kappa = 1.4710\lg N - 1.3484 \tag{3-64}$$

BQ-1 号试验板 1/4 跨挠度增加系数公式：

$$\kappa = 1.5890\lg N - 1.2584 \tag{3-65}$$

BQ-1 号试验板 1/2 跨挠度增加系数公式：

$$\kappa = 1.3073\lg N - 1.1753 \tag{3-66}$$

按照公式（3-63）～式（3-66）计算出的疲劳增加系数 κ 与试验得到的疲劳增加系数 κ^{f} 的大小以及对比数值在表 3-51 中所示，可以得到 $\kappa/\kappa^{\mathrm{f}}$ 的平均值为 1.079，吻合较好，并可以根据理论分析得到氯离子侵蚀后试验板在受到荷载作用下的跨中挠度变化系数小于健康试验板，说明了氯离子侵蚀后试验板更加容易发生脆性破坏。

疲劳增加系数 κ 计算值与试验值比较　　表 3-51

梁编号	位置	疲劳次数（万次）	试验值 κ^{f}	计算值 κ	κ/κ^{f}
BW-1	1/4 跨	10	0.2952	0.3204	1.085
		20	1.2287	1.1452	0.932
		30	1.5571	1.6277	1.045
		50	2.2476	2.2355	0.995
	1/2 跨	10	0.033	0.0912	2.764
		20	0.430	0.5045	1.173
		30	1.168	0.6285	0.538
		50	1.193	0.7112	0.596
BQ-1	1/4 跨	10	0.3395	0.3306	0.974
		20	0.7845	0.8089	1.031
		30	1.104	1.0887	0.986
	1/2 跨	10	0.134	0.132	0.985
		20	0.52	0.525	1.010
		30	0.759	0.756	0.996

3.3.4.6　小结

通过对三组受到不同程度氯离子侵蚀后的试验板进行疲劳试验，研究了不同氯离子侵蚀条件下受到疲劳荷载后的具体力学特性以及疲劳特性变化，具体结果如下：

1）本次试验得到了在不同氯离子侵蚀条件下，试验板裂缝的出现时间以及裂缝发展情况。健康试验板在疲劳次数达到 12 万次时出现裂缝，在疲劳次数达到 40 万次时裂缝宽度超过 0.2mm；轻微侵蚀的试验板在第 7.8 万次出现裂缝，在疲劳次数达到 24 万次时裂缝宽度达到 0.2mm；重度碳化的试验板在第 0 万次出现裂缝，裂缝发展速度迅速，加载至 3 万次时，梁体混凝土大面积剥落，试验梁严重破坏。

2）在疲劳试验中，随着疲劳次数的增加，混凝土应变均随着疲劳次数增加而增加，随着侵蚀程度的增加，试验板的混凝土应变变化呈现出逐渐增加的趋势。氯离子侵蚀会影响试验板的变形，并增加试验板的应变水平。经过氯离子侵蚀过后，随着疲劳次数的增加，相同疲劳次数，相同荷载下的应变要明显高于未受过侵蚀的试验板。

3）试验板的挠度在疲劳试验中均呈现增长的趋势，但是随着侵蚀程度的增加，挠度逐渐增加，在受到 150kN 的荷载时，健康空心板跨中挠度为 0.65mm，受到重度氯离子侵蚀的试验板跨中挠度为 0.94mm，明显高于未受到氯离子侵蚀的试验板。

4）通过使用拾振器对试验板进行动态模量测试，发现随着疲劳次数的增加，试验板的自振频率逐渐减低，说明试验板的刚度在逐渐衰减。轻度氯离子侵蚀的试验板相对于健康试验板自振频率差别不大，重度氯离子侵蚀的试验板随着疲劳次数的增加，自振频率下降较快，说明刚度损失较大。试验板的阻尼也随着疲劳次数的增加而增大，重度侵蚀的试验板从疲劳 0 万次到 3 万次的过程中，混凝土的阻尼从 4.85 增加到 5.41，随着疲劳次数的增加，混凝土中出现损伤裂缝，增大了混凝土的阻尼。

5）对试验数据进行相应分析可以得到：健康空心板跨中挠度增加率公式为 $\kappa=$

1.8313lg$N$－1.8006，受到侵蚀的空心板跨中挠度增加率公式为κ＝1.3073lg$N$－1.1753；未受到碳化腐蚀的空心板1/4跨挠度增加率公式为κ＝1.4710lg$N$－1.3484，受到氯离子侵蚀的空心板1/4跨挠度增加率公式为κ＝1.5890lg$N$－1.2584。根据分析结果可以得到，经过侵蚀过后，跨中挠度增加率变化速率增大。

3.3.5 小结

针对不同氯离子侵蚀程度，在0.9倍应力系数条件下开展了预应力空心板静载试验以及疲劳试验，系统研究了氯离子侵蚀程度对空心板构件疲劳特性影响，主要结论如下：

1）随着氯离子侵蚀深度的增加，其裂缝发展速度要快于未受到氯离子侵蚀后的试验板，在受到重度氯离子侵蚀后试验板几乎不存在抗疲劳特性。试验板腹板处易于发生脆性破坏，工程中混凝土构件如受到重度氯离子侵蚀（经过氯离子侵蚀后锈蚀严重），应严密注意构件的裂缝发展情况。

2）随着氯离子侵蚀深度的加深，受到氯离子侵蚀的试验板的应变会高于未受到氯离子侵蚀的试验板。随着疲劳次数的增加，侵蚀后的试验板的应变相对于健康试验板会逐渐增大。因此，对比侵蚀试验板与健康试验板应变对评价氯离子侵蚀后的试验板的疲劳损伤程度有一定参考价值。

3）在试验板临近疲劳破坏时，侵蚀试验板的挠度要高于健康试验板，可以认为受到氯离子侵蚀试验板在疲劳荷载初期构件的挠度不会有较大变化，但是当试验板临近疲劳破坏时，构件的挠度会有较大的变化，说明氯离子侵蚀空心板临近疲劳破坏时会发生脆性破坏。

4）随着氯离子侵蚀程度的增加，试验板自振频率下降，阻尼增加，尤其是重度氯离子侵蚀过后的试验板，自振频率下降及刚度损失较快，阻尼上升也较迅速，疲劳荷载作用下梁体损伤严重，裂缝出现较多。

5）通过对不同氯离子侵蚀条件下试验板的挠度变化统计分析，得到了不同氯离子侵蚀条件下的挠度增长率与疲劳次数之间的数理模型，以期为今后桥梁使用寿命评价提供参考。

3.4 冻融作用下预应力混凝土空心板疲劳特性试验研究

3.4.1 冻融循环侵蚀混凝土结构耐久性及疲劳特性研究现状

近十几年来，预应力混凝土结构已经在交通、土木、水利、海洋平台以及化工产业上占据了重要的位置，预应力也被广泛应用于大跨度空间结构。随着我国交通运输业的快速发展，预应力技术在我国的应用有了迅猛的发展，它已渗入到土木、水利及交通工程各个领域。目前预应力技术已成为建设大（大跨度、大空间结构）、高（高层、高耸结构）、重（重荷载结构）、特（特种结构如海洋平台、核电站、储液池结构等以及在钢结构、基础工程、道路、地下建筑、结构加固等工程中的特殊应用）广泛应用的一种技术。预应力混凝土结构在正常服役期间，置于自然环境当中，不可避免地会遭受自然环境诸如碳化、冻融、氯离子侵蚀等腐蚀，考虑到预应力混凝土结构在我国普遍应用，其安全性关乎国计民生，所以研究不利环境作用下预应力混凝土结构的耐久性显得尤为重要。

从我国整体的气候来看，北方大部分地区都处于严寒地带，尤其在东北西北地区，年平均气温都在零下十几摄氏度，最低气温可达零下几十摄氏度，在这种气候下混凝土结构常发生冻融损伤。随着时间增长，冻融损伤不断恶化导致桥梁耐久性降低，进而最终导致桥梁使用寿命的衰减。鉴于此，预应力混凝土结构抗冻性能及其与耐久性的相关性研究逐步受到人们的关注。

1）混凝土冻融破坏机理

关于混凝土冻害机理，从20世纪40年代以来就有许多学者进行研究，主要研究成果包括“冰晶形成理论”、静水压力假说、渗透压假说、Litvan冻融破坏理论、临界饱水度理论等，但最为经典的是静水压力假说和渗透压假说。静水压力假说是指混凝土中的无数空隙遇到水后形成孔溶液，当温度降至冰点时，一些孔溶液开始结冰膨胀，导致没有结冰的孔溶液开始从结冰处向外边流动，在移动的过程中克服黏滞阻力而产生静水压，于是形成破坏力；渗透压力假说是指混凝土中的孔溶液是碱性溶液，当温度降至冰点，一些孔溶液开始结冰，致使孔隙中没有结冰的液体浓度上升，当其他较小的孔隙中存在没有结冰的液体时，较小孔隙中的液体就会向结冰的较大孔隙中移动，产生渗透压。饱水状态的混凝土受冻时，其毛细孔壁承受静水压和渗透压的共同作用，当这种压力超过混凝土的抗拉强度时混凝土就会开裂，在反复的冻融循环次数后，混凝土的裂缝会相互贯通，其强度也会逐渐降低，最后甚至完全丧失，使混凝土由表及里遭受破坏。这两种假说均为混凝土破坏理论的重要组成，被广大学者所认可，然而这些假说和理论大多是通过试验室研究得到，虽然能从宏观方向上反映混凝土冻融破坏的机理，但是由于混凝土内部复杂的结构，尚无完全反映混凝土冻害的机理理论。

李金玉对混凝土试件进行冻融试验后，对普通混凝土、引气混凝土和高强混凝土进行了检测，发现随着冻融次数的增加，混凝土的强度特性均呈现下降趋势，反应最敏感的是抗拉强度和抗折强度，即随着冻融次数的增加，混凝土的抗拉强度和抗折强度迅速下降，而抗压强度下降比较缓慢，混凝土在冻融循环后，密实度也在下降。通过压汞、扫描电镜以及X射线衍射等方法得出结论：混凝土在冻融破坏过程中，内部的微孔隙含量在逐步增加，微孔的直径也在增大，在冻融过程中，混凝土水化产物的结构状态发生了明显变化，由冻融前堆积密实状态变为冻融后的疏松状态，水化物中也产生了微裂缝，同时微裂缝的数量和宽度也随着冻融次数的增加而增加。同时研究表明引气混凝土在冻融循环后压汞量增加的原因，即随着冻融循环次数的增加，引气混凝土中原来完整封闭的气泡发生了破裂。根据冻融前后水化物成分基本无变化这一现象，推理出混凝土的冻融循环过程基本是一个物理变化过程。胡强圣指出遭受冻融作用后的混凝土内部产生复杂的应力作用是其冻融破坏的主要原因，根据各种假设机理，冻融破坏力有如下四个主要特点：（1）冻融作用过程中整个构件都含有这种力；（2）没有固定的方向；（3）荷载呈现周期性；（4）会受到混凝土孔隙率和饱水状态及温度的影响。

2）影响混凝土抗冻性的因素

根据国外研究显示，混凝土抗冻性能与其内部孔结构、水饱和程度、受冻龄期、混凝土强度等许多因素有关。其中最主要的因素是它的孔结构，吴中伟院士将混凝土孔径分为四级：无害孔级（孔径＜200μm）、少害孔级（200μm≤孔径＜500μm）、有害孔级（500μm≤孔径＜2000μm）和多害孔级（孔径≥2000μm），这些孔径分布取决于混凝土的水灰比、有无外加剂等情况等。试验表明在冻融循环后，混凝土孔结构发生劣化，总比孔容增大，孔径向大孔方向移动，冻融后混凝土中大孔含量增大，这就是混凝土耐久性发生劣化的内在机理。

混凝土的水灰比影响着混凝土的孔隙率和孔结构，严格控制水灰比对保证混凝土有较高抗冻性是十分必要的。一般规律是，水灰比越低，混凝土中的孔隙率就越小，大孔隙就越少，水的渗透性就越差。相应的，混凝土抗冻性能就越好。据日本福冈大学的试验研究表明：对于非引气混凝土，随着水灰比的增大，抗冻性能明显降低，根据日本电力中央研究所对水灰比与潮湿养护 28d 混凝土抗冻性的关系试验结果表明：随着水灰比的增大，混凝土抗冻性能明显降低并且渗入引气剂的混凝土其抗冻性能有明显的提高。这是因为水灰比大的混凝土中毛细孔孔径也大，且形成了连通的毛细体系，因而其中缓冲作用的储备孔很少，受冻后极易产生较大的膨胀压力，反复循环后，必然使混凝土结构遭受破坏。

试验表明，加入合理掺量的外加剂，可大大提高混凝土的抗冻能力。大量研究表明，防冻剂、减水剂、引气剂以及高效引气减水剂、早强剂、纤维、掺合料等均能够明显提高混凝土的抗冻性能。试验表明掺入引气剂后，混凝土中形成许多微细气孔且气孔均匀分布，这些互不连通的微细孔在混凝土受冻初期能使毛细孔中的静水压力减少，即起到减压作用，在混凝土受冻结冰过程中这些孔隙可阻止或抑制水泥浆中微小冰体的生成，提高了混凝土的抗冻性。但当引气剂使用量超过一定范围时，混凝土抗冻性开始下降。因此，对于有抗冻性要求混凝土的最佳含气量范围，一般最佳含气量约为 5%～6%。同时除了保证混凝土的含气量还必须保证气孔在砂浆中均匀分布。一般情况下，为充分防止混凝土受冻害，气孔的间距应为 0.25mm。减水剂则能降低混凝土的水灰比，从而减小孔隙率。程红强认为，掺入一定量的钢纤维，能够有效提高混凝土的抗冻性能，在一定范围内，随着钢纤维掺量的增加，强度损伤逐渐减小。段桂珍认为掺入适量粉煤灰，硅粉等矿物可以细化混凝土中的孔结构，并利于气泡分散，有利于抵抗冻融损害。张亦涛阐述了荷载和冻融循环同时作用下混凝土的抗冻性能，他指出此时混凝土不但承受静水压力和渗透压力，还承受着外界的荷载应力，当荷载导致裂缝产生或扩展时，更会加速结构的破坏。

关宇刚、孙伟对承受弯矩荷载下的高性能混凝土进行了冻融循环研究试验，试验结果表明，承受荷载的高性能混凝土在受到冻融循环作用下，其所能承受的冻融循环次数和其应力水平成反比，而引气混凝土和水灰比值小的非普通非引气混凝土试件的动弹性能和承受的荷载关系并不大，在双因素作用下没有显著的下降；在荷载和冻融循环同时作用下，水灰比较大的非引气混凝土，应力水平越高，动弹模量损失越快；在荷载和冻融循环侵蚀共同作用下，混凝土构件重量随着冻融循环次数增加缓慢减轻。引气混凝土构件的重量较非引气混凝土重量减轻更为缓慢，应力水平对重量变化基本没有影响。对于双因素加速破坏的原因，文章分析为荷载和冻融循环同时作用下，应力水平较高，混凝土构件破坏主要是荷载在冻融引气的微裂缝处产生应力集中，使微裂缝迅速扩展造成混凝土破坏；应力水平较低时，冻融作用下孔隙水压力作用在集材中形成均匀微裂缝是试件破坏的主要原因，破坏速度缓慢。

3）混凝土冻融损伤与剩余寿命预测模型研究

宋玉普利用威布尔分布和对数正态分布，提出了混凝土结构可靠度计算公式，将正负值温度差水平进行分阶段处理，并根据冻融循环损伤等效原则，最终提出了混凝土失效概率。唐光普认为对混凝土材料的研究多用动弹性模量表示，但动弹性模量在工程中不能直接使用，他依据蔡昊的基于不考虑损伤局部化的修正 Loland 模型和混凝土单轴拉伸行为描述混凝土弹性模量在混凝土冻融循环中的演化规律，最终实现了将动弹性模量演化映射到破坏面上来反映强度的变化。宁作君认为混凝土内部形成的微裂缝会在冻融环境中继续生长延伸，在此过程中会消耗混凝土的内能，提出了能量耗散模型。Ababneh 等提出了超声波模型，通过脉冲传播速度和共振频率两个指标来评估了混凝土的盐冻损伤，通过结合混凝土结构失效损伤度和基于脉冲传播速度的动弹性模量表达式得到了基于脉冲传播速度的冻融损伤度。吴庆令以质量损失率作为表征混凝土冻融损伤程度的变量，提出了质量损失率模型。刘荣桂依据损伤力学分析，认为预应力混凝土冻融破坏是一种低周疲劳损伤，并提出低周疲劳中塑性变形的变化要比应力变化大，从而得到了 N 次冻融循环后混凝土应变和冻融循环关系。肖前慧对混凝土试件进行 300 次冻融循环后，测定了不同循环次数时的立方体抗压强度，指出混凝土抗压强度随冻融循环次数的衰变大致符合指数分布，建立考虑水胶比、粉煤灰、引气剂量等因素的冻融循环下混凝土抗压强度指数衰减规律预测模型和寿命预测模型，为冻融循环下的混凝土耐久性预测提供了依据。张峰则以抗拉强度为冻融损伤标准，以试验数据为根本，通过数值拟合的方法，得到了冻融损伤度和冻融循环之间的关系式。CHO 通过应变的变化描述了混凝土的冻融损伤，建立了残余应变和试验结果之间的极限函数关系，同时也建立了等效塑性应变和极限状态函数。于孝民通过试验，用数据拟合的方式得到了混凝土断裂能和冻融循环次数的关系。余红发等用相对动弹模量表示了冻融状况下混凝土的损伤，分别得到了单段损伤模式和双段损伤模式两个演化方程。CHO 将水灰比、引气量和冻融循环次数作为任意的变量，建立了相对动弹性模量极限状态函数方程，经证实此函数方程和快速冻融试验结果规律具有很高的吻合性。王丽学选取混凝土的相对动弹性模量和抗压强度为指标，进行了快速冻融试验，并在数据处理中运用了回归模型，结果发现冻融循环次数和相对动弹性模量损失率之间具有良好的幂指数关系。一般当相对动弹性模量降至原来的 60%，即动弹性模量损失率为 40%时，认为混凝土破坏。同时冻融循环次数与抗压强度损失率之间呈二次函数关系。刘卫东等对 4 组混凝土试件进行试验后，采用共振法和超声法测试试件的波速和频率，得到混凝土冻融循环后的损伤参量特征值和强度变化规律，分析了纤维混凝土冻融损伤破坏的细观机理，根据细观损伤力学和数学模拟的方法建立了纤维混凝土冻融损伤本构模型。1986 年，挪威学者 Vesikarle 基于快速冻融试验，假定处于实际环境中的混凝土每年遭受的冻融循环次数是固定的，提出了混凝土使用寿命。

4）混凝土构件疲劳特性和损伤研究现状

疲劳是指材料在小于静载强度的荷载重复作用下所发生的内部性能变化过程，这种情况可能是由损伤导致裂纹进一步扩展或者荷载达到足够重复次数后的完全断裂引起的，疲劳破坏已经成为当今工程结构和构件失效的最主要原因，预应力混凝土结构在正常使用期间，不断受到外界交通循环荷载的反复作用，随着时间的推移，结构会渐渐产生内部损伤，并出现细小的裂纹，这些裂纹在交通循环荷载继续作用下发展，最后导致整个结构的断裂破坏。预应力混凝土结构在我国整个交通土建工程运作占有重要的地位，疲劳破坏作用不可忽视。疲劳有以下几个特点：（1）只有承受交变应力作用的条件下，疲劳才会发生；（2）疲劳破坏起源于结构中高应力或高应变的局部；（3）疲劳破坏是在扰动荷载反复循环一定次数之后，形成裂纹并不断扩展；（4）疲劳是一个发展过程。20世纪50年代后，钢筋混凝土构件在疲劳荷载作用下的研究进入了一个新阶段，从普通混凝土过渡到了预应力混凝土，我国在20世纪60年代前后也开始了钢筋混凝土梁的疲劳试验研究，并于70年代成立了疲劳专题研究组，开始着力研究疲劳破坏。由于钢筋混凝土是一种复合材料且离散性较大，所以对钢筋混凝土的研究相对较少。马达洛夫比较详细地阐述了在重复荷载作用下钢筋混凝土受弯构件的性能的两类问题：（1）钢筋构造对钢筋混凝土受弯的强度、裂缝形成及刚度的影响；（2）钢筋混凝土结构疲劳计算理论的若干问题。Max Schläfli等人对27块钢筋混凝土桥面板开展疲劳试验，研究了跨中挠度、钢筋和混凝土应变与循环次数的关系；Van Ornum首次采用立方体和棱柱体试件进行了混凝土单轴受压疲劳试验，采用的最大应力水平为0.55～0.95；赵顺波根据16块板的疲劳试验结果，分析了配筋率、疲劳循环次数和疲劳循环特征对钢筋混凝土板的疲劳裂缝宽度、变形和破坏形态及正截面耐疲劳能力的影响规律，提出了疲劳荷载作用下钢筋混凝土板正截面疲劳强度和裂缝验算方法，大连理工大学在钢筋混凝土的疲劳研究方面做了大量的工作，比较系统地阐述了钢筋混凝土受弯构件的疲劳变形和裂缝，并且给出了钢筋混凝土和预应力混凝土受弯构件正截面和斜截面疲劳强度计算公式。

疲劳作用下钢筋混凝土结构往往出现内部损伤并影响整体的寿命。所谓疲劳损伤，是指由于重复荷载作用而引起的结构材料性能衰减的过程，也就是通常所说的疲劳裂纹的发生、发展、形成宏观裂纹和破坏的过程。易成也指出疲劳寿命可以认为是由三个连续阶段组成，分别是疲劳裂纹形成、疲劳裂纹扩展及疲劳损伤。目前疲劳损伤模型大致可分为三类：第一类模型不考虑实际的性能劣化机理，使用 *S-N* 曲线或类似的图，提供若干疲劳破坏准则；第二类是剩余强度或剩余刚度的表象模型；第三类是损伤发展模型。

疲劳损伤与普通损伤的最大区别在于随着荷载循环次数的增加，疲劳中的损伤存在一个累积的过程。1945年Miner首先提出了线性疲劳损伤积累理论，*S-N* 曲线即是以此为依据得来的，但是在实际的变幅循环荷载下可能低估损伤。在此之后，多种疲劳损伤理论被提出，关于损伤识别方面，已经有了不小的进展，湖南大学易伟建等人利用4块预应力混凝土空心板的动力测试数据，根据板的损伤特性，以线弹性断裂力学为基础推导了混凝土构件裂缝截面转动刚度表达式，Inho等人通过框架结构的静力响应数据对损伤做出了估计，Fabrizio等人基于梁频率数据的变化进行了损伤定位识别；罗跃纲等人应用人工神经网络技术，以结构的固有频率为特征参数，建立结构故障诊断模型，对简支矩形截面梁裂纹深度和位置进行了诊断和预测研究。

3.4.1.1 研究目的及意义

所谓混凝土耐久性，是指在使用过程中，在内部的或者外部的、人为的或自然的因素作用下，混凝土保持自身工作能力的一种性能，或者说结构在设计使用年限内抵抗外界环境或内部本身所产生的侵蚀破坏作用的能力。同样可以把预应力混凝土结构冻融耐久性定义为在使用过程中，在冻融交替作用下，预应力混凝土结构保持足够预应力以及其结构保持足够的整体工作性的能力。

近几十年来，国内外均出现了预应力混凝土桥梁因耐久性失效而导致的工程安全事故，给国家和人民带来了巨大的生命财产损失，而根据全国水工建筑物耐久性调查资料可知，在32座大型混凝土坝工程，49余座中小型工程中，22%的大坝和21%的中小型水工建筑物存在冻融破坏问题，大坝混凝土的冻融破坏主要集中在东北、华北、西北地区。尤其在东北严寒地区，兴建的水工建筑物，几乎100%工程局部或大面积地遭受不同程度的冻融破坏。华东地区的混凝土建筑物也发现有冻融破坏现象，发生冻融破坏的建筑物往往在初期没有明显的损伤征兆，而在经过反复的冻融循环后，结构会呈现不可逆的损伤，久而久之，结构就会发生破坏。所以来说冻融破坏是影响桥梁使用耐久性的重要因素之一。结构抗冻耐久性研究逐渐受到了广泛的关注，各部门也相继开展了混凝土抗冻耐久性的研究，但工作的重点大部分都是普通混凝土，预应力混凝土的抗冻耐久性研究相对较少，亟待开展，预应力混凝土抗冻耐久性的研究关乎着预应力结构的使用耐久性和剩余寿命，具有十分重大的意义。

3.4.1.2 主要研究内容

（1）预应力混凝土空心板梁冻融循环试验

根据《普通混凝土长期性能和耐久性能试验方法标准》GB/T 50082—2009，并结合实际情况，将三根预应力混凝土梁和三组同期试块（12块）进行冻融循环试验，三组冻融循环次数分别为50、75和100次。

（2）同期试块动弹性模量和抗压强度测试

冻融循环试验时，将16个尺寸为100mm×100mm×100mm的三类混凝土同期试块，平均分为四组，相对应冻融次数为0、50、75和100次，冻融循环后三根预应力混凝土梁的动弹模量和抗压强度以三组同期试块所测值为代表值，混凝土动弹性模量通过NM-4A非金属超声检测仪检测。

（3）预应力混凝土空心板梁冻融循环后的静动力特性研究

对空心板梁进行规定次数的冻融循环后，分别测试同期试块的动弹性模量和抗压强度；并对三根冻融循环次数为50、75和100的空心板梁进行静载试验，主要研究经历不同冻融循环次数后整个空心板梁力学性能的退化情况，包括应变和位移情况。每进行50万次的疲劳试验，用动态模量测试系统测试空心板梁的动态特性，其中包括基频和动态位移，观察空心板梁的基频等动态性能变化规律，以此获得服役空心板梁健康状况。

（4）预应力混凝土空心板梁冻融循环后疲劳特性研究

使用疲劳试验机对冻融循环后的空心板试验梁进行疲劳试验，研究不同冻融循环次数对结构疲劳特性的影响，建立预应力板梁结构不同冻融循环侵蚀程度与疲劳寿命之间的关系。

3.4.2 预应力混凝土空心板梁冻融循环试验

为了研究预应力混凝土板梁在经受过不同冻融循环后的静力性能及疲劳特性退化规律，首先将预应力混凝土空心板梁及同期试块进行冻融循环试验。依据《普通混凝土长期性能和耐久性能试验方法标准》相关试验规定，考虑到本次试验构件尺寸因素，通过改装的冷库开展本次试验，冷库最低温度可达到零下18℃。

3.4.2.1 试验准备

1）试验对象分组

（1）预应力混凝土空心板梁：进行冻融循环试验的有三根预应力混凝土梁，分别为经受 50、75、100 次冻融循环试验，依次命名为 D-50、D-75 和 D-100；一根完好的梁作为对比梁不经受冻融侵蚀，命名为 D-0，此健康梁和三根侵蚀梁同样需要进行静载试验和疲劳试验。

（2）同期试块：同三根预应力混凝土空心板梁进行冻融循环试验的同期试块共 12 块，均分为 3 组，每组 4 块。三组标准试块分别对照 D-50、D-75 和 D-100 三根梁，依次经受 50、75 和 100 次冻融循环，分别命名为 d-50、d-75 和 d-100，不经受冻融侵蚀的标准试块组命名为 d-0。后期测量标准试块动弹模量和抗压强度时，可取 4 块标准试块有效测试值的平均值。

2）预应力混凝土梁与同期试块饱水

根据国家规范《普通混凝土长期性能和耐久性能试验方法标准》，在冻融循环试验前需要将试验对象浸泡在水中 3～4d，使试验对象饱水。这是因为预应力混凝土梁和同期试块饱水后，内部的孔隙都充满了水，这些水在冻融循环中的冷冻阶段能够充分凝固。本次试验将预应力混凝土空心板梁和同期试块放入盛满清水的池子中没水浸泡，为了使梁和试块都达到饱水的状态，浸泡时间定为 4d。

3.4.2.2 冻融试验过程

空心板梁与同期试块浸泡 4d 后，将饱水后的预应力混凝土空心板梁和三组同期试块从水池中取出，并擦干表面的水分，等待冻融试验，冻融循环试验分为两步：冷冻阶段和融化阶段。

1）冷冻阶段

冷冻阶段的目的即是使饱水的试验梁和标准试块能够完全冷冻，内部产生应力。本次试验使用气冻水融的方法，根据规范，冷冻阶段的温度需要达到－18℃与－20℃并保持恒温。为了方便试验梁的运输和冷冻阶段的操作，本试验对惠济区一冷库进行改造，该冷库由自动化系统控制，能够保持－18～－20℃的温度，并能够在制冷过程中保持恒温，同时该冷库可以在一定时间内进行匀速降温，达到预定温度后，降温系统自动停止，开始恒温服务。为了让试验梁在冷库中充分和冷气接触，放置木质托盘于试验梁下部，保证整个梁体与冷空气充分接触，方便试验梁进出冷库。冷库内景和冷冻阶段试验梁与同期试块见图 3-47。

(*a*) 冷库内景

(*b*) 试验梁冷冻

图 3-47 试验梁冷冻阶段

试验梁和同期试块在冷冻阶段按照编号同时放置在冷库中，冷冻时间控制是为了让梁和同期试块的整体温度达到规定值，本试验依据《普通混凝土长期性能和耐久性能试验方法标准》确定冷冻阶段的冷冻时间为 4h。

2）融化阶段

国家规范《普通混凝土长期性能和耐久性能试验方法标准》规定，气冻水融法的融化阶段需要在温度 18～20℃进行，鉴于本次试验构件尺寸较大，参考规范规定本试验融化阶段在冷库室外平台开展。该平台阳光直射，试验梁构件冷冻结束后，置于该平台，借助夏季高温，同时通过浇水进行融化。见图 3-48。

(*a*) 浇水融化

(*b*) 浇水融化后的试验梁

图 3-48　试验梁融化阶段

融化阶段，浇水 30min 后，暂停 30min，让试验梁缓缓吸水融化，按照此法逐步进行，直到融化时间满 3h 为止。融化结束后，立即将试验梁和同期试块置于冷库进行下一个冻融循环。

相对于大尺寸的试验梁，同期试块尺寸较小，可以将冷冻过后的同期试块置于盛满清水的塑料桶中，融化 3h，尽可能达到最好效果，同期试块融化桶如图 3-49 所示。

(*a*) 试块融化1

(*b*) 试块融化2

图 3-49　同期试块融化阶段

完成一次冷冻和融化，即视为完成一次冻融循环，立刻进行下一次冻融循环，整个试验保持灵活性和连续性并时刻观察试验现象。

3.4.2.3　冻融后试验现象

在冻融循环过程中，强度等级为 C50 的混凝土试块表面不断产生浮浆，随着冻融次数增加，部分试块表面开始露出了少量骨料，甚至在表面出现细微破损，表明冻融循环逐渐对混凝土试件产生了侵蚀，并且随着冻融次数的增加，侵蚀趋于严重。经受 0、50、75 和 100 次后的同期试块表面情况如图 3-50 所示。

(*a*) 0次冻融循环的试块　(*b*) 50次冻融循环的试块

(*c*) 75次冻融循环的试块　(*d*) 100次冻融循环的试块

图 3-50　不同冻融循环侵蚀下同期试块表明损伤情况

观察未经冻融循环的试块，表面虽有混凝土中常见的气孔，但由于表面未经受冻融侵蚀，所以整体呈现光滑特点，经受 50、75 和 100 次冻融循环的试块，在冻融循环过程中，试块表面渐渐产生浮浆，表面开始出现细微小裂纹并呈现粗糙状，随冻融循环次数的增多，试块表面愈加粗糙，损伤也随之加深。

3.4.2.4　混凝土同期试块动弹模量与抗压强度测试

经受冻融循环侵蚀的混凝土试块表面有较为明显的损伤，对于混凝土内部损伤无法直接观察，只能通过仪器测量来评定冻融循环侵蚀后混凝土试块的损伤劣化情况。研究表明，受冻融循环的混凝土整体动弹模量和抗压强度会发生变化，为研究不同冻融次数侵蚀后同期试块动弹模量与抗压强度变化规律，本试验对同期试块开展动弹模量与抗压强度测试。

1）动弹模量测试

（1）试验步骤

动弹模量是指在动负荷作用下物体应力和应变的比值，为了更加直观展示动弹模量变化情况，本试验选取相对动弹性模量为参照对象，相对动弹模量即冻融后的动弹模量和冻融前的动弹模量百分比值。

本试验先通过 NM-4A 超声检测仪（图 3-51）对 d-0～d-100 四组混凝土同期试块进行动弹性模量的测试，在测试过程中，首先将混凝土试块表面的水擦干，然后两端涂上耦合剂，数据采集过程中确保超声波探头和混凝土试块耦合良好。

图 3-51 非金属超声检测分析仪器

（2）动弹模量和相对动弹模量计算

超声测试混凝土动弹模量主要获取声时和波速，通过声波传播时间和速度来判断混凝土内部质量。动弹模量和相对动弹模量的计算公式如下所示：

$$E_{\mathrm{d}}=\frac{(1+\upsilon)(1+2\upsilon)\rho V^2}{1-\upsilon}=\frac{(1+\upsilon)(1+2\upsilon)\rho L^2}{(1-\upsilon)t^2} \tag{3-67}$$

$$E_{\mathrm{rd}}=\frac{E_{\mathrm{dt}}}{E_{\mathrm{d0}}}=\frac{V_{\mathrm{t}}^2}{V_0^2}=\left(\frac{T_0}{T_{\mathrm{t}}}\right)^2 \tag{3-68}$$

式中 E_{d}——动弹模量；

υ——混凝土泊松比；

ρ——混凝土密度（kg/cm^3）；

L——测试试件长度（m）；

t——超声测试声时（μs）；

E_{rd}——相对动弹模量；

T_0——混凝土腐蚀前的声时；

T_{t}——混凝土腐蚀到 t 龄期的声时，其中混凝土在遭受侵蚀的过程中，混凝土的泊松比具有不敏感性，变化甚微，所以根据超声检测仪测量出来的声时即可得到混凝土的动弹模量和相对动弹模量。

（3）测量结果分析

测试温度为 15℃时，测试结果如表 3-52 所示。

超声波在不同冻融次数混凝土试块中传播速度 表 3-52

试验试块	D-0	D-50	D-75	D-100
平均传播速度（m/s）	4350	4060	4008	3857

通过计算，不同冻融次数侵蚀混凝土试块相对动弹性模量变化如表 3-53 所示。

经受不同冻融循环后的混凝土标准试块相对动弹性模量　　表 3-53

冻融次数	相对动弹性模量
0	100%
50	87.1%
75	84.9%
100	78.6%

通过非金属超声波仪器测试，得到超声波在不同冻融侵蚀次数混凝土试块中的传播速度，通过动弹性模量和相对动弹性模量公式计算可以发现：随着冻融次数的增多，超声波在混凝土试块中的传播速度逐渐降低，相对动弹性模量也降低。

2）抗压强度测试

（1）试验步骤

为了研究混凝土冻融侵蚀前后抗压强度的变化情况，对冻融侵蚀构件开展抗压强度试验，试验步骤如下：

① 将待测试块取出，对表面进行清理，然后进行混凝土立方体试块的抗压强度试验。

② 将混凝土立方体试块放置在液压式压力机下压板上。调整试块放置位置，保证混凝土立方体试块处于下压板中心位置。调整上压板位置，使上压板与混凝土立方体试块上表面完全接触，如图 3-52（*a*）、（*b*）所示。

(*a*)　(*b*)　(*c*)　(*d*)

图 3-52　标准试件抗压强度测试

③ 在试验过程中均匀施加压力，速率为每秒钟 0.5～0.8MPa（高于 C30 混凝土所采用的加载速度）。当试件接近破坏而开始迅速变形时，停止调整试验机油门，直至试件破坏，记录破坏荷载 P（N），见图 3-52（c）、（d）。

（2）立方体抗压强度计算

为了研究冻融循环后混凝土立方体抗压强度变化，对不同冻融循环侵蚀标准构件开展抗压强度计算。本试验采用截面为 100mm×100mm 的混凝土立方体试块进行试验，根据《普通混凝土力学性能试验方法标准》GB/T 50081—2002 规定，计算公式中乘以尺寸调整系数 0.95。混凝土立方体抗压强度计算公式如下：

$$f_c = 0.95\frac{F}{A} \tag{3-69}$$

式中 f_c——混凝土立方体抗压强度（MPa）；

F——试件试验破坏荷载（N）；

A——试件试验承压面积（mm²）。

（3）测试结果分析

标准试件抗压强度结果分析 **表 3-54**

冻融次数	冻融后立方体试块极限平均破坏荷载（N）	冻融后立方体试块抗压强度平均值（$\overline{f}_{cu}$）
0	553600	52.59
50	482000	45.79
75	471300	44.77
100	455500	43.27

3.4.2.5 小结

（1）参考国家《普通混凝土长期性能和耐久性能试验方法标准》，结合实际试验条件，制定了一套适合大尺寸预应力混凝土构件的气冻水融方法，对预应力混凝土空心板梁和混凝土同期试块开展了冻融侵蚀试验。

（2）观察 d-0、d-50、d-75 和 d-100 四试块表面损伤情况发现：经受过冻融侵蚀的试块表面随着冻融试验进行首先出现浮浆现象，随着冻融循环次数增加，部分试块表面出现了一些细裂纹和骨料露出等现象，随着冻融循环次数的增加，试块冻融表观损伤程度逐渐加重。

（3）采用非金属超声检测仪测试并计算同期试块相对动弹性模量发现，经过冻融侵蚀混凝土试块相对动弹性模量降低，且随冻融次数增加，相对动弹性模量随之降低；采用液压式压力机测试混凝土同期试块的抗压强度发现，经过冻融后的混凝土试块抗压强度呈减少趋势。

3.4.3 不同冻融循环次数下试验梁疲劳试验过程

本次疲劳试验主要是通过对不同冻融侵蚀程度预应力混凝土试验空心板开展疲劳试验，进而研究冻融循环侵蚀对预应力试验梁力学特性及疲劳特性的影响。

3.4.3.1 疲劳试验准备及设备布置

1）疲劳试验设备及加载方案

本次疲劳试验在郑州大学结构试验室进行，采用的主要设备为郑州大学 25t 疲劳试验机、郑州大学武汉华岩数码应变计、武汉华岩数码位移计、中国地震局工程力学研究所891-4拾振器、电阻式应变片、东方所INV3060V型网络分布式采集分析仪以及DZ型电涡流位移。具体仪器布置位置如图3-53所示。

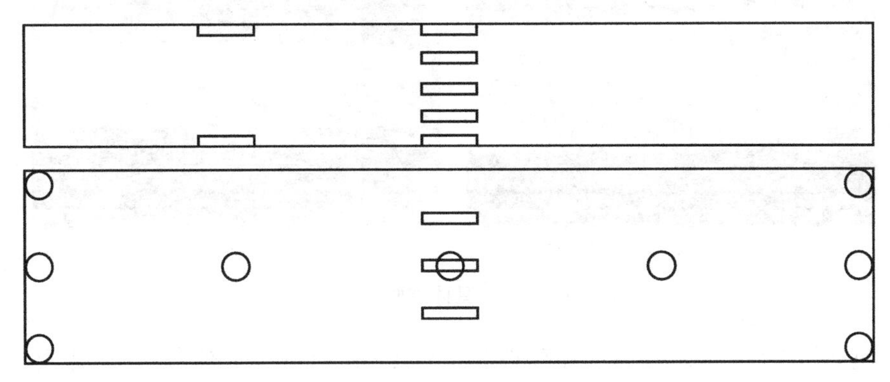

图3-53　应变以及拾振器布置位置

具体疲劳加载方式为三分点加载，疲劳加载采用的应力比为0.9，频率为5Hz。每50万次疲劳加载后进行一次静载试验用以测定应变以及位移情况。另外每50万次测一万次动态位移及自振频率大小。试验梁分为三组，分别为未经过冻融循环的试验梁（D-0）、经受50次冻融循环的试验梁（D-50）、经受75次冻融循环的试验梁（D-75）和经受100次冻融循环的试验梁（D-100），每组两块试验梁具体标号以及加载方式及数据参见表3-55。

疲劳试验方案　　　　**表3-55**

试件编号	最大疲劳荷载 F'_{max}(kN)	最小疲劳荷载 F'_{min}(kN)	频率（Hz）
D-0	160	60	5
D-50	160	60	5
D-75	160	60	5
D-100	160	60	5

2）试验数据采集内容与方法

根据试验方案，具体试验测量内容及方法如下：

（1）应变及位移测量：每经过50万次疲劳荷载后，进行一次静载试验，用以测量预应力试验梁在经过疲劳荷载后的力学特性。主要测量方法为：自初始状态加载五级，自0次疲劳开始，每级50kN，直至加载至200kN。每一级加载成功即记录当时的位移以及应变数据，持荷3min测定试验梁最终位移以及应变。测量结束后卸载至0，然后记录残余应变以及位移。

（2）动态应变位移以及模态测量：在试验梁每经过50万次疲劳荷载时，使用拾振器与网络分布式采集仪对试验梁的动态响应进行测量并收集。模态采集时间为20min。具体试验过程参见图3-54。

（3）裂缝的开展情况以及裂缝宽度：疲劳试验时，由试验人员实时观测试验梁表面裂缝开展情况，并记录裂缝开展方式以及裂缝宽度。根据静载试验结果，裂缝观测控制点为

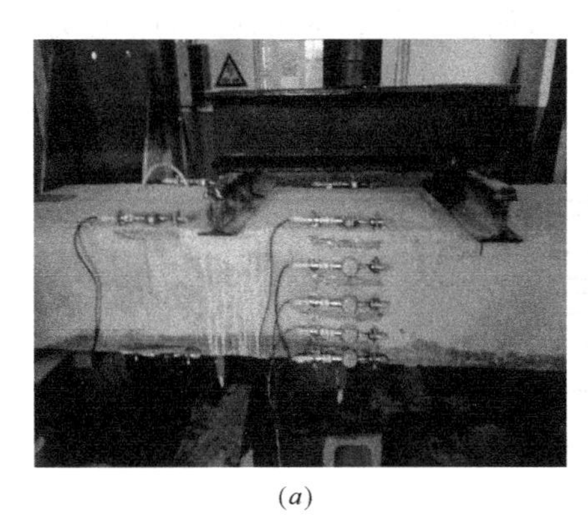

(*a*)

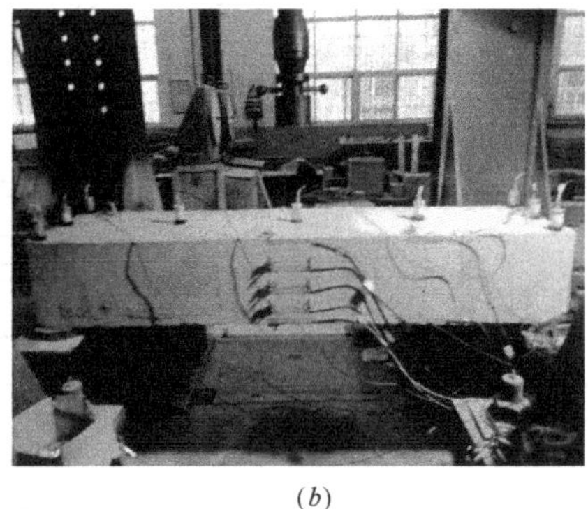

(*b*)

图 3-54　具体试验过程

试验梁支座剪切裂缝、试验梁顶板压碎裂缝以及试验梁腹板竖向裂缝。一旦主要控制点剪切裂缝宽度达到 0.2mm 时，便可判定试验梁已经疲劳损坏，立即停止疲劳试验。

3.4.3.2　冻融循环侵蚀后试验梁疲劳试验

1）预应力混凝土试验梁疲劳试验步骤

具体的试验步骤分为以下四步：

（1）将预应力试验梁通过橡胶圆形支座简支在工字钢支座上，并通过水泥砂浆固定并找平工字钢支座。

（2）试验梁放置在规定位置并检查无误后，首先进行一次静载数据采集并测量试验梁初始动态模量。操控设备缓慢施加荷载至 165kN，然后调节疲劳机振幅与频率，逐步加载至规定荷载大小、振幅与频率。打开电子计数器记录疲劳次数。

（3）首次数据采集结束后，拆除动态测量设备。继续施加疲劳荷载至 50 万次。然后每 50 万次进行一次数据测量及采集。通过每次采集数据进行现场初步分析，观察数据大致变化趋势。

（4）疲劳试验进行过程中，由试验人员严密观测试验梁裂缝发展情况。一旦出现裂缝即停止疲劳试验，测量裂缝宽度，判断试验梁受损程度。

2）不同冻融循环次数下试验梁疲劳试验与相关数据测量

疲劳试验开始前，分别对三组试验梁进行一次静载数据与动态数据采集，观察经受不同冻融循环次数后的混凝土梁的静力性能变化情况，之后对四组试验梁进行疲劳试验并同步观测相关应力、变形及损伤情况。

（1）未经受冻融侵蚀的试验梁疲劳试验

首先对未经受冻融侵蚀的预应力混凝土试验梁 D-0 进行了疲劳试验，随着疲劳试验的进行，未受冻融循环侵蚀 D-0 号试验梁在疲劳次数达到 8 万余次出现可见裂缝，裂缝出现位置在支座处斜向上 45°，整体裂缝形式为剪切斜裂缝，裂缝宽度为 0.01mm。当试验荷载卸除时，裂缝几乎完全闭合，重新加载时，裂缝又会出现并逐渐呈现扩大的趋势，当疲劳次数接近 200 万次时，裂缝宽度达到 0.2mm，裂缝向顶板延伸程度加深。如图 3-55（*b*）所示，因其裂缝较小，图中用铅笔画线表示裂缝的发展轨迹和局部形态。此时裂缝宽度达到 0.2mm，根据相关约定和规范，D-0 试验梁已经破坏，需要进行加固和修补后才能继续使用，试验到此停止，记录试验现象和拍摄照片。

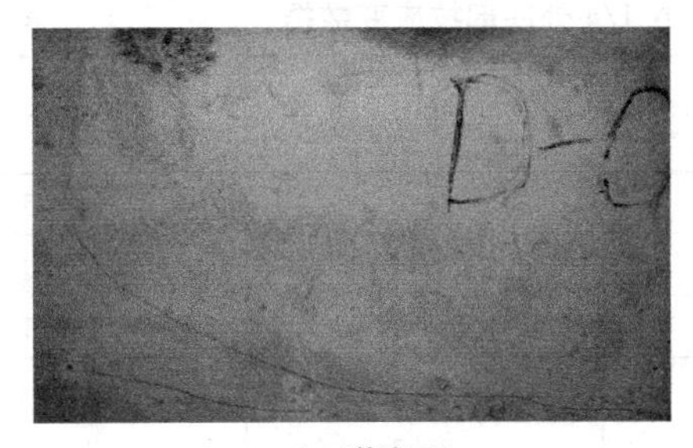

(a) 裂缝图1

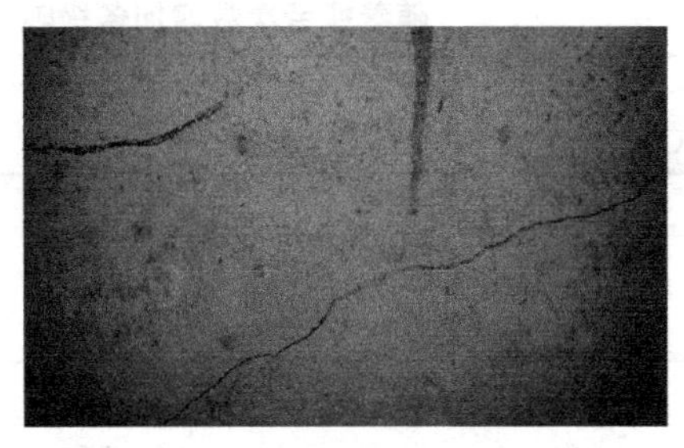
(b) 裂缝图2

图 3-55 预应力空心板梁裂缝开展

在整个疲劳过程中，每当疲劳进行 50 万次，便对试验梁进行一次静载试验，未受冻融循环侵蚀的 D-0 试验梁各测点的应变和位移数据如表 3-56～表 3-61 所示。

随着疲劳次数增加各级吨位下跨中顶部压应变数据 **表 3-56**

荷载（t） 疲劳次数（万）	5	10	15
0	−61.9	−104.9	−170.2
50	−74.0	−130.9	−183.9
100	−112.1	−198.1	−221.5
150	−181.9	−204.6	−273.1
200	−122.9	−220.0	−307.1

随着疲劳次数增加各级吨位下跨中底部拉应变数据 **表 3-57**

荷载（t） 疲劳次数（万）	5	10	15
0	56.5	110.1	162.4
50	65.0	122.3	181.1
100	69.6	128.8	188.4
150	76.1	144.1	210.8
200	75.7	152.6	221.4

随着疲劳次数增加各级吨位下 1/4 处顶部压应变数据 **表 3-58**

荷载（t） 疲劳次数（万）	5	10	15
0	−47.6	−90.4	−120.9
50	−66.8	−123.4	−182.6
100	−65.0	−132.6	−185.4
150	−74.9	−147.4	−199.0
200	−99.4	−163.5	−227.9

随着疲劳次数增加各级吨位下 1/4 处底部拉应变数据　　表 3-59

疲劳次数（万）＼荷载（t）	5	10	15
0	28.0	55.5	82.5
50	35.0	65.0	95.0
100	37.1	67.6	98.5
150	44.6	78.9	108.1
200	54.4	89.7	128.3

随着疲劳次数增加各级吨位下跨中处挠度数据　　表 3-60

疲劳次数（万）＼荷载（t）	5	10	15
0	−0.19	−0.26	−0.35
50	−0.30	−0.38	−0.41
100	−0.56	−0.72	−0.83
150	−0.59	−0.85	−1.06
200	−0.756	−1.13	−1.46

随着疲劳次数增加各级吨位下 1/4 处挠度数据　　表 3-61

疲劳次数（万）＼荷载（t）	5	10	15
0	−0.10	−0.18	−0.21
50	−0.22	−0.29	−0.31
100	−0.43	−0.55	−0.69
150	−0.48	−0.66	−0.92
200	−0.63	−0.91	−1.25

（2）经受 50 次冻融侵蚀的试验梁疲劳试验

此 D-50 试验梁在疲劳次数达到 7.2 万次时，支座处斜向上 45°的位置出现斜裂缝，裂缝形式和 D-0 出现的大致相同，从底部向上延伸，并且在疲劳荷载作用下有向上延伸开裂的趋势，裂缝见图 3-56（*a*）。每进行 50 次疲劳试验将进行一次静载试验和模态测试试验，

(*a*) 裂缝图1

(*b*) 裂缝图2

图 3-56　具体试验过程

当疲劳次数达到149万次时，用100倍显微镜观测到试验梁裂缝已达0.21mm，见图3-56，此时试验停止（表3-62～表3-67）。

随着疲劳次数增加各级吨位下试验梁跨中顶部压应变数据　　表3-62

荷载（t） 疲劳次数（万）	5	10	15
0	−124.0	−199.5	−263.1
50	−81.4	−164.0	−292.4
100	−131.9	−152.2	−320.1
149	−191.3	−279.9	−369.9

随着疲劳次数增加各级吨位下试验梁跨中底部拉应变数据　　表3-63

荷载（t） 疲劳次数（万）	5	10	15
0	64.1	116.5	174.6
50	71.6	126.9	175.2
100	79.1	140.8	205.3
149	86.7	159.9	249.9

随着疲劳次数增加各级吨位下试验梁1/4顶部压应变数据　　表3-64

荷载（t） 疲劳次数（万）	5	10	15
0	−58.6	−86.2	−137.5
50	−89.1	−118.7	−201.4
100	−98.7	−153.9	−247.2
149	−154.0	−199.9	−321.1

随着疲劳次数增加各级吨位下试验梁1/4底部拉应变数据　　表3-65

荷载（t） 疲劳次数（万）	5	10	15
0	31.2	60.2	90.0
50	34.1	63.7	94.2
100	44.7	78.9	108.1
149	59.8	98.7	145.2

随着疲劳次数增加各级吨位下试验梁跨中挠度数据　　表3-66

荷载（t） 疲劳次数（万）	5	10	15
0	−0.32	−0.48	−0.66
50	−0.39	−0.53	−0.82
100	−0.55	−0.71	−1.19
150	−0.96	−1.34	−1.49

随着疲劳次数增加各级吨位下试验梁 1/4 挠度数据　　表 3-67

荷载（t） 疲劳次数（万）	5	10	15
0	−0.13	−0.21	−0.38
50	−0.29	−0.31	−0.42
100	−0.40	−0.59	−0.64
150	−0.71	−1.17	−1.29

(3) 经受 75 次冻融侵蚀试验梁疲劳试验

将冻融次数 75 次的 D-75 试验梁放置于疲劳试验机上，首先测试疲劳试验开展前测试试验梁各项力学性能，之后开始开展疲劳试验，当疲劳次数达到 6.8 万次，试验梁相比 D-50 试验梁出现更多条剪切裂缝，裂缝位置与 D-50 试验梁出现的位置相同，即支座斜向上 45°并且逐渐向顶板延伸。当疲劳次数达到 103 万次时，裂缝宽度达到 0.24mm，此时试验梁破坏，停止疲劳试验。

经受 75 次冻融循环侵蚀梁破坏时的裂缝如图 3-57 所示。

(*a*) 裂缝图1

(*b*) 裂缝图2

图 3-57　具体试验过程

相比于 D-50 梁来说，经受 75 次冻融循环的梁在出现了更多的斜裂缝，并且分布在梁体的不同位置，图 3-57 (*a*) 中是梁的东边支点处北面出现的斜裂缝形态，而图 3-57 (*b*) 则是梁西边支点北面出现的斜裂缝形态，根据之前每个阶段测试的数据，将所得数据汇总如表 3-68～表 3-73 所示。

随着疲劳次数增加各级吨位下试验梁跨中顶部压应变数据　　表 3-68

荷载（t） 疲劳次数（万）	5	10	15
0	−181.2	−232.6	−327.4
50	−157.7	−272.5	−367.0
103	−174.8	−298.4	−388.5

随着疲劳次数增加各级吨位下试验梁跨中底部拉应变数据 表 3-69

荷载（t） 疲劳次数（万）	5	10	15
0	68.8	119.0	181.7
50	89.9	142.0	216.4
103	91.2	168.9	251.3

随着疲劳次数增加各级吨位下试验梁 1/4 顶部压应变数据 表 3-70

荷载（t） 疲劳次数（万）	5	10	15
0	−69.2	−102.3	−158.9
50	−108.8	−174.0	−269.0
103	−167.4	−223.1	−347.0

随着疲劳次数增加各级吨位下试验梁 1/4 底部拉应变数据 表 3-71

荷载（t） 疲劳次数（万）	5	10	15
0	42.3	74.0	106.6
50	51.0	72.7	102.3
103	69.6	88.4	158.3

随着疲劳次数增加各级吨位下试验梁跨中挠度数据 表 3-72

荷载（t） 疲劳次数（万）	5	10	15
0	−0.44	−0.66	−0.85
50	−0.48	−0.70	−1.13
103	−0.11	−1.20	−1.51

随着疲劳次数增加各级吨位下试验梁 1/4 挠度数据 表 3-73

荷载（t） 疲劳次数（万）	5	10	15
0	−0.40	−0.39	−0.52
50	−0.35	−0.54	−0.73
103	−0.67	−1.07	−1.32

（4）经受 100 次冻融侵蚀的试验梁疲劳试验

将冻融 100 次的 D-100 试验梁放置于疲劳试验机上，疲劳试验开始前，首先测试试验梁的各项力学性能，之后开始施加重复疲劳荷载，当疲劳次数达到 4.9 万次，试验梁出现可见剪切斜裂缝，裂缝位置与之前试验梁出现的位置形式相同，即支座斜向上 45°并且逐渐向顶板延伸。当疲劳次数达到 62 万次时，裂缝宽度达到 0.24mm，此时试验梁已经破坏，停止疲劳试验。见图 3-58。

(*a*) 裂缝图1

(*b*) 裂缝图2

图 3-58 具体试验过程

相比于 D-75 试验梁来说，经受 100 次冻融循环的试验梁并没有在不同位置出现大量的斜裂缝，但是 D-100 试验梁出现的斜裂缝是从底部延伸，一直贯通整个试验梁的腹板到达顶板，并且在试验梁东边支座处一个位置出现了两个贯通斜裂缝，这说明经受 100 次冻融循环的梁已经出现了较大程度的剪切斜裂缝开裂。经受 100 次冻融循环的试验梁跨中以及 1/4 处的应变和位移数据如表 3-74～表 3-79 所示。

随着疲劳次数增加各级吨位下试验梁跨中顶部压应变数据　　表 3-74

荷载（t） 疲劳次数（万）	5	10	15
0	−251.5	−364.1	−444.9
62	−317.1	−448.4	−535.0

随着疲劳次数增加各级吨位下试验梁跨中底部拉应变数据　　表 3-75

荷载（t） 疲劳次数（万）	5	10	15
0	85.6	147.6	194.4
62	98.2	161.3	217.9

随着疲劳次数增加各级吨位下试验梁 1/4 顶部压应变数据　　表 3-76

荷载（t） 疲劳次数（万）	5	10	15
0	−78.2	−94.2	−172.9
62	−81.1	−90.1	−180.1

随着疲劳次数增加各级吨位下试验梁 1/4 底部拉应变数据　　表 3-77

荷载（t） 疲劳次数（万）	5	10	15
0	51.1	74.2	116.0
62	60.	79.2	132.5

随着疲劳次数增加各级吨位下试验梁跨中挠度数据　　表 3-78

疲劳次数（万）＼荷载（t）	5	10	15
0	−0.58	−0.89	−1.11
62	−0.63	−0.93	−1.61

随着疲劳次数增加各级吨位下试验梁 1/4 挠度数据　　表 3-79

疲劳次数（万）＼荷载（t）	5	10	15
0	−0.35	−0.46	−0.70
62	−0.42	−0.63	−0.91

3）最大裂缝宽度

按照《公路桥梁混凝土及预应力混凝土桥涵设计规范》中关于最大裂缝的相关规定，在进行计算时，空心板梁的箱形截面受弯构件的最大裂缝宽度可以参照矩形、T形和I形截面的混凝土构件的计算方法进行计算。规范中关于裂缝计算的具体计算公式可以参见下述公式：

$$W_{fk}=C_1C_2C_3\frac{\sigma_{ss}}{E_s}\left(\frac{30+d}{0.28+10\rho}\right) \tag{3-70}$$

$$\rho=\frac{A_s+A_p}{bh_0+(b_f-b)h_f} \tag{3-71}$$

式中　C_1——钢筋表面形状系数，光面钢筋为 1.4；带肋钢筋为 1.0；

C_2——作用长期影响效应系数，$C_2=1+0.5\frac{N_l}{N_s}$；

C_3——与构件受力性质有关的指数，当为板式受弯构件时为 1.15；

σ_{ss}——钢筋应力；

d——纵向受拉钢筋直径（mm）；

ρ——纵向受拉钢筋配筋率，当 $\rho>0.02$ 时，取 $\rho=0.02$；当 $\rho<0.006$ 时，取 $\rho=0.006$；

b_f——构件受拉翼缘宽度；

h_f——构件受拉翼缘厚度。

按照公式（3-70）所示的计算方法计算规范允许的最大裂缝宽度。将规范中允许的最大裂缝宽度 W_{fk} 与试验得到的最大裂缝宽度 W'_{fk} 进行对比。经过对比发现受到不同冻融腐蚀的各个试验梁的试验实测裂缝宽度 W'_{fk} 在疲劳破坏时均已经达到规范允许的最大裂缝宽度 W_{fk}。说明在经过一定次数的疲劳试验后，试验梁的裂缝宽度均不能达到标准的要求，需进行加固修补后才可以继续使用。数据参见表 3-80。

不同冻融次数的试验梁最大裂缝宽度极限值与试验值对比　　表 3-80

试件编号	D-0	D-50	D-75	D-100
W_{fk}	0.20	0.20	0.20	0.20
W'_{fk}	0.20	0.21	0.22	0.21

3.4.3.3　不同冻融次数下试验梁疲劳性能分析

经过一定次数的疲劳荷载试验后，对受不同冻融次数的预应力试验空心板梁在疲劳荷载下的混凝土拉压应变、挠度、裂缝、动态位移、模态进行测试，并对相关参数变化进行分析与研究。

1）不同冻融循环次数试验梁疲劳试验现象分析

试验对四组经受不同冻融循环次数的试验梁进行疲劳试验，在试验梁裂缝达到0.2mm的时候停止疲劳加载，可发现经受不同冻融循环次数的预应力混凝土试验梁试验现象有较大差异，主要体现在四组梁的破坏时承受疲劳次数和裂缝出现时间及裂缝宽度。

（1）极限疲劳次数

试验梁在疲劳荷载作用下首先出现第一条裂缝，随着疲劳试验开展，裂缝逐渐扩展，当裂缝达到0.2mm，试验停止。不同冻融侵蚀次数试验梁裂缝出现时间及裂缝达到0.2mm疲劳加载次数存在较大差异，具体次数见表3-81。

不同冻融循环次数试验梁开裂疲劳次数和破坏疲劳次数（万次）　　表3-81

次数编号	D-01	D-50	D-75	D-100
开裂疲劳次数	8	7.2	6.8	4.9
破坏疲劳次数	200	149	103	56

如表3-81所示，试验梁的裂缝出现时间和破坏疲劳次数随冻融次数增加而呈减少趋势，且随着冻融次数增加，试验梁极限疲劳寿命呈快速减少趋势，对比D-75和D-100试验结果可以发现，D-75试验梁疲劳寿命是103万次，当试验梁经受100次冻融循环后，疲劳寿命快速下降为56万次，表明冻融循环次数对预应力混凝土梁的损伤是较为明显。

（2）裂缝形式和分布

根据试验现象发现，四组试验梁出现的裂缝几乎都为剪切斜裂缝，方向都是和邻近支座呈现一定的锐角角度，一般约为45°，裂缝出现后在疲劳荷载的作用下，不断向顶板扩展，同时裂缝本身宽度不断增大，直至达到0.2mm为止。

随着冻融循环次数增加，裂缝达到破坏标准0.2mm左右时裂缝形式和数量也存在一定差异：其中较为典型的是D-75试验梁不同位置出现了数条裂缝，比D-50出现的位置多，数量也多；而D-100并没有像D-75试验梁在不同位置出现数条裂缝，但是D-100试验梁出现的裂缝是从梁体下缘一直延伸接近贯通至顶板。

综上所述，冻融循环次数对梁体裂缝出现位置和数量具有显著影响，随着冻融循环次数的增加，梁体出现的裂缝数量明显增加，且裂缝的长度也有所增加。

2）不同冻融次数下试验梁疲劳试验静态数据分析

此次试验中包含四组试验梁，疲劳试验开始前分别对四组梁进行三级加载，观察跨中顶部压应变和底部拉应变及跨中位移变化情况，分析不同冻融循环次数对试验梁静力特性的影响。三级加载中的应变和位移趋势如图3-59～图3-61所示。

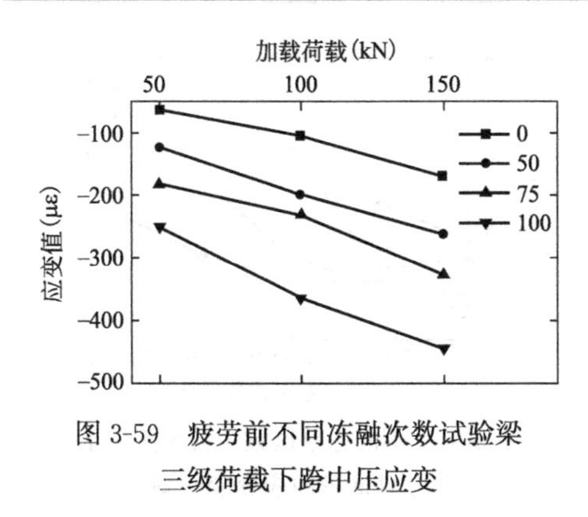

图 3-59　疲劳前不同冻融次数试验梁三级荷载下跨中压应变

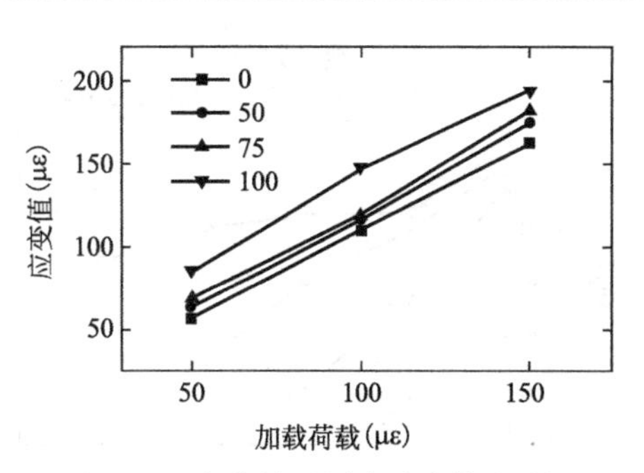

图 3-60　疲劳前不同冻融次数试验梁三级荷载下跨中拉应变

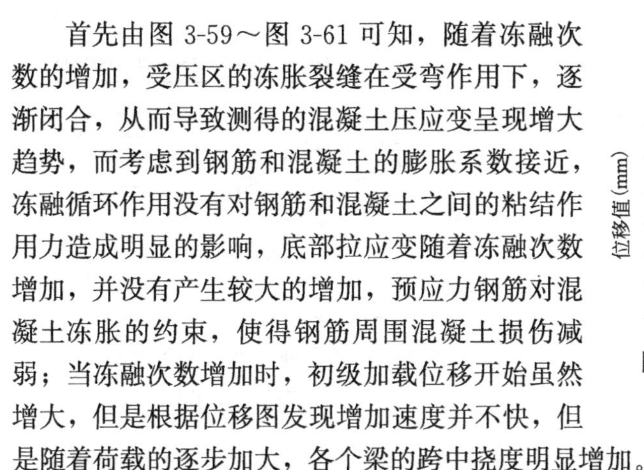

首先由图 3-59～图 3-61 可知，随着冻融次数的增加，受压区的冻胀裂缝在受弯作用下，逐渐闭合，从而导致测得的混凝土压应变呈现增大趋势，而考虑到钢筋和混凝土的膨胀系数接近，冻融循环作用没有对钢筋和混凝土之间的粘结作用力造成明显的影响，底部拉应变随着冻融次数增加，并没有产生较大的增加，预应力钢筋对混凝土冻胀的约束，使得钢筋周围混凝土损伤减弱；当冻融次数增加时，初级加载位移开始虽然增大，但是根据位移图发现增加速度并不快，但是随着荷载的逐步加大，各个梁的跨中挠度明显增加。

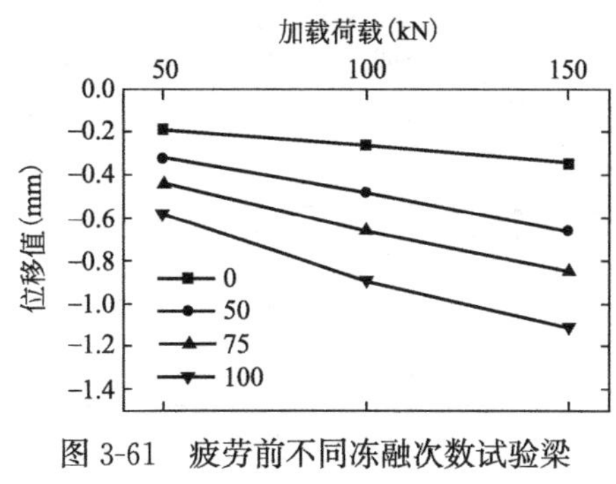

图 3-61　疲劳前不同冻融次数试验梁三级荷载下跨中位移

为研究疲劳作用次数对不同冻融侵蚀试验梁力学特性的影响，取相同的加载等级，即加载荷载为 15t 时不同冻融次数试验梁的应变和位移变化进行分析，试验板力学特性变化趋势如图 3-62～图 3-67 所示。

可以发现：

(1) 疲劳试验开始前，相同加载等级下，冻融后的预应力混凝土梁应变和位移大于未经受冻融循环的试验梁，其中跨中压应变表现最为明显；随着冻融次数的增加，压应变逐渐变大，并在冻融次数达到 50 次后呈现迅速增大的趋势，如 0，50、75 和 100 次冻融循环侵蚀试验梁跨中压应变折线所示；相同疲劳次数下，冻融次数越多，压应变越大，同时

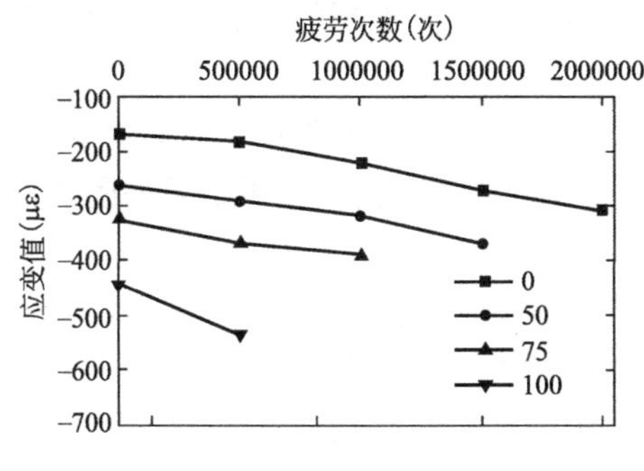

图 3-62　不同冻融次数试验梁疲劳下跨中顶部压应变变化图

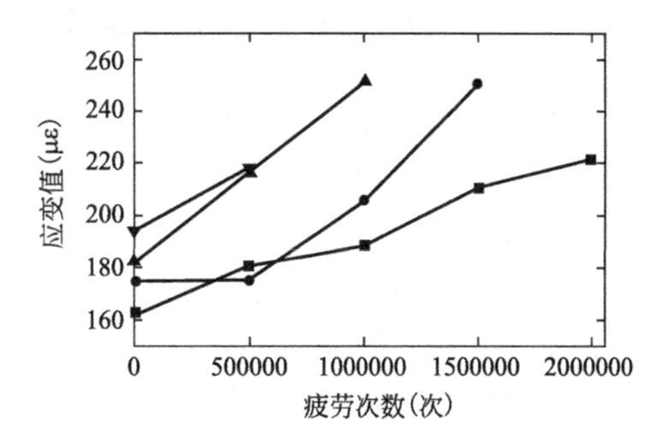

图 3-63　不同冻融次数试验梁疲劳下跨中底部拉应变变化图

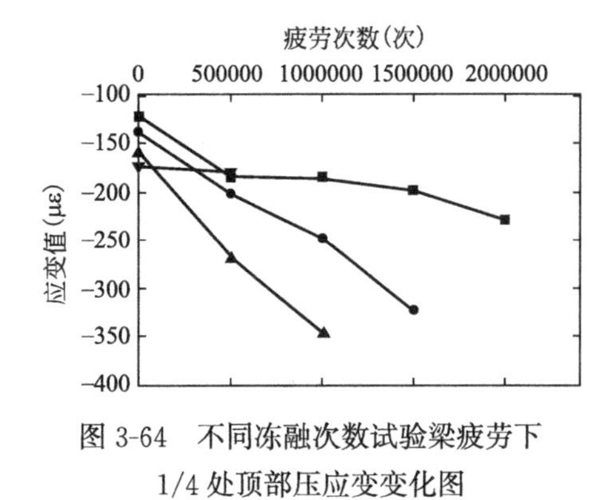

图 3-64　不同冻融次数试验梁疲劳下1/4 处顶部压应变变化图

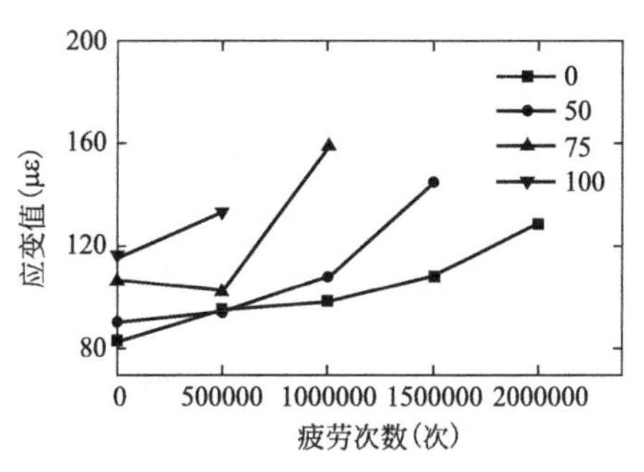

图 3-65　不同冻融次数试验梁疲劳下1/4 处底部拉应变变化图

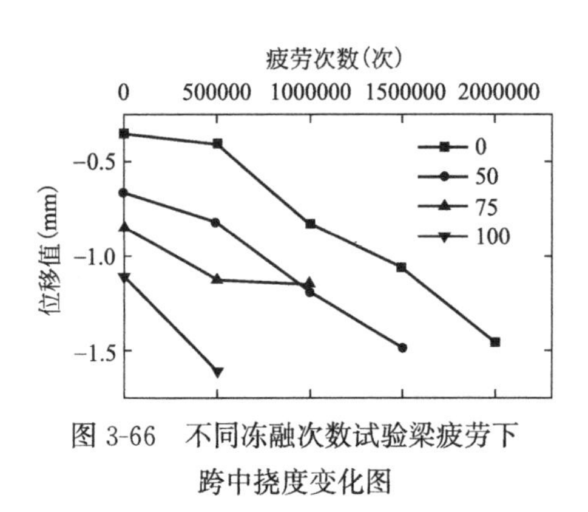

图 3-66　不同冻融次数试验梁疲劳下跨中挠度变化图

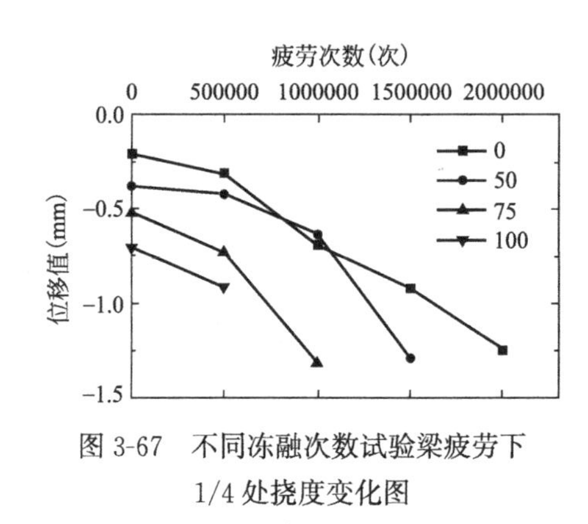

图 3-67　不同冻融次数试验梁疲劳下1/4 处挠度变化图

随着冻融次数的增加，压应变增大幅度变大。100 次冻融循环的试验梁在 50 万次疲劳作用后，应变值增大明显，分析原因可能和表面的裂缝增大及混凝土局部破坏有关。

(2) 从 1/2 和 1/4 跨处底部拉应变可以看出，疲劳试验开始前，四组试验梁在 15t 荷载作用下，随冻融次数增加，底部拉应变呈增大趋势；随着疲劳荷载作用次数增加，在同一荷载作用下，四根试验梁跨中底部拉应度均呈逐渐增加的趋势；疲劳次数达到 100 万次后，冻融侵蚀次数导致的差异逐渐明显，遭受冻融侵蚀次数较多的试验梁底部拉应变增加速率较为明显；相对于跨中底部拉应变，1/4 处拉应变数据规律不是非常明显。

(3) 如图 3-66 和图 3-67 所示：经受同样疲劳荷载作用次数的情况下，经受冻融次数较多的试验梁位移呈增加趋势；随着疲劳次数增加，每组试验梁 1/2 和 1/4 跨处的位移均呈逐渐增加的趋势，但同一疲劳荷载次数作用下，经受较多冻融循环的试验梁相应位移增加速率较大。

为研究冻融循环对预应力混凝土梁应变和挠度的影响，现在取四组梁为试验对象，研究其在 0～50 万次疲劳荷载作用下试验梁的应变与挠度增加百分比，分析结果如图 3-68、图 3-69 所示。

如图 3-68 所示，随冻融次数增加，四组试验梁的压应变增长率逐步增大，且随冻融次数增加，在相同的疲劳作用下，试验梁的压应变增大幅度逐渐变大。

将柱状图中经受冻融的对应次数 N 和百分率 Y 拟合公式，可以看到：

冻融 50 次～冻融 75 次：$Y=0.319714795N$

冻融 75 次～冻融 100 次：$Y=0.43727398N$

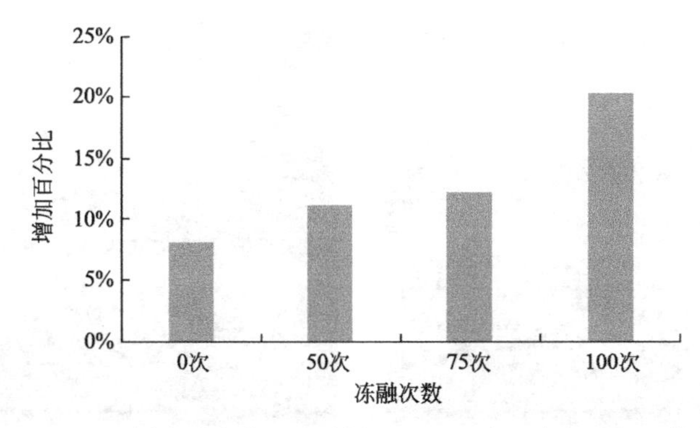

图 3-68 不同冻融次数下试验梁 0～50 万次压应变增加百分率

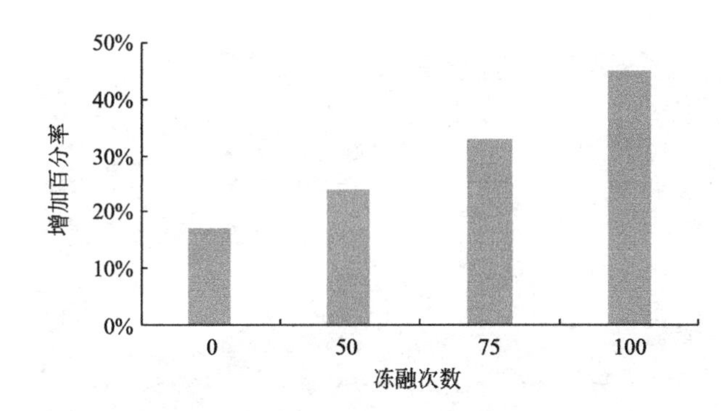

图 3-69 不同冻融次数下试验梁 0～50 万次挠度增加百分率

与试验梁顶部压应变增大趋势相同，由柱状图和公式的斜率来看，随着冻融次数的增加，试验梁跨中位移增加速率呈增大的趋势。

3）不同冻融次数下试验梁疲劳试验模态数据分析

振动特性分析在结构设计和评价中具有很重要的位置，而试验模态分析技术（EMA）是一种行之有效的结构检测方法。试验模态分析是通过测量模态参数（固有频率、阻尼比、振型、模态刚度、模态质量）产生的变化，分析与识别技术，判断结构安全程度的方法。模态分析包括理论模态分析和试验模态分析两部分，核心内容就是确定用以描述结构动态特性的固有频率、振型和阻尼比等模态参数。本节通过对预应力混凝土空心试验梁进行试验模态分析，对冻融侵蚀后预应力空心板梁的动力特性有了一个全面的认识。

采用简支约束方式，试验中五个拾振器沿长度方向均匀排列。采用锤击法分别对三种类型的模型梁进行模态分析测试，并对各构件的模态试验数据处理分析（图 3-70）。

（1）试验梁自振频率分析

每进行 50 万次疲劳试验后对试验梁进行一次自振频率测量。使用黄油将拾振器固定于试验梁上待检测位置，检测时间为 20min，采集速度为 480/s。试验梁的振型动画如图 3-71 所示，其中具体采集数据如表 3-82 所示。从数据趋势图中可以清晰地看到，随着疲劳次数的增加，三组试验梁的自振频率呈降低趋势；同一疲劳荷载作用次数下，随着冻融次数的增加，自振频率呈减少趋势。以上现象说明疲劳加载及冻融循环均对试验梁自振频率存在一定程度的影响。

图 3-70　仪器布置及试验过程图

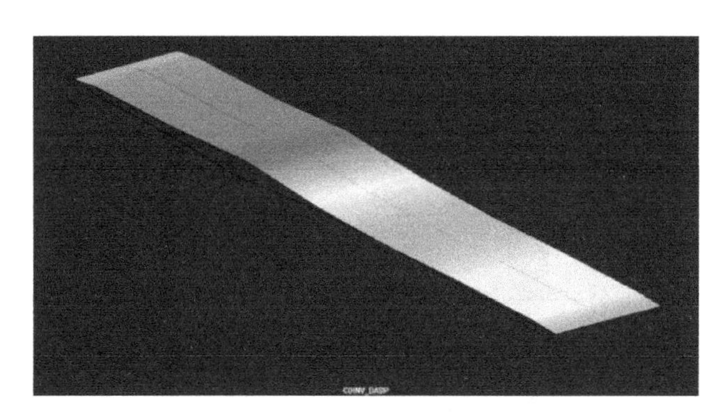

图 3-71　试验梁振型输出动画

不同冻融次数试验梁疲劳作用下自振频率变化　　表 3-82

冻融次数 \ 疲劳次数	0	50	100	150	200
0	5.53	5.04	4.56	4.21	3.65
50	5.46	4.41	4.08	3.43	
75	4.26	3.48	3.08		
100	3.98	3.67			

从图 3-72 中亦可以清晰发现，在经受冻融循环后，试验梁的自振频率下降，同时随着疲劳次数的增加，试验梁的自振频率也呈现下降趋势。

简支梁的自振频率计算公式：

$$f=\frac{\pi}{2l^2}\sqrt{\frac{EI_c}{m_c}} \tag{3-72}$$

式中　l——结构的计算跨径（m）；

E——结构材料的弹性模量（N/m^2）；

I_c——结构跨中截面的截面惯矩（m^4）；

m_c——结构跨中处的单位长度质量（kg/m）。

理论计算出结构的基频为 5.91Hz，与完好梁实测值 5.533 误差较小，证明了实测结果的可靠性。

(2) 动态位移

与应变位移采集方式相同，每经过 50 万次疲劳测试一次试验梁的动态位移，检测设备采用超声波采集仪器，采集频率为 50Hz，将三个测试探头放置于试验空心梁的两端和中央，在疲劳荷载作用下，连接信号采集仪进行动态位移采集，试验梁跨中动态位移图像如图 3-73 所示。

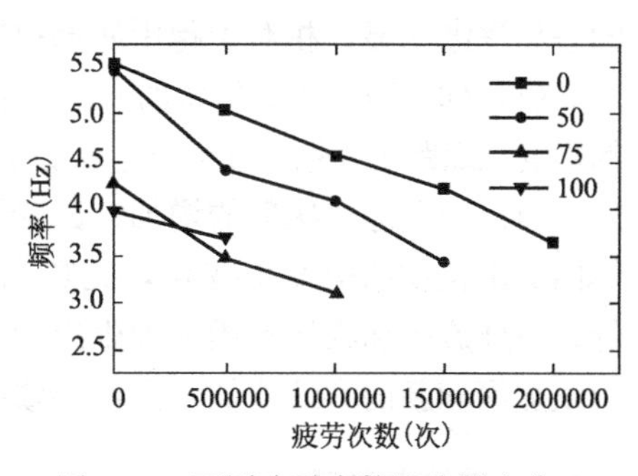

图 3-72 不同冻融次数试验梁疲劳作用下自振频率变化

通过图像可以看到，正弦曲线上有明显的波峰和波谷，四组经受不同冻融侵蚀次数的试验梁在疲劳荷载作用下，正弦图像波峰数值变化情况如表 3-83 所示。

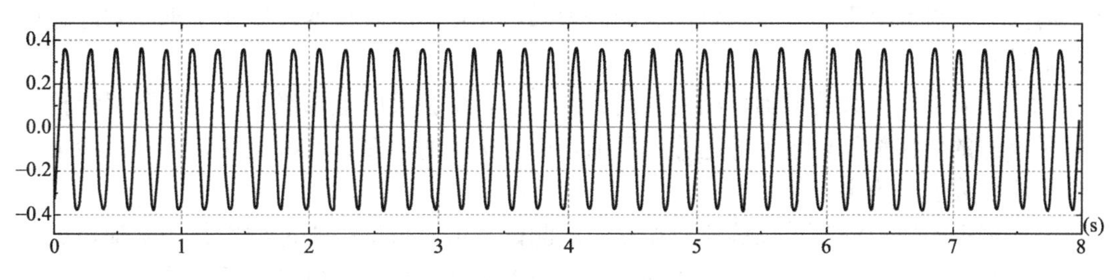

图 3-73 动态位移图像

不同冻融次数试验梁在疲劳荷载作用下动态位移波峰数值 **表 3-83**

冻融次数 \ 疲劳次数（万）	0	50	100	150	200
0	0.34	0.34	0.36	0.43	0.44
50	0.35	0.37	0.38	0.45	
75	0.37	0.39	0.41		
100	0.45	0.52			

通过数据表可以发现，经过冻融后的试验梁，动态位移波峰数值增大；同时同一冻融次数下，随疲劳荷载作用次数增加，动态位移波峰呈现增大趋势。

3.4.3.4 本节小结

本节对不同冻融次数的试验梁开展了疲劳加载试验，并对疲劳加载后试验梁静、动力学特性进行了研究，主要结论如下：

(1) 疲劳加载试验前，相同加载等级下，冻融后的预应力混凝土梁应变和位移大于未经受冻融循环的试验梁，其中跨中压应变表现明显。随着冻融次数的增加，压应变逐渐变大，并在冻融次数达到 50 次后逐渐呈现迅速增大的趋势。相同疲劳次数下，冻融次数越多，压应变越大；同时随着冻融次数的增加，压应变增大的幅度变大。

(2) 从 1/2L 和 1/4L 处的底部拉应变可以看出，冻融前四组试验梁在 15t 荷载下，底部拉应变增大并不明显；其中跨中底部拉应变当疲劳次数达到 100 万次后，冻融次数导致的差异逐渐明显；相对于跨中底部拉应变，1/4 处拉应变数据规律不是非常明显。

（3）随着冻融次数的增加，试验梁的位移逐渐增大，说明冻融对混凝土梁的抗弯有很大的影响，以跨中为例，随着冻融次数的增加，相同疲劳次数的试验梁，位移增长幅度变大。

（4）随着冻融次数的增加，试验梁的基频逐渐降低，究其原因是因为冻融循环导致梁体内部水化物结构发生变化，孔隙和裂缝增加，同时表面有细小的裂纹，从而使刚度降低；另外疲劳加载导致梁体发生疲劳损伤并产生裂纹，裂纹在疲劳作用下继续发展，导致裂纹加深和新的裂纹增加，同样导致基频降低。

3.4.4 结论与展望

本节针对不同冻融次数，在 0.9 的应力水平，开展了预应力空心板构件疲劳试验，系统研究了不同冻融次数对空心板构件疲劳特性及动静力学特性的影响，主要结论如下：

（1）随着冻融次数的增加，预应力混凝土试验空心板的疲劳裂缝出现的时间和疲劳破坏的时间会明显地早于未经受冻融侵蚀的试验梁，而且裂缝发展速度要快于未受到冻融侵蚀后的试验梁。

（2）随着冻融次数的增加，相同的疲劳次数下，试验梁的上翼缘压应变和下翼缘拉应变以及跨中的位移都呈现增大的趋势，且随着冻融次数的增多，增幅加快，其中试验梁上翼缘压应变表明最为突出。

（3）根据预应力混凝土试验梁自振频率的测试，可以得知随着冻融次数的增加，试验梁的自振频率降低，原因为试验梁在冻融过程中内部产生损伤，刚度降低；同时在疲劳荷载的作用下，试验梁出现裂缝，裂缝不断扩大导致试验梁的整体承载力降低，刚度也随着裂缝的产生和扩展损失，导致试验梁的基频逐渐降低。

4 预应力空心板梁模型预裂处理及加固

本书研究的是损伤预应力空心板梁加固耐久性及疲劳特性试验，因此，需要通过疲劳试验对空心板梁模型预裂处理然后进行加固，最后针对加固构件开展相关耐久性试验和疲劳试验，研究加固构件耐久性劣化机理及其对加固构件疲劳特性的影响。

4.1 预应力混凝土空心板疲劳预裂处理

为了获得疲劳损伤预应力空心板，需要对健康预应力空心板进行疲劳加载预裂处理。根据对健康预应力板梁静载破坏性试验确定试验梁实际承载力为 24.5t，基于 0.8 的应力比，疲劳上限取 20t，疲劳下限取 6t，对试验板进行预裂处理。为了得到疲劳损伤状态相同的试验板，以裂缝宽度为控制指标，疲劳加载至试验板裂缝宽度为 0.2mm 左右停止加载，疲劳损伤后的试验板如图 4-1 所示。

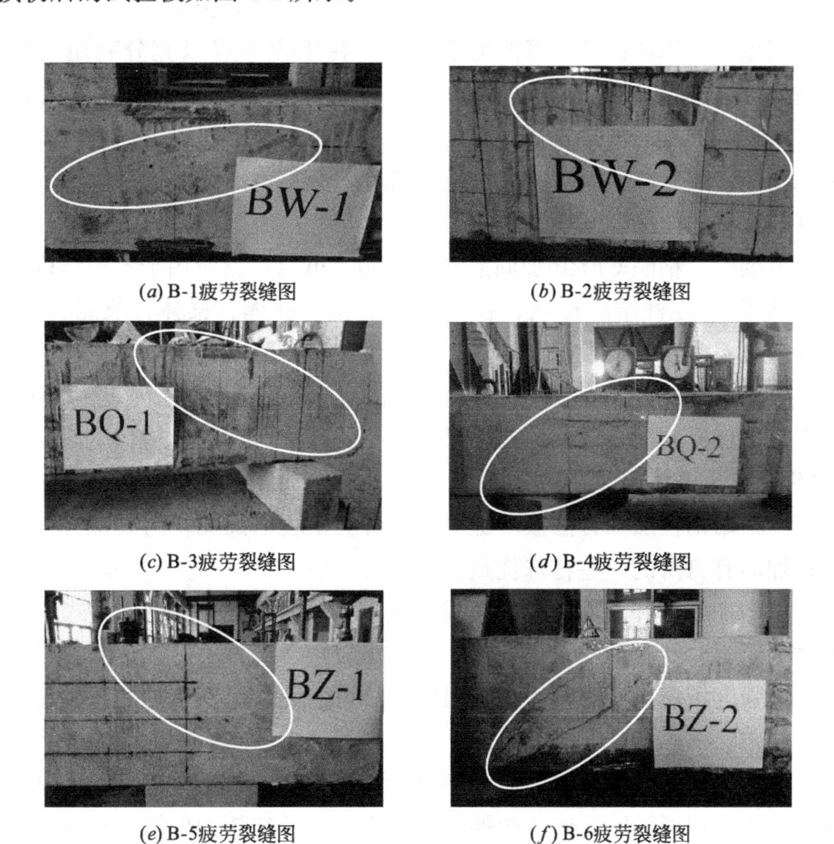

(*a*) B-1疲劳裂缝图　(*b*) B-2疲劳裂缝图

(*c*) B-3疲劳裂缝图　(*d*) B-4疲劳裂缝图

(*e*) B-5疲劳裂缝图　(*f*) B-6疲劳裂缝图

图 4-1　B-1～B-6 疲劳裂缝图

4.2 疲劳损伤预应力空心板加固设计

构件加固方案的确定包括加固方法及加固计算两部分，本节首先对常用的加固方案进行阐述，然后基于确定的加固方法进行加固计算，确定加固方案。由于要对不同加固方案的耐久性及疲劳特性开展研究，所以本次加固方案采用两种加固方法进行加固，以便比较其在不利环境侵蚀作用下耐久性劣化及疲劳特性衰减的优劣，为后期桥梁加固方案确定提供技术参考及理论依据。

4.2.1 试验加固方案确定

工程中常用的加固方法有增大截面加固法、置换混凝土加固法、外粘型钢加固法、粘贴纤维复合材料加固法、外加预应力加固法、增设支撑体系加固法、剪力墙法和增加拉结连系法等，其中粘贴钢板和碳纤维加固方法因其自身具有的优点在工程加固领域应用广泛，本次损伤预应力空心板梁加固分别采用粘钢板和碳纤维两种方法进行加固处理。碳纤维加固及粘贴钢板加固技术特点如下：

1）碳纤维布加固技术特点

与其他加固方法相比，外贴碳纤维布加固技术具有的优势在于：

（1）高强高效。CFRP具有良好的力学性能，在工程中可以充分利用其高强度、高弹性模量等优点来提高结构构件的承载力，改善结构受力性能，达到高强高效加固的目的。

（2）施工便捷，工效高，不需要大型施工机具，施工占用场地少。

（3）具有较好耐腐蚀性能及耐久性。

（4）使用范围广。粘贴CFRP加固混凝土结构，可以广泛应用于各种结构类型（建筑物、桥涵、烟筒等）、各种结构形状、各种结构部位（柱体、梁体、节点、拱、壳、墩）的加固维修改造且不改变结构形状及外观。

（5）施工质量易保证。CFRP片材是柔性的，对构件的有效粘贴率近似100%。

（6）基本不增加原结构自重及原构件尺寸。

2）粘贴钢板加固技术特点

近几年来，粘贴钢板加固方法被广泛应用于各类工程的加固，与其他几种加固方法相比，粘贴钢板加固有自身的一些特殊优点：

（1）基本不增加原构件及原结构的荷载，基本不改变原设计的结构形式和受力体系。

（2）胶粘剂硬化时间相对较快，施工周期相对较短，基本不影响正常的建筑使用。

（3）胶粘剂强度指标高于混凝土自身强度，故可以使加固钢板与原构件协同受力、共同工作、受力均匀。

（4）粘贴钢板加固不仅补充了原构件钢筋量的不足，有效地提高原有构件的承载能力；还通过大面积的钢板粘贴，使原构件的混凝土得到了有效的保护，裂缝开展受限，提高了原构件刚度及抗裂能力。

（5）成本相对较低。

4.2.2 试验板承载能力计算分析

1）材料参数

预应力空心板为2000mm×500mm×320mm，空心部分宽高为400mm×220mm，混凝土强度级为C50，$f_{ck}=32.4$MPa，$f_{tk}=2.65$MPa，$f_{cd}=20.5$MPa，$f_{td}=1.83$MPa。预应力钢筋采用1×3股钢绞线，直径12.7mm，截面面积98.7mm^2。$f_{pk}=1860$MPa $f_{pd}=1260$MPa，$E_P=1.95\times10^5$MPa。纵筋与箍筋均为HRB400钢筋，箍筋在两端支座200mm处加密，间距为50mm，其余段间距为100mm。

2）疲劳损伤后试验板抗剪承载力计算

$$v_{cs}=\partial_1\partial_3\times0.43\times10^{-3}bh_0\varphi_{cs}\sqrt{(2+0.6p)\sqrt{f_{cu,k}}p_{sv}f_{sd,v}}=73.46\text{kN} \tag{4-1}$$

采用三分点加载：1/2P=73.46kN　　$P=146.92$kN

式中 ∂_1——异号弯矩影响系数，计算简支梁时取1.0；

∂_3——受压翼缘影响系数，取1.1；

φ_{cs}——与原来裂缝有关的修正系数，裂缝宽度小于0.2mm，取0.835；裂缝宽度大于0.2mm，取0.78；本次试验取0.78。

斜截面抗剪承载能力明显低于抗弯承载力，因此需要进行抗剪加固处理，为了便于对比分析，本试验加固采用粘贴钢板与粘贴碳纤维布两种方法，设计加固后的试验板疲劳上限200kN，取0.8应力比，加固后的极限承载力约为250kN，疲劳预裂后试验板理论抗剪承载力为147kN，加固后的承载力提高值约为103kN。

4.2.3 不同加固方法加固损伤预应力空心板梁加固方案理论计算

对损伤构件进行加固的前提是通过理论计算确定具体加固方案，如钢板厚度、宽度、碳纤维宽度、层数的确定等。

1）粘贴钢板法进行加固

采用钢板加固，钢板加固后抗剪承载力如下：

$$v_{cs}=\alpha_1\alpha_3\times0.43\times10^{-3}bh_0\varphi_{cs}\sqrt{(2+0.6p)\sqrt{f_{cu,k}}\rho_{sv}f_{sd,v}}+\varphi_{vb}V_{d2} \tag{4-2}$$

$$V_f=\psi_{vb}V_{d2} \tag{4-3}$$

式中 φ_{vb}——修正系数，粘贴钢板采用Q235钢板，$E_{sp}=2.06\times10^5$MPa；

V_{d2}——加固后由后期恒载、车辆荷载及其他可变荷载作用的剪力组合设计值，取100kN。

可求得：$\psi_{vb}=0.5$

$$\varphi_{vb}=\frac{0.8A_{spv}E_{sp}}{A_{sv}E_{sv}+A_{spv}E_{sp}}=0.5 \qquad A_{spv}=93.233\text{mm}^2 \tag{4-4}$$

A_{spv}配置在同一界面处箍筋板的全部截面面积，$A_{spv}=2b_{spv}t_{spv}\sin\theta_{spv}$，此处，$b_{spv}$、$t_{spv}$和$\sin\theta_{spv}$分别为箍板宽度、箍板厚度和箍板的切线与纵轴线的夹角。

本次加固采用45°斜粘钢法，箍板宽度10cm，厚度4mm。

2）粘贴加固碳纤维布加固计算

$$V_f=D_{sh}\kappa_m f_f n_f t_f b_f\frac{C-C_1}{S}\sin\alpha \tag{4-5}$$

式中　D_{sh}——纤维应力分布系数，$D_{sh}=1-\frac{L_e}{h-h_f-h_1}\sin a=1-\frac{80.5}{320-100}=0.634$；

L_e——有效粘贴长度，$L_e=\sqrt{\frac{E_f n_f t_f}{\sqrt{1.18 f_{ck}}}}=\sqrt{\frac{2.4\times10^5\times0.167}{\sqrt{1.18\times32.4}}}=80.5\text{mm}$；

E_f——碳纤维布的弹性模量，取 2.4×10^5MPa；

n_f、t_f——分别为纤维复合材料的层数和每层的厚度，厚度取 0.167mm；

b_f——粘贴碳纤维的条带宽度，为 100mm；

C——斜裂缝水平投影长度，$C=0.6mh_0=0.6\times\frac{500}{295}\times295=300\text{mm}$；

h_1——上侧压条宽度；

h_f——梁顶面至上侧锚固区；

S——斜截面粘贴纤维条带间距，取 150mm；

κ_m——折减系数，碳纤维的折减系数取 0.85。

$$C_1=\frac{C(h_1+h_2)}{h-h_f}=\frac{300\times(100+0)}{320-0}=93.75 \tag{4-6}$$

$$V_f=D_{sh}\kappa_m f_f n_f t_f b_f\frac{c-c_1}{s}\sin a=49.12\text{kN} \tag{4-7}$$

粘贴加固碳纤维布的加固方案采用宽度为 10cm，间距为 150mm 的一级碳纤维布。

4.3　试验板加固施工控制流程

4.3.1　碳纤维布加固钢筋混凝土梁施工工艺

1）表面处理

清除被加固构件表面的夹杂、蜂窝、麻面、起砂、腐蚀等混凝土缺陷，露出混凝土结构层，并修复平整。对较大的孔洞、凹陷、露筋等部位，在清理干净后，应采取粘接能力强的修复材料进行修补；被粘贴的混凝土表面应打磨平整，除去表层浮浆、油污等杂质，直至完全露出混凝土结构面。转角打磨成圆弧状，圆弧半径不小于 30mm；混凝土表面应清理干净并保持干燥。

2）涂刷底胶

按照胶粘剂生产厂家提供的工艺条件配制修补胶，采用滚筒刷将底胶均匀涂抹于混凝土表面，在底胶表面指触干燥时立即进行下一工序的施工。对混凝土表面凹陷部位用修补胶填补平整，不应有棱角；转角处采用修补胶修成光滑的圆弧，半径不小于 30mm；在修补胶表面干燥后，进行下一步工序。

3）粘贴碳纤维片材

按照设计要求裁剪碳纤维布，并按照生产厂家提供的工艺条件配制结构胶粘剂，均匀涂抹于粘贴部位；将碳纤维布用手轻压于需粘贴的位置，采用专用的滚筒顺纤维方向多次滚压，挤出气泡，使胶液充分浸透碳纤维布。滚压时不得损伤碳纤维布。

对原材料以及加固质量等指标依据 CECS 146：2003、GB 50367—2006、GB/T 3354 等规范、规程进行检验验收（图 4-2）。

(a) 试验板表面打磨

(b) 加固后的试验板

图 4-2　粘贴碳纤维布加固预应力混凝土空心板施工

4.3.2　粘贴钢板加固钢筋混凝土梁施工工艺

1）表面处理

对混凝土梁表面进行打磨处理，去掉 1～2mm 厚表层，用压缩空气除去粉尘或用清水冲洗干净，待完全干燥后用脱脂棉沾丙酮擦拭表面。

2）配胶

结构胶体使用时于现场临时配制。配制原则应按产品使用说明书规定进行，但由于胶的时效性较强，使用前还须进行现场试配，根据当时当地的气温条件及存放时间适当调整，选择各项力学指标最优的配比。按选定的配比称量，将甲、乙组分别倒入干净容器，按同一方向进行机械搅拌，至色泽完全均匀为止。

3）粘贴钢板

胶粘剂配置好后，用抹刀同时涂抹在已处理好的混凝土表面和钢板贴合面，为使胶能充分浸润、渗透、扩散及黏附于结合面，宜先用少量胶于结合面来回刮抹数遍，再添抹至所需厚度（1～3mm），中间厚边缘薄，然后将钢板贴于预定位置。若是立面粘贴，为防止流淌，则可加一层蜡玻璃丝布，钢板粘贴后，用手锤沿粘贴面轻轻敲击钢板，如无空洞声，表示粘贴密实，否则应剥下钢板，补胶，重新粘贴。

4）固化

胶粘剂一般都是指在常温（20℃）下固化，经 24h 即拆除夹具或支撑，3d 后即可受力使用。对原材料以及加固质量等指标依据 GB 50367—2006 等相关规范、规程进行检验验收（图 4-3）。

(a) 固定钢板

(b) 加固完成后的试验板图

图 4-3　粘贴钢板加固预应力混凝土空心板施工现场

4.4 加固试验板加固前后静载试验对比分析

采用粘贴钢板法与粘贴碳纤维布法加固试验板，需要对加固前后的力学性能进行检测以验证加固效果。

本次加固前后试验板静载试验在郑州大学土木结构试验室进行（图 4-4）。试验采用三分点加载法进行加载。试验板长度为 2000mm，跨径为 1800mm，试验板架设在工字钢简支座上。试验加载装置采用 25t 液压千斤顶与竖向反力架钢梁进行加载，使用工字钢作为荷载传递导梁。为保证不产生集中应力导致预应力试验板产生局部压碎的情况发生，导梁与预应力试验板之间放置钢板。

本次静载试验的主要测量目标是对预应力混凝土试验空心板进行混凝土应变数据采集与空心板底板位移挠度变化进行测量。测量预应力试验板挠度与混凝土应变的主要试验仪器为武汉华岩生产的武汉华岩 HY-65B3000B 型数码应变计与武汉华岩 HY-65050F 型数码位移计。

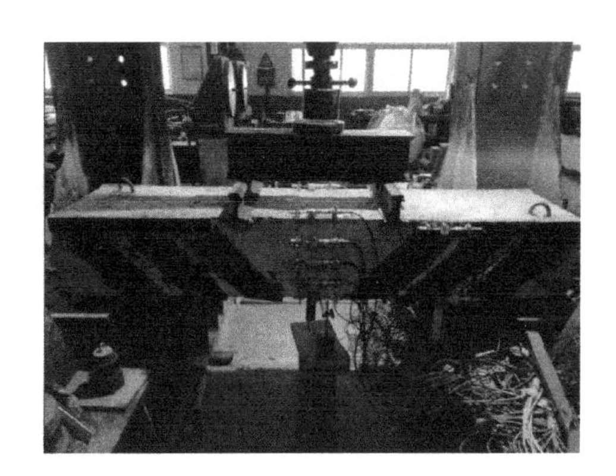

图 4-4 试验板加固前后静载试验

4.4.1 第二组试验板加固前后静载试验数据分析

第二组试验板包括 B-1（碳纤维布加固试验板）与 B-2（粘贴钢板加固试验板），其具体试验结果数据如表 4-1、表 4-2 所示。

B-1 加固前后应变、挠度随荷载变化表 表 4-1

	加固前			加固后		
荷载（kN）	50	100	150	50	100	150
W-1/2（mm）	−0.23	−0.49	−1.02	−0.21	−0.39	−0.85
W-1/4（mm）	−0.22	−0.41	−0.58	−0.21	−0.36	−0.43
Y-1（με）	−79.5	−168	−245.7	−74	−131.4	−197.4
Y-5（με）	73.2	138.5	200.9	58.3	107.2	156.2

B-2 加固前后应变、挠度随荷载变化表　　表 4-2

加固前				加固后		
荷载（kN）	50	100	150	50	100	150
W-1/2（mm）	−0.33	−0.66	−1.38	−0.30	−0.58	−0.97
W-1/4（mm）	−0.30	−0.53	−0.70	−0.21	−0.36	−0.51
Y-1（με）	−163.7	−265.9	−367.0	−150.2	−231.5	−300.4
Y-5（με）	68.8	120.2	176.7	58.3	97.1	136.2

图 4-5、图 4-6 分别表示 B-1、B-2 加固前后 W-1/2、W-1/4 挠度随荷载变化关系图，横轴表示荷载等级，竖轴表示挠度值。可看出 B-1、B-2 加固前后挠度都随着荷载等级的增加而增加，变化趋势呈现平稳发展。且经过加固过后的 B-1、B-2 的 1/4 跨与 1/2 跨的挠度明显要小于加固前的挠度，在 150kN 荷载作用下，B-1 的 1/2 跨挠度由 1.02 下降为 0.85，挠度下降了 14.3%，B-2 的 1/2 跨挠度由 1.38 下降为 0.97，其挠度下降了 29.6%。

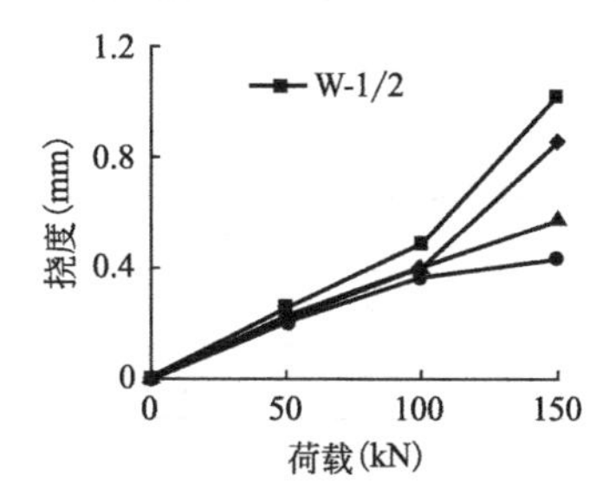

图 4-5　B-1 加固前后挠度随荷载变化关系图

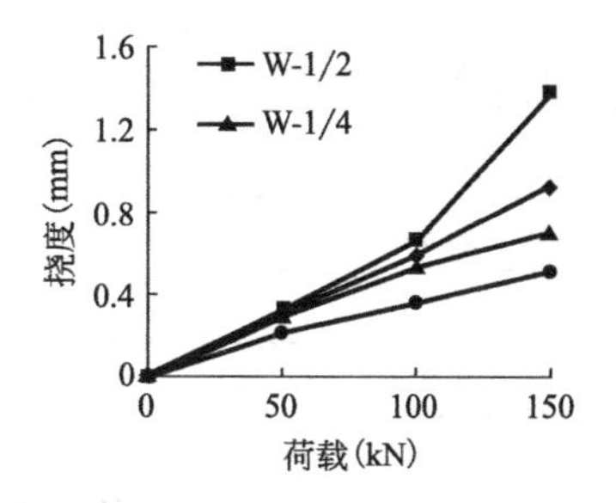

图 4-6　B-2 加固前后挠度随荷载变化关系图

表 4-1、表 4-2 中反映了加固前后试验板 B-1、B-2 跨中混凝土顶部压应变与底部拉应变随荷载等级的变化，比较加固前后的效果，可以看出经过加固后的试验板其 1/2 跨处顶部压应变与底部拉应变都小于加固前，150kN 荷载作用下，B-1 压应变减少了 19%，拉应变减小了 22%；B-2 压应变减少了 18.8%，拉应变减小了 22.9%。

图 4-7、图 4-8 为加固前后试验板 B-1、B-2 沿截面高度应变与荷载关系变化曲线图，可以清晰地看出，无论是在加固前还是在加固后，混凝土应变基本上随着试验板横断面高度呈现接近线性变化，证明加固前后的试验板满足平截面假定。

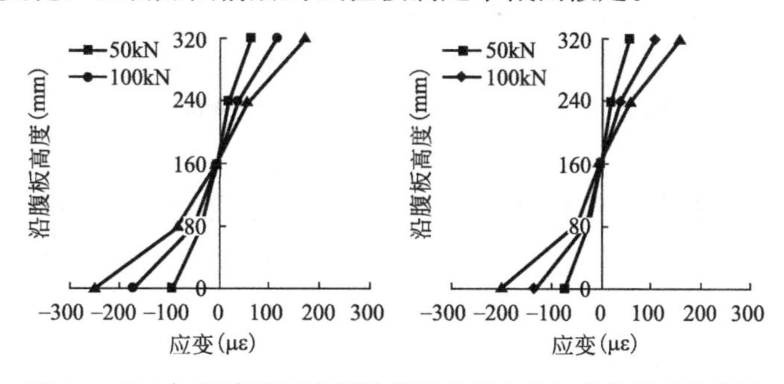

图 4-7　B-1 加固前后试验板沿截面高度应变与荷载关系曲线图

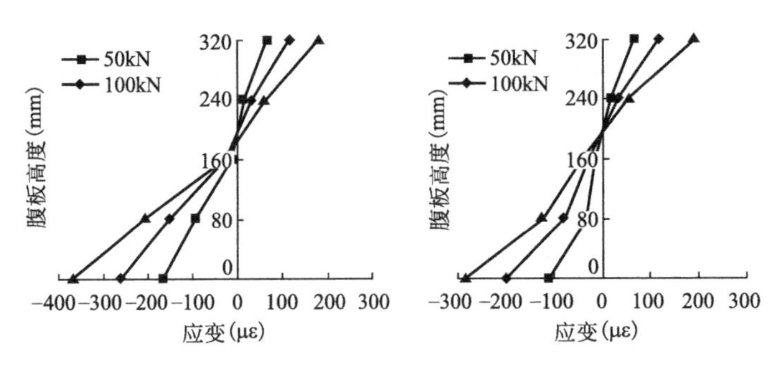

图 4-8 B-2 加固前后试验板沿截面高度应变与荷载关系曲线图

4.4.2 第三组试验板加固前后静载数据分析

第三组试验板包括 B-3（碳纤维布加固试验板）与 B-4（粘贴钢板加固试验板），B-3、B-4 加固前后静载试验数据如表 4-3、表 4-4 所示。

B-3 加固前应变、挠度随荷载变化表　　表 4-3

	加固前				加固后			
荷载 (kN)	W-1/2 (mm)	W-1/4 (mm)	Y-1 (με)	Y-5 (με)	W-1/2 (mm)	W-1/4 (mm)	Y-1 (με)	Y-5 (με)
50	0.30	0.36	−118.2	67.3	0.25	0.24	−111.4	67.6
100	0.66	0.48	−208.5	122.1	0.53	0.36	−197.8	110.2
150	0.94	0.64	−301.7	162.7	0.79	0.53	−292.1	154.4

B-4 加固前应变、挠度随荷载变化表　　表 4-4

	加固前				加固后			
荷载 (kN)	W-1/2 (mm)	W-1/4 (mm)	Y-1 (με)	Y-5 (με)	W-1/2 (mm)	W-1/4 (mm)	Y-1 (με)	Y-5 (με)
50	0.49	0.24	−76.7	58.8	0.44	0.23	−53.6	57.6
100	0.67	0.34	−139.4	116.2	0.63	0.37	−111.6	110
150	0.97	0.49	−204.3	180.9	0.83	0.48	−163.5	162.4

分析图 4-9、图 4-10 发现，B-3、B-4 加固前后挠度都随着荷载等级的增加而增加，变化趋势呈现平稳变化。且经过加固过后的 B-3、B-4 的 1/4 跨与 1/2 跨的挠度明显要小于加固前的挠度，在 150kN 荷载作用下，B-3 的 1/2 跨挠度由 0.94 下降为 0.79，挠度下降了 14.2%；B-4 的 1/2 跨挠度由 0.97 下降为 0.82，刚度增加了 15.4%。

表 4-3、表 4-4 反映了加固前后试验板 B-3、B-4 跨中混凝土顶部压应变与底部拉应变随荷载等级的变化，比较加固前后的效果，可以看出经过加固后的试验板其 1/2 跨处顶部压应变与底部拉应变都小于加固前，150kN 荷载作用下，B-3 压应变减少了 6%，拉应变减小了 4.9%；B-4 压应变减少了 6%，拉应变减小了 10%。

图 4-11、图 4-12 为加固前后试验板 B-3、B-4 沿截面高度应变与荷载关系变化曲线图，可以看出，无论是在加固前还是在加固后，混凝土应变基本上随着试验板横断面高度呈现

接近线性变化，证明了加固前后的试验板满足平截面假定。

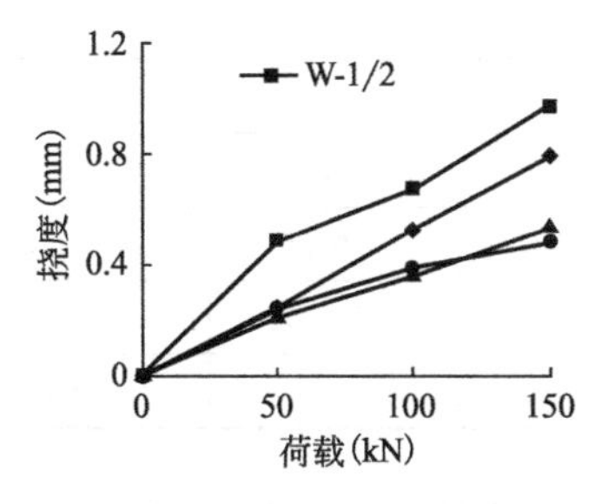

图 4-9 B-3 加固前后挠度随荷载变化关系图

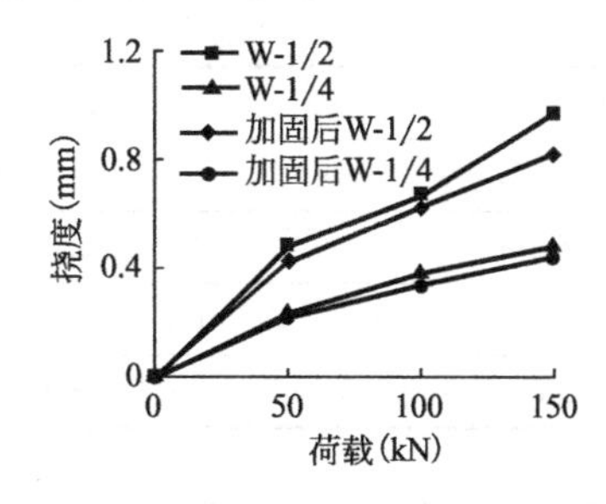

图 4-10 B-4 加固前后挠度随荷载变化关系图

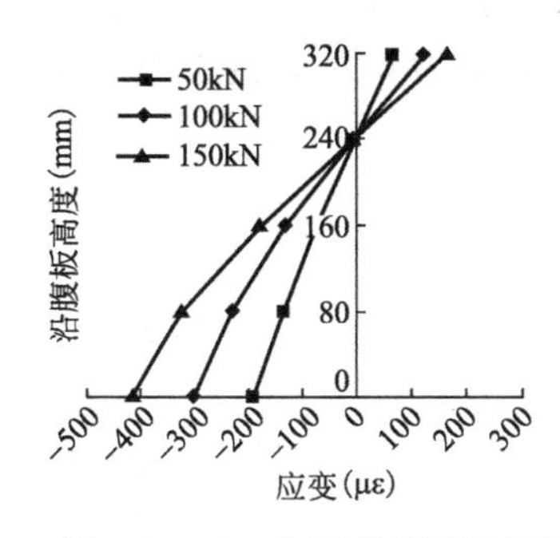

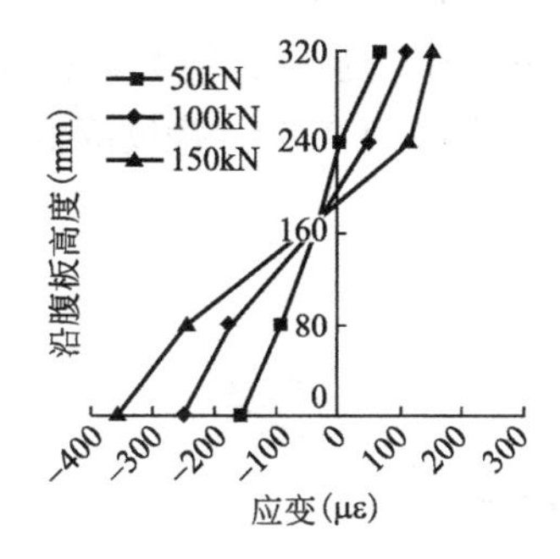

图 4-11 B-3 加固前后试验板沿截面高度应变与荷载关系曲线图

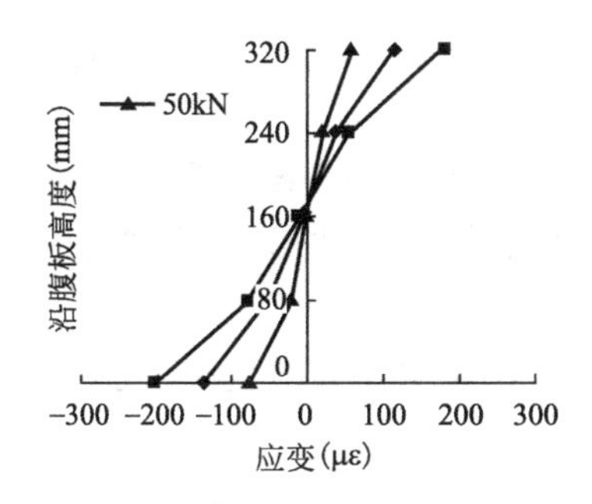

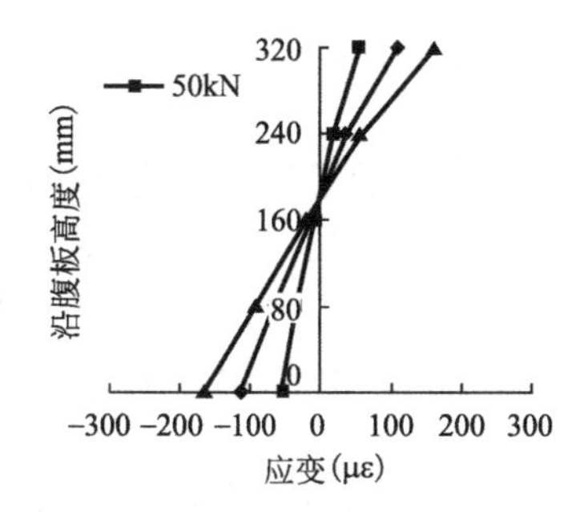

图 4-12 B-4 加固前后试验板沿截面高度应变与荷载关系曲线图

4.4.3 第四组试验板加固前后静载数据分析

第四组试验板包括 B-5（碳纤维布加固试验板）与 B-6（粘贴钢板加固试验板），其具体试验结果数据如表 4-5、表 4-6 所示：

B-5 加固前应变、挠度随荷载变化 **表 4-5**

加固前				加固后		
荷载（kN）	50	100	150	50	100	150
W-1/2（mm）	−0.37	−0.52	−1.18	−0.27	−0.46	−0.80
W-1/4（mm）	−0.30	−0.41	−0.74	−0.21	−0.37	−0.64
Y-1（$\mu\varepsilon$）	−92.3	−171.1	−247.0	−90.9	−165.3	−230.9
Y-5（$\mu\varepsilon$）	65.5	115.9	170.3	60.2	107.5	152.3

B-6 加固前应变、挠度随荷载变化　　表 4-6

	加固前			加固后		
荷载（kN）	50	100	150	50	100	150
W-1/2（mm）	−0.37	−0.52	−1.11	−0.31	−0.50	−0.69
W-1/4（mm）	−0.30	−0.40	−0.73	−0.24	−0.35	−0.58
Y-1（με）	−89.05	−217.75	−288.75	−94.65	−181.75	−262.2
Y-5（με）	86.1	153.9	215.5	66.4	123.3	189.5

图 4-13、图 4-14 显示 B-5、B-6 加固前后挠度都随着荷载等级的增加而增加，变化趋势平稳。且经过加固过后的 B-5、B-6 的 1/4 跨与 1/2 跨的挠度明显要小于加固前，在 150kN 荷载作用下，B-5 的 1/2 跨挠度由 1.18 下降为 0.80，挠度下降了 31.8%，B-6 的 1/2 跨挠度由 1.10 下降为 0.69，挠度降低了 37.1%。

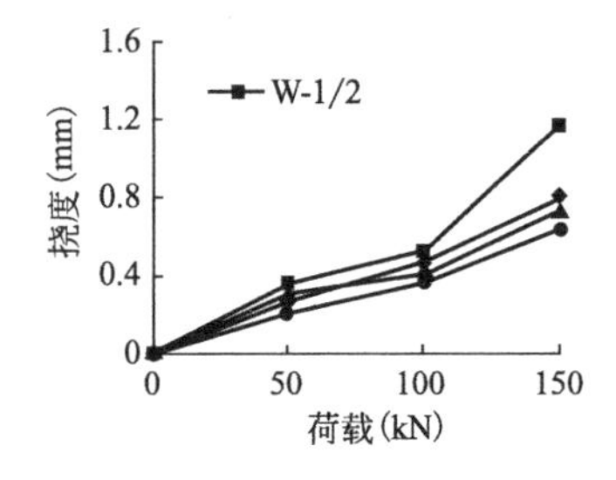

图 4-13　B-5 加固前后挠度随荷载变化关系图

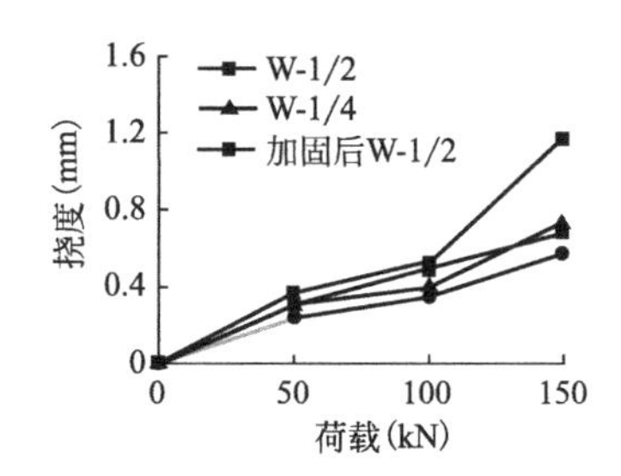

图 4-14　B-6 加固前后挠度随荷载变化关系图

表 4-5、表 4-6 中反映了加固前后试验板 B-5、B-6 跨中混凝土顶部压应变与底部拉应变随荷载等级的变化，比较加固前后的效果，可以看出经过加固后的试验板其 1/2 跨处顶部压应变与底部拉应变都小于加固前的试验板，150kN 荷载作用下，B-5 压应变减少了 6.8%，拉应变减小了 10.6%；B-6 压应变减少了 9.02%，拉应变减小了 12%。

图 4-15、图 4-16 为加固前后试验板 B-5、B-6 沿截面高度应变与荷载关系变化曲线图，可以清晰地看出，无论是在加固前还是在加固后，混凝土应变基本上随着试验板横断面高度呈现接近线性变化，证明了加固前后的试验板满足平截面假定。

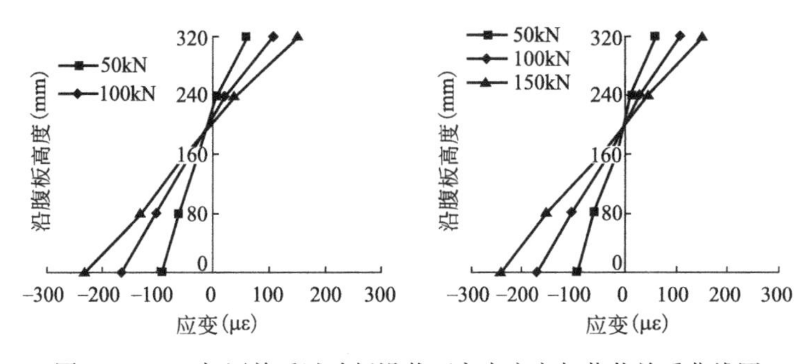

图 4-15　B-5 加固前后试验板沿截面高度应变与荷载关系曲线图

综合分析三组粘钢板法与粘碳纤维布法加固疲劳损伤试验板加固前后的静载数据，可以得出：两种加固方法均有利于改善试验板的受力水平、提高试验板的刚度；排除经济、

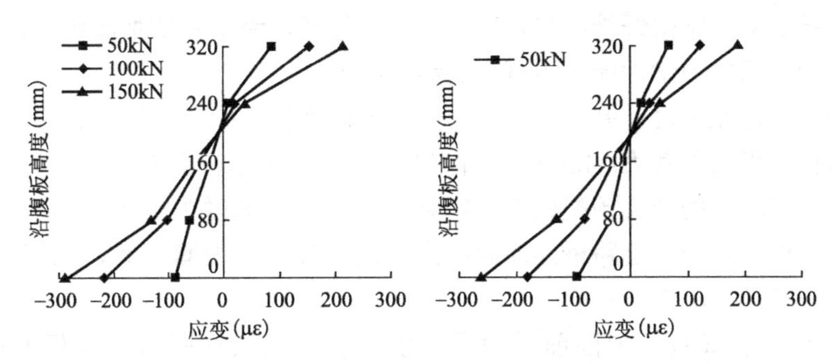

图 4-16 B-6 加固前后试验板沿截面高度应变与荷载关系曲线图

环境等因素，粘钢板法对于疲劳损伤试验板挠度与应变的幅值高于粘碳纤维布加固的试验板。

4.5 加固试验板加固前后模态数据对比分析

试验板的结构动力性能参数如基频、阻尼比是宏观评价试验板的整体刚度以及结构损伤的重要指标。因此，需要对试验板加固前后的模态数据（基频、阻尼）进行分析，从宏观上了解加固对试验板刚度的影响，试验板加固前后模态变化参见表 4-7。

试验板加固前后模态变化表 **表 4-7**

试验板分组	试件编号	加固方式	加固前		加固后	
			基频（Hz）	阻尼	基频（Hz）	阻尼
第二组	B-1	粘贴碳纤维布加固	4.63	6.34	4.81	5.23
	B-2	粘钢法加固	4.83	5.52	5.23	5.01
第三组	B-3	粘贴碳纤维布加固	3.19	5.88	3.59	5.49
	B-4	粘钢法加固	3.81	5.52	3.91	7.33
第四组	B-5	粘贴碳纤维布加固	4.86	6.65	5.13	5.88
	B-6	粘钢法加固	4.78	5.74	4.91	5.04

从表 4-7 中可以发现，加固后的试验板的基频有所增加，从宏观上看，加固后的试验板的整体刚度有所增加。加固前的试验板中 B-3 的基频为 3.19Hz，明显小于其他的试验板，说明加固前，B-3 的整体刚度损失较大。从表 4-7 中可以明显地看出，加固前试验板的阻尼在 5～8 之间，试验板的阻尼较大，可能是由于试验板疲劳损伤后裂缝较多，振动衰减较快。加固前的阻尼要大于加固后的阻尼，其原因可能是粘贴钢板与粘贴碳纤维布加固试验板后抑制了试验板原有裂缝之间的摩擦，使得原有裂缝之间的摩擦力变小，试验板耗散外部能量输入能力变低，振动衰减变慢，阻尼变小。

4.6 小结

基于健康构件的极限承载力试验结果，对预应力混凝土空心试验板进行疲劳预裂，在对疲劳损伤试验板采用粘碳纤维布与粘钢板法加固处理，为了验证加固效果，对比分析了三组试验板加固前后的力学性能。本章主要结论如下：

（1）基于相似性原理设计制作了预应力混凝土模型板，确定了试验方案，通过静载试验得到了试验板的极限承载力245kN，并得到了试验板的破坏形态。

（2）通过对试验板的疲劳预裂处理，得到了三组裂缝宽度为0.2mm左右的疲劳损伤预应力空心试验板，基于《公路桥梁加固设计规范》确定了加固方案，采用45°斜粘钢法与粘碳纤维布法两种方法进行加固。

（3）分析了三组试验板加固前后力学性能变化。粘贴加固后试验板的挠度降低了10％～40％，应变减小了10％～20％；粘碳纤维加固后试验板的挠度降低了10％～40％，应变减小了10％～20％；粘钢板法对挠度与应变的提高幅值优于粘碳纤维布的提高幅值；加固前后的试验板均满足平截面假设；加固后试验板的基频得到一定程度的提高，且阻尼相对减小，体现了加固效果。

5 侵蚀环境作用下损伤加固预应力空心板梁耐久性及疲劳特性研究

5.1 概述

疲劳荷载是桥梁类钢筋混凝土结构承受的常见荷载之一，如桥梁的柱墩、梁板由于温度的经常变化或车辆的往复行驶所产生的影响，承受吊车荷载作用的吊车梁等，这些结构在重复荷载作用下导致失效的共同特点是：结构破坏时的荷载值比结构的强度低很多。一次循环荷载变化从外表上看并不能对结构的承载力产生大的影响，但在结构内部将造成一定损伤，随着损伤的积累导致结构承载力逐渐下降，最终导致结构失效。疲劳破坏通常具有突然性，事先没有预兆，且发生疲劳破坏的建筑物多为重大基础设施，因此疲劳破坏所造成的后果是非常严重的。1967 年美国西弗吉尼亚的 Point Pleasant 大桥在没有任何预兆的情况下突然断裂，事后证明是由结构疲劳破坏所致。

粘贴钢板和碳纤维加固方法在实际工程中应用广泛，目前对粘贴钢板法与粘贴碳纤维布法加固钢筋混凝土梁的研究主要集中在静力性能方面，对加固后混凝土梁的疲劳性能研究甚少。张柯、叶列平、岳清瑞对预应力碳纤维布加固混凝土梁弯曲疲劳性能进行了试验研究；刘沐宇、李开兵采用三分点加载对碳纤维布加固混凝土梁的疲劳性能进行了试验研究；刘沐宇、骆志红、张学明等采用两点加载和等幅疲劳的方式对 CFRP 加固钢筋混凝土梁的抗剪疲劳进行了试验研究；陈永秀、陆洲导对碳纤维布加固钢筋混凝土梁的正截面疲劳进行了试验研究；张伟平、宋力通过 10 根碳纤维布加固锈蚀钢筋混凝土梁和 2 根锈蚀钢筋混凝土梁的弯曲疲劳试验，研究了钢筋锈蚀率、碳纤维布加固量、荷载比、加固前损伤等因素对碳纤维布加固锈蚀钢筋混凝土梁弯曲疲劳性能的影响；喻林、钱向东等通过对碳纤维布加固混凝土梁经过冻融循环作用后的疲劳试验，分析了冻融循环作用以及不同应力水平对碳纤维布加固混凝土梁的疲劳性能的影响；Inoue，Shoichi 研究了碳纤维板加固混凝土梁的疲劳强度和变形特征，通过与未加固梁相比发现，加固梁的挠度和裂缝宽度减少、混凝土梁的静载极限强度和疲劳极限强度得到提高、CFRP 板加固法与粘贴钢板法一样能够提高混凝土梁的疲劳性能；Naaman 研究了 4 根碳纤维布加固钢筋混凝土梁在低温（−29℃）条件下的抗弯和抗剪性能，研究发现低温不会影响碳纤维布和混凝土的界面强度；Gheorgiu 等人通过疲劳荷载试验研究了 CFRP 布加固钢筋混凝土梁的界面粘结疲劳退化规律；L. Bizindavyi 等人通过对 GFRP 布加固素混凝土单剪试件进行疲劳加载，研究了粘结长度和粘结宽度对疲劳寿命的影响，结果表明，较长的粘结长度能使疲劳寿命更大，而较短的粘结长度则会导致粘结区域内较高的应力集中。

在粘贴钢板加固性能研究方面，甘元初、刘立新对锚贴钢板加固梁提高斜截面抗剪承载力的机理进行分析，提出锚贴钢板加固梁斜截面抗剪承载力的建议计算公式及设计构造措施；张娟秀、叶见曙进行了一根粘钢加固梁，一根 CFRP 加固混凝土梁及一根对比梁的疲劳试验，研究表明：在钢板与混凝土粘结完好情况下，与 CFRP 加固相比，粘贴钢板加固较大地提高了梁的刚度；与未加固梁相比 CFRP 加固混凝土梁的疲劳寿命提高了54.8%，粘钢加固梁疲劳寿命反而降低 15.2%。翟爱良等对十根不同补强钢板厚度，不同混凝土强度等级的钢筋混凝土补强梁进行静力加载和等幅疲劳试验，研究分析了在疲劳荷载作用下钢筋混凝土粘钢混凝土加固梁的受力、疲劳性能和破坏形态，结论如下：(1) 等幅疲劳试验研究结果表明，粘钢加固混凝土梁可以承受疲劳荷载的作用，粘钢补强适当时，加固梁较对比梁的疲劳性能有明显提高，其裂缝产生时间也显著地延长；(2) 经粘钢补强后的加固梁的刚度都有明显的提高，混凝土梁正截面加固底部钢板对加固梁刚度的提高起了主要作用，底部钢板厚度越大，刚度提高越多，且在受交变荷载作用下，随循环次数的增加，对比梁和加固梁的平均荷载对应的静位移都有增大的趋势；(3) 混凝土强度等级对粘钢加固梁疲劳性能影响较大，当对较高混凝土强度试件进行粘钢补强时，疲劳性能要好一些，不仅开裂延迟而且疲劳强度也获得提高。Balaguru 根据混凝土动力徐变的发展规律，提出经过疲劳荷载作用 N 次后混凝土变形模量的计算公式：

$$E_c = \frac{\sigma_{max}}{\sigma_{max}/E_c + \varepsilon_c} \tag{5-1}$$

式中 E_c——混凝土初始割线模量；

ε_c——混凝土的动力徐变。

Lovegrote et. al 提出承受多次反复荷载作用的钢筋混凝土构件的挠度可按下式计算：

$$\Delta_n = 0.225\Delta_0 \log N \tag{5-2}$$

式中 Δ_0——由已有方法计算的构件的初始挠度；

Δ_n——荷载循环 N 次后的挠度。

R Jones，R N Swamy 等对粘钢加固中钢板与混凝土的粘结进行了研究，通过钢板与混凝土之间的相互连接作用分析，可以得出以下结论：混凝土梁的承载力提高不仅与钢板的截面面积有关，还与板端的锚固方式有关，试验中发现 L 形端头锚固能够有效防止脱胶和钢板水平向位移，加固效果优于普通粘钢加固；当采用螺栓锚固钢板端头时，钢板不容易剥离，加固梁抗弯承载力提高明显。

Yasin N Ziraba 等为了研究粘钢加固的混凝土梁抗弯抗剪承载力、箍板与混凝土之间的粘结力等进行了粘钢加固试验，根据试验结果提出了一套基于延性设计的粘钢加固计算公式，研究指出在混凝土梁开裂的情况下，加固效果的好坏主要与钢板尺寸有关。

总之，延缓混凝土结构的损伤进程，以期达到延长结构使用寿命的目的，对旧有混凝土梁桥结构进行维修加固具有重大的社会效益、经济效益及广阔的推广应用前景，所以混凝土梁桥的加固日益受到人们广泛的关注，加固技术已逐渐成为工程界关注的热点问题，研究桥梁结构加固方面的文献发现，目前桥梁结构加固方法主要是针对桥梁结构承载力进行的一些加固处理措施，评价标准是加固后结构承载力是否能满足设计要求，而未对桥梁结构加固后的耐久性及疲劳特性做硬性规定，针对桥梁加固后耐久性研究的文献也鲜有报道。然而在实际工程中，由于桥梁结构的整体性和复杂性、内部材料的不均匀性及施工养护的不规范性等一系列复杂情况，使得加固修复后的桥梁结构的耐久性与原桥梁结构存在一定的差异性，尤其是复杂环境如盐溶液侵蚀、冻融循环作用下，加固构件在后期的使用中加速老化，耐久性急剧下降，导致加固效果丧失严重，在造成经济损失的同时往往导致重大工程事故的发生。例如武汉的长江二桥十年来进行了三次较大的维修与加固（图 5-1），2006 年进行的第二次加固维修，但是仅过了 7 年武汉长江二桥便又迎来了第三次维修。武汉的吴家山高架桥也分别于 2005 年 7 月、2010 年 6 月进行过两次大修，然后在 2012 年，吴家山高架桥又再次出现病害，大量的桥面板出现裂缝，甚至有部分桥面板已经断裂。出现同样问题的还有四川绵阳市的涪江三桥等（图 5-2）。

图 5-1 武汉长江二桥桥面板断裂

图 5-2 涪江三桥因承载力不足桥面破损

随着因加固耐久性劣化导致的工程事故不断发生，桥梁加固后耐久性问题逐渐引起学术界的重视，相关研究也得以开展，早期研究成果主要针对加固材料、胶粘剂本身的耐久性开展的，近期研究成果集中在纤维对增强健康构件耐久性作用方面，如玄武岩纤维、复合纤维的添加对腐蚀结构耐久性及力学特性的增强研究，对加固结构耐久性及其疲劳性能研究甚少，特别是对基于环境侵蚀条件下加固钢筋混凝土疲劳性能的研究鲜有报道。

分析国内外文献发现，针对桥梁加固耐久性及疲劳特性方面的研究虽然取得了阶段性成果，但仍存在以下问题：

（1）目前针对桥梁结构加固耐久性的研究尚不充分，且大部分是基于小尺寸非预应力健康构件开展的，未考虑不利环境对构件界面的影响，然而损伤加固构件不论力学性能还是耐久性劣化机理都不同于健康加固构件，因此，针对大尺寸损伤预应力构件开展耐久性研究势在必行。

（2）桥梁构件耐久性及加固耐久性不足最终将导致结构疲劳寿命的缩短，进而影响到桥梁结构的使用寿命及服务质量，而针对桥梁结构加固耐久性与其疲劳特性之间相关关系的研究还相当有限，基于此，本章拟对桥梁加固构件开展疲劳特性研究并研究其与构件加固耐久性劣化类型及程度间的相关关系。

（3）基于不同加固方法加固构件的耐久性（尤其是针对受损构件）的优劣直接决定着加固效果及加固构件的使用寿命，因此，如何根据具体的侵蚀环境进而确定合适的加固方法以提高其加固耐久性是迫切需要解决的问题。

针对以上亟待解决的问题，本章拟开展侵蚀环境作用下预应力空心板梁加固结构耐久性研究，进而提出预应力桥梁加固结构耐久性评价理论及基于耐久性指标的桥梁疲劳寿命预估方法，建立与损伤类型和程度有关的损伤桥梁加固构件耐久性能退化模型，及耐久性与疲劳特性的相关关系，为桥梁健康评估、加固方案优选及制定提供技术支撑及理论依据。

5.2 加固预应力混凝土空心试验板碳化与疲劳特性试验

5.2.1 加固预应力空心板梁碳化试验

5.2.1.1 加固预应力空心板梁碳化试验准备及设备布置

为了研究环境侵蚀对加固预应力混凝土空心板疲劳特性的影响，首先要对受到侵蚀后的混凝土材料的力学性能进行测试，因此，本试验在制作预应力空心板的同时制作标准同期试块，以便用于观测侵蚀环境作用下标准试块的力学性能变化，进而确定同周期下预应力空心板梁材料性能的变化情况。

基于《普通混凝土长期性能和耐久性能试验方法标准》中的快速侵蚀试验方法，结合具体的试验条件制定本次试验方案。本次试验在对加固板梁开展侵蚀试验的同时放置同期试块，通过对不同侵蚀周期下混凝土标准试块力学性能指标的测量确定同期预应力混凝土空心试验板受侵蚀程度。

1）试验准备

本次试验需要将 2m 长的损伤加固预应力混凝土空心试验板进行快速腐蚀试验，根据《普通混凝土长期性能和耐久性能试验方法标准》中关于快速碳化腐蚀试验的要求，结合本次试验具体情况，确定进行侵蚀的构件分为两个部分，即损伤加固预应力混凝土空心试验板和 C50 混凝土立方体试块。混凝土立方体试块主要用来测定预应力空心板受到碳化腐蚀后材料力学特性变化规律，损伤加固预应力混凝土空心试验板主要用于研究加固构件侵蚀环境作用下的耐久性劣化机理及其对疲劳特性的影响。

（1）混凝土立方体试块

混凝土试块尺寸为 100mm×100mm×100mm，每块预应力混凝土空心试验板匹配同期试块三块。试块放置侵蚀池内前按照《普通混凝土长期性能和耐久性能试验方法标准》的要求进行处理，在满足 28d 标准养护期后通过在烘干箱中高温处理 48h 之后进行侵蚀试验。

（2）加固后的预应力混凝土空心试验板

将一组加固的试验板（一根粘碳纤维加固的试验板与一根粘钢板加固的试验板）放入碳化池内按照制定的试验方案进行碳化侵蚀。

（3）压力试验机

采用液压试验机测试侵蚀环境下混凝土试块的抗压强度以及弹性模量。

（4）酚酞试剂

本次试验利用酚酞测试混凝土的碳化深度。首先使用合适的工具在立方体试块表面形成具有一定深度的剖切面，将剖切面中的混凝土粉末清理干净，然后采用浓度为 1%的酚酞试剂均匀喷洒在剖切面上，根据变色情况使用碳化尺来测量混凝土试块未变色部分的深度，取多次测量结果的算术平均值作为混凝土试块最终的碳化深度。

2）试验分组

本次侵蚀试验主要分为三组：一组为未受到侵蚀加固预应力混凝土试验空心板及同期试块，一组为经过碳化侵蚀加固预应力混凝土空心试验板及同期试块，最后一组为经过冻融循环侵蚀加固预应力混凝土空心试验板及同期试块。

5.2.1.2　快速碳化试验设备改造及试验内容

传统的碳化箱由于尺寸所限主要应用于标准试块或小构件碳化试验的开展，本课题采用的预应力空心板模型长度为 2m，传统碳化箱无法满足该试验课题碳化试验的开展，鉴于此，考虑到大尺寸构件碳化试验的需要，课题组研发了一套“便于搬运试样的大尺寸碳化池”技术，并针对该研究成果成功申请了国家发明专利，从而实现了大尺寸构件碳化试验开展的需求，并有效解决了大尺寸构件碳化试验中试件搬运困难的难题。

1）大尺寸碳化池设计

随着城市工业化的发展，温室气体诸如二氧化碳的排放量逐年增多，常年处于自然环境下的结构难免受到二氧化碳的侵蚀而发生劣化，进而在各种外界荷载的作用下产生破坏，由此可见研究碳化破坏机理并提出预防措施势在必行，土木工程试验生产中，通常采用传统的碳化箱对试验对象进化碳化处理然后进行力学性能的测试，以此探明碳化对结构造成的不利影响，但传统碳化箱尺寸有限，仅适用于小尺寸标准化构件碳化试验的开展，无法满足大尺寸构件碳化试验需求；对于大批量构件开展碳化试验，使用传统碳化箱势必消耗大量的时间和精力，导致造价和资源耗费增高；另外，在进行构件碳化试验中，搬运沉重的构件，耗时耗力，而且容易发生意外。

为了解决现有技术中的不足之处，本课题组提供一种结构简单、保温效果好、气密性严、能量利用率高并且可针对大尺寸的较重的试件进行碳化试验的便于搬运试样的碳化池。便于搬运试样的大尺寸碳化池，包括试样转移架、试样搬运机构和碳化试验池；碳化试验池为长方体结构，碳化试验池包括池体，池体顶部通过密封滑动机构滑动连接有池盖，池盖上设有观察口和取样口，观察口上安装有透明玻璃，取样口上密封且可拆卸连接有取样盖；池体的池壁内设有保温隔热层，池体左侧池壁上设有电源引线孔、水蒸气入口和二氧化碳入口，池体右侧池壁上设有电源接线孔，池体底部均匀设有若干弹性橡胶支座，池体内侧壁上设有二氧化碳测试仪、湿度测试仪和恒温空调。

密封滑动机构包括两排上凹槽和两排下凹槽，两排上凹槽分别设置在池盖左右两侧底部，两排下凹槽分别设置在池体左右两侧顶部，上凹槽和下凹槽一一对应设置，同侧的上凹槽和对应下凹槽之间形成圆孔，每个圆孔内均设有滚珠；池盖底部左右两侧均设有凸棱，左侧的凸棱紧邻且位于左侧的一排上凹槽的右侧，右侧的凸棱紧邻且位于右侧的一排上凹槽的左侧，池体顶部左右两侧均设有滑动槽，左侧的滑动槽与左侧的凸棱相适配，右侧的滑动槽与右侧的凸棱相适配，凸棱滑动插设在滑动槽内；凸棱的外侧壁和滑动槽的内侧壁均设有一层由高密度聚乙烯制成的密封滑动层；试样转移架包括四根立柱，其中两根立柱垂直固定安装在池体的左侧池壁上，另外两根立柱垂直固定安装在池体的右侧池壁上，同侧的两根立柱上端固定连接有一根滑轨，两根滑轨之间滑动连接有横梁，横梁上滑动连接有电动葫芦，横梁和两根滑轨位于同一水平面上；两根滑轨的两端均设有第一橡胶限位块，第一橡胶限位块上设有限位开关；试样搬运机构包括两根角钢和搬运板，两根角钢的后端分别固定连接在池体左右两侧，两根角钢的前端均设有第二橡胶限位块，搬运板的底部左右两侧转动连接有滚轮，滚轮滚动连接在角钢上，其中一个滚轮的中心处传动连接有马达减速机。

前侧的立柱与该立柱相连接的滑轨的底部之间设有第一斜撑。池体后侧左右对应水平设有两根撑托方管，两根撑托方管的前端分别垂直固定在池体顶部的左右两侧，池体上表面与两根撑托方管上表面位于同一水平面；两根撑托方管与池体之间均设有第二斜撑；两根撑托方管后端之间设有安装杆，安装管上设有伸缩油缸，伸缩油缸沿前后方向铰接在安装杆中部，伸缩油缸的活塞杆前端铰接在池盖后侧面。

上述技术方案具有以下有益效果：当试件体积及质量较大时，传统碳化箱没法开展碳化试验，且搬运方式不能采用传统人工安放试件，本发明采用试样转移架和试样搬运机构对大尺寸的试件进行搬运，省时省力，而且防止在搬运大体积的试件时发生意外；试样搬运机构主要靠搬运板滑动连接在角钢上，马达减速机通过传递巨大的扭矩从而驱动搬运板移动，搬运板移动到合适位置时，启动电动葫芦，电动葫芦吊起大尺寸的试件并移动放置在碳化试验池底部；观察口用于观察池体内湿度测试仪和二氧化碳测试仪的度数；取样口用于取出预试件，其中预试件主要用于定期观察试件的碳化程度，由于池体底部的试件体积及重量较大，不便于随时取出观察碳化程度，所以选择同时放入体积较小的预试件进行随时观察碳化程度；取样口上密封且可拆卸连接有取样盖，取样盖用于密封取样口；池体内壁设有保温隔热层用于对池体内进行保温；第一斜撑、滑轨与立柱之间组成三角形结构，三角形结构使得滑轨的突出端更加牢固稳定，同样第二斜撑、撑托方管与池体之间组成三角形结构，其效果一样；滑轨的两端均设有第一橡胶限位块，第一橡胶限位块上设有限位开关，当横梁滑动到滑轨一端时，碰触到限位开关，从而及时切断电源，以防止横梁从滑轨上脱落，另外角钢的前端设有第二橡胶限位块，第二限位块同样用于防止滚轮脱离角钢；凸棱与滑动槽的滑动配合用于密封池盖与池体之间的间隙，而且凸棱的外侧壁和滑动槽的内侧壁均设有一层由高密度聚乙烯制成的密封滑动层，由于高密度聚乙烯具有良好的光滑性，密封滑动层的滑动配合大幅度减少了凸棱与滑动槽之间的摩擦，并起到了密封的作用；伸缩油缸用于推动池盖。

本试验的试验条件准备为：将恒温空调调节到试验所需温度，池体内进入保温阶段；启动伸缩油缸，池盖密封滑动连接在池体的顶部；开始将二氧化碳从二氧化碳入口通入到池体内，水蒸气从水蒸气入口通入到池体内，透过池盖上观察口出的透明玻璃观察湿度测试仪和二氧化碳测试仪的度数，不断调整水蒸气和二氧化碳的通入速度，使湿度和二氧化碳浓度达到试验标准，接着停止通入水蒸气和二氧化碳，碳化试验正式开始。

综上所述，该技术方案保温效果好、机械化程度高、试件调运方便、可针对大尺寸、大批量的试件进行碳化试验，节约了大量的时间和劳力。

如图 5-3～图 5-9 所示，本课题组提供的便于搬运试样的碳化池，包括试样转移架、试样搬运机构和碳化试验池。碳化试验池为长方体结构，碳化试验池包括池体 1，池体 1 顶部通过密封滑动机构水平滑动连接有池盖 2，池盖 2 上设有观察口 3 和取样口 4，观察口 3 上安装有透明玻璃，取样口 4 上密封且可拆卸连接有取样盖 5。

池体 1 的池壁内设有保温隔热层 6，池体 1 左侧池壁上设有电源引线孔 7、水蒸气入口 8 和二氧化碳入口 9，电源引线孔 7 位于池体 1 左侧池壁上部，水蒸气入口 8 和二氧化碳入口 9 位于池体 1 左侧池壁下部，池体 1 右侧池壁上部设有电源接线孔 10，池体 1 底部均匀设有若干弹性橡胶支座 11，池体 1 内侧壁上设有二氧化碳测试仪 12、湿度测试仪 13 和恒温空调 14。

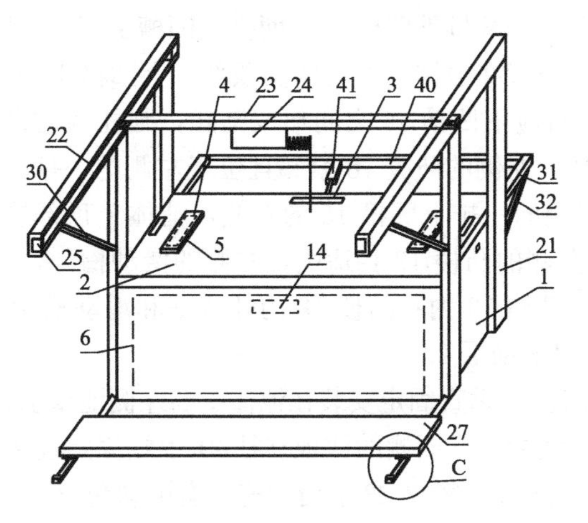

图 5-3　立体结构示意图

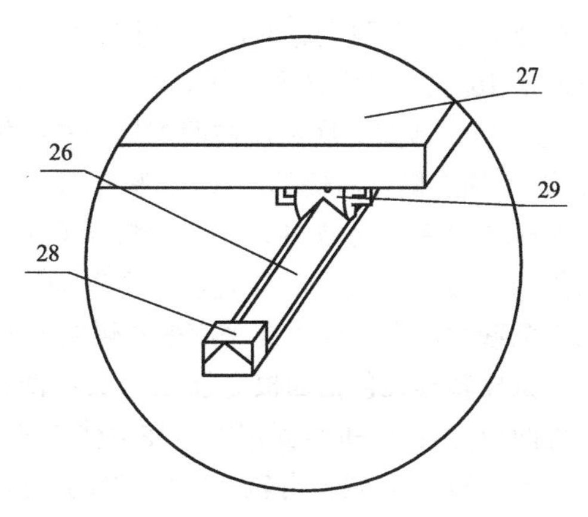

图 5-4　图 5-1 中 C 处的放大图

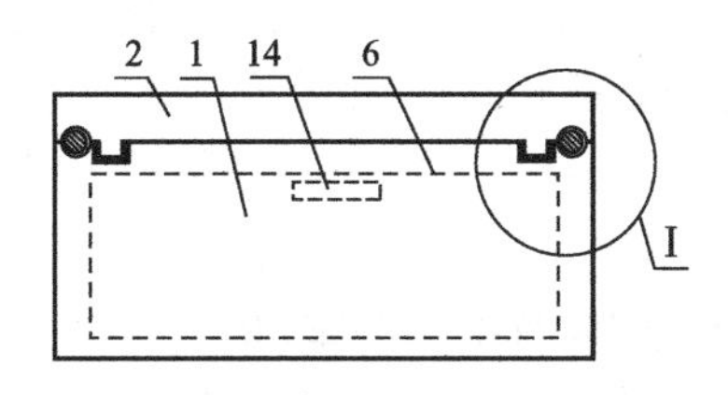

图 5-5　是图 5-1 中碳化试验池的主视图

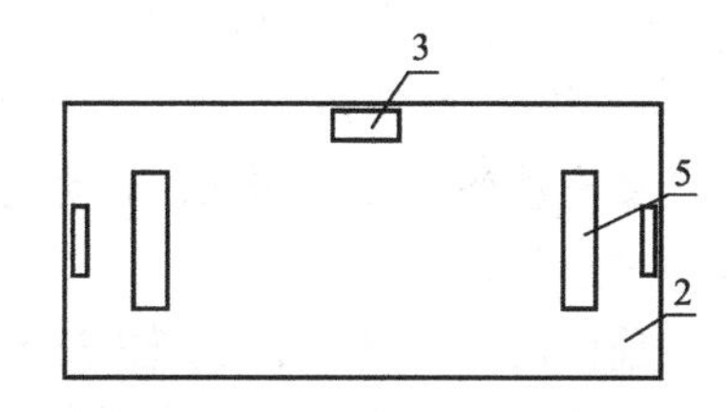

图 5-6　是图 5-1 的俯视图

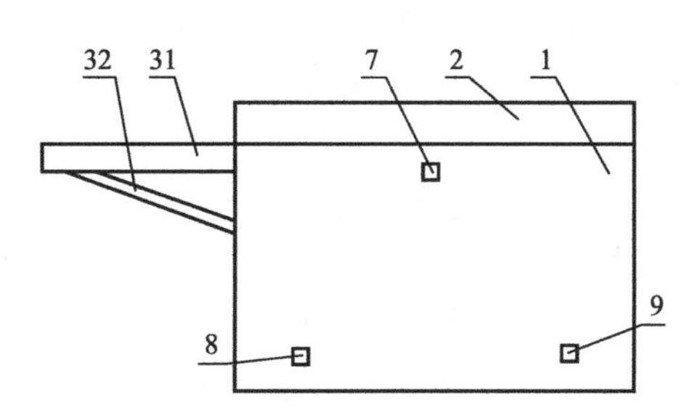

图 5-7　是图 5-1 的左视图

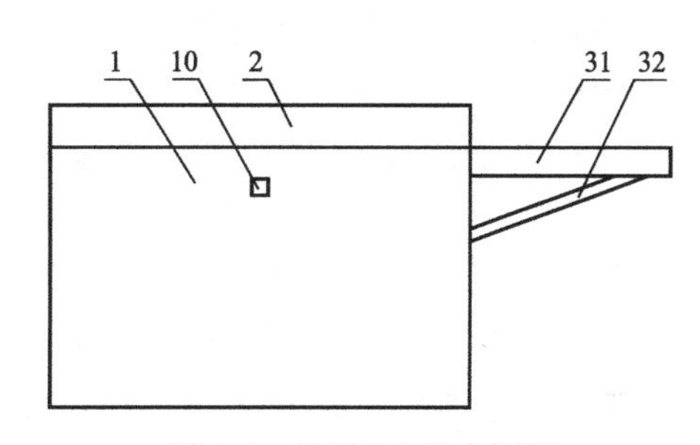

图 5-8　是图 5-1 的右视图

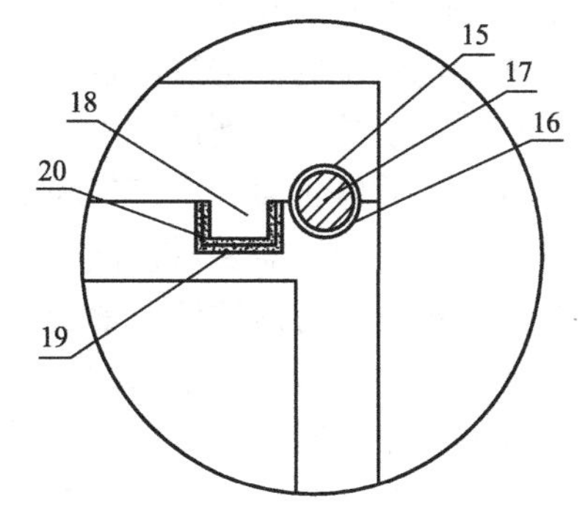

图 5-9　图 5-3 中 I 处的放大图

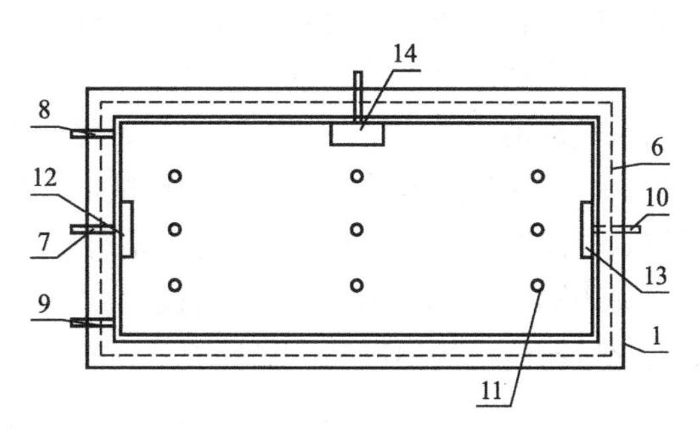

图 5-10　池体的俯视图

密封滑动机构包括伸缩油缸、两排上凹槽15和两排下凹槽16，两排上凹槽15分别设置在池盖2左右两侧底部，两排下凹槽16分别设置在池体1左右两侧顶部，上凹槽15和下凹槽16一一对应设置，同侧的上凹槽15和对应下凹槽16之间形成圆孔，圆孔内均设有滚珠17；池盖2底部左右两侧均设有凸棱18，左侧的凸棱18紧邻且位于左侧的一排上凹槽15的右侧，右侧的凸棱18紧邻且位于右侧的一排上凹槽15的左侧，池体1顶部左右两侧均设有滑动槽19，左侧的滑动槽19与左侧的凸棱18相适配，右侧的滑动槽19与右侧的凸棱18相适配，凸棱18滑动插设在滑动槽19内；凸棱18的外侧壁和滑动槽19的内侧壁均设有一层由高密度聚乙烯制成的密封滑动层20。

试样转移架包括四根立柱21，其中两根立柱21垂直固定安装在池体1的左侧池壁上，另外两根立柱21垂直固定安装在池体1的右侧池壁上，同侧的两根立柱21上端固定连接有一根滑轨22，两根滑轨22之间滑动连接有横梁23，横梁23上滑动连接有电动葫芦24，横梁23和两根滑轨22均位于同一水平面上；两根滑轨22的两端均设有第一橡胶限位块25，第一橡胶限位块25上设有限位开关。

试样搬运机构包括两根角钢26和搬运板27，两根角钢26的后端分别固定连接在池体1左右两侧，两根角钢26的前端均设有第二橡胶限位块28，搬运板27的底部左右两侧转动连接有滚轮29，滚轮29滚动连接在角钢26上，其中一个滚轮29的中心处传动连接有马达减速机。

前侧的立柱21与该立柱21相连接的滑轨22的底部之间设有第一斜撑30。

池体1后侧左右对应水平设有两根撑托方管31，两根撑托方管31的前端分别垂直固定在池体1顶部的左右两侧，池体1顶部与两根撑托方管31上表面位于同一水平面上；两根撑托方管31与池体1之间均设有第二斜撑32，两根撑托方管31后端之间设有安装杆40，安装杆40上设有伸缩油缸41，伸缩油缸41沿前后方向水平铰接在安装杆40中部，伸缩油缸41的活塞杆前端铰接在池盖2后侧面上。

大尺寸试件的碳化试验的具体步骤为：(1) 安放试件；首先启动马达减速机，马达减速机通过带动滚轮29转动从而驱动搬运板27到合适位置，然后将试件搬移到搬运板27上，再次驱动搬运板27到电动葫芦24的绳索的正下方，然后将电动葫芦24的绳索扣紧在试件上，电动葫芦24将试件吊起并转移到池体1的正上方，缓慢降落试件到池体1底部的弹性橡胶支座11上，松开并收回绳索；将若干预试件放入池体1；(2) 准备试验条件；接通所有电源，将恒温空调14调节到试验所需温度后关闭恒温空调14，池体1内进入保温阶段；启动伸缩油缸41，池盖2密封滑动连接在池体1的顶部；开始将二氧化碳从二氧化碳入口9通入到池体1内，水蒸气从水蒸气入口8通入到池体1内，透过池盖2上观察口3出的透明玻璃观察湿度测试仪13和二氧化碳测试仪12的度数，不断调整水蒸气和二氧化碳的通入速度，使湿度和二氧化碳浓度达到试验标准，接着停止通入水蒸气和二氧化碳，碳化试验开始；(3) 测试预试件碳化度；当达到碳化预定时间，需要对预试件进行测试，此时可打开取样盖5，伸入取样口4从池体1内取出体积较小的预试件，紧接着迅速关闭取样口4，测试预试件的碳化度；(4) 监测碳化试验池内的湿度和二氧化碳浓度；对碳化试验池内的湿度和二氧化碳浓度进行实时监测，根据监测结果适时调控湿度、温度以及二氧化碳浓度，确保试验环境符合试验标准；(5) 试验结束；当试验结束时，检查碳化试验池内二氧化碳浓度含量，如果浓度很小，则可打开池盖2，使气体逸散；如果浓度较高，则对其进行收集再处理。

2）试验步骤

依据《普通混凝土长期性能和耐久性能试验方法标准》中关于快速碳化试验的要求以及本试验实际情况将快速碳化试验环境控制指标指定为：二氧化碳浓度为60±10%，相对湿度为70±10%，温度为30±10℃。具体试验步骤为：

（1）将加固并养护好的损伤预应力混凝土试验空心板与混凝土立方体试块放置在快速碳化池内，试件放置时应保证试验板以及混凝土立方体试块表面完全裸露在二氧化碳中，且间距不小于50mm。

（2）试验板与混凝土立方体试块放置至规定位置时，密封碳化池。开启二氧化碳泵、加湿器与恒温设备，并开启气体流通阀门，以保证碳化池内多余空气可以迅速排出池外。试验前期应每2h观测一次数据，保证碳化池内环境符合快速碳化试验要求；试验后期每4h观测一次，并根据检测数据调节设备，保证环境各项指数恒定。如图5-11（*a*）所示。

（3）碳化至预定时间后（5mm），打开碳化池取出混凝土立方体试块。将试块破开，使用浓度为1%的酚酞试剂进行滴定，观察其变色情况。具体试验情况参见图5-11（*b*）。通过标准试块检测完如果达到预定深度，将其相对应的预应力混凝土试验空心板与立方体试块取出。如果没有达到预计深度则封好剖开面继续碳化。

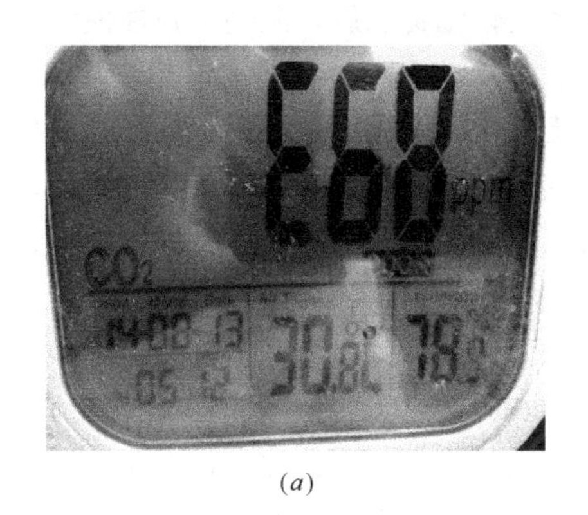

（*a*）

（*b*）

图5-11　碳化试验图示

（4）将混凝土立方体试块在试验各个龄期内测试得到的混凝土碳化深度进行统计计算，得到这一阶段内混凝土碳化深度。计算公式如下：

$$\overline{d}_t=\frac{1}{n}\sum_{i=1}^{n}d_i \tag{5-3}$$

式中　$\overline{d}_t$——试块在第t天的碳化深度（mm）；

n——测点数目；

d_i——各测点的碳化深度（mm）。

5.2.1.3　碳化腐蚀后混凝土试块力学性能试验

为了研究侵蚀对水泥混凝土力学性能的影响，需要对碳化侵蚀后的混凝土同期试块开展力学性能试验，主要测试混凝土试块的弹性模量和抗压强度。

经过压力试验测试后，混凝土立方体抗压强度测试结果参见表5-1。

混凝土轴心抗压强度记录表 表 5-1

试件尺寸（mm）	强度	碳化前强度（MPa）		碳化深度为 5mm 强度（MPa）	
100×100×100	C50	53.5	54.4	59.4	61.0
		55.5		61.5	
		54.2		62.0	

根据表 5-1 计算结果，可以清晰地看到经过碳化侵蚀后混凝土立方体的轴心抗压强度有一定提高。C50 混凝土立方体轴心抗压强度在碳化前为 54.4MPa，碳化深度达 5mm 时，强度增加至 61.0MPa，分析其原因，混凝土经过碳化腐蚀后，由于试块内部空隙被钙化物所填充，使得混凝土试块变得更加密实，因此强度有所增加。

混凝土弹性模量记录表 表 5-2

试件尺寸（mm）	强度	碳化前弹性模量（GPa）		碳化深度为 5mm 弹性模量（GPa）	
100×100×100	C50	42.5	43.9	51.1	49.5
		46.0		49.2	
		43.1		48.3	

基于上述试验结果可以清晰地看到，混凝土经过碳化腐蚀后，混凝土弹性模量呈现上升的趋势。未经过碳化腐蚀混凝土 C50 的弹性模量为 43.9GPa，当碳化深度达到 5mm 时，混凝土的弹性模量上升到了 49.5GPa，说明混凝土碳化一定程度上提高了其弹性模量，研究结果和实际工程检测结果相吻合。该研究结果也从一个侧面说明，仅仅通过压强、弹性模量指标评估桥梁健康状况并不客观，还需要研究碳化侵蚀下结构疲劳特性等情况，才能对桥梁实际健康状况做出科学的评价。

5.2.1.4 碳化侵蚀后加固试验板表观性能分析

单从外观上看，经过碳化侵蚀的一组试验板，由于发生化学反应，生成致密碳化物，混凝土表面略微有膨胀，参见图 5-12。粘钢板加固的试验板在碳化池中，可能由于处于湿热环境作用下，加上由于二氧化碳与混凝土反应，导致混凝土表面碱性降低，致使钢板表面产生锈蚀（图 5-13）。经过碳纤维布加固的试验板除了混凝土表面略微膨胀外，其外观并无其他明显现象。

图 5-12 碳化侵蚀的试验板表面

图 5-13 碳化侵蚀后粘钢板表面的锈迹

5.2.2 碳化侵蚀损伤加固预应力混凝土板梁疲劳试验

本次疲劳试验主要是对碳化侵蚀条件下的经粘钢法与粘贴碳纤维布法加固预应力混凝土试验空心板进行疲劳试验，测量两种加固方法在碳化侵蚀条件下的力学特性。通过对受到疲劳破坏试验板进行力学分析，研究环境侵蚀对两种方法加固后的预应力试验板疲劳特性的具体影响。

5.2.2.1 碳化侵蚀加固预应力混凝土板梁疲劳试验准备及设备布置

1）疲劳试验主要量测项目

（1）预应力混凝土试验空心板在一定疲劳次数下的应变与位移数据。混凝土应变数据主要采集试验板跨中与1/4跨混凝土应变。挠度数据主要采集底板跨中、1/4跨竖向挠度数据。主要试验仪器为武汉华岩HY-65B3000B型数码应变计与武汉华岩HY-65050F型数码位移计。

（2）测量规定疲劳次数下的动态应变与位移。对疲劳荷载下的试验板进行动态位移测量，研究分析试验板在不同碳化深度影响下动态位移的变化。主要测量仪器为DZ型电涡流位移传感器。采集分析设备为东方所INV3060V型网络分布式采集分析仪。

（3）测量在规定疲劳次数下试验板的动态模阻与自振频率。通过对受到不同碳化腐蚀条件下的试验板在经过一定次数的疲劳荷载后的弹性模量进行测量，得到预应力试验板在不同碳化深度条件下的刚度变化。主要采集设备有中国地震局工程力学研究所891-4型拾振器。

2）疲劳试验主要设备及疲劳加载方案

本次疲劳试验在郑州大学结构试验室进行，采用的主要设备为郑州大学25t疲劳试验机、郑州大学武汉华岩数码应变计、武汉华岩数码位移计、中国地震局工程力学研究所891-4拾振器、电阻式应变片、东方所INV3060V型网络分布式采集分析仪以及DZ型电涡流位移。具体仪器布置位置如图5-14所示。

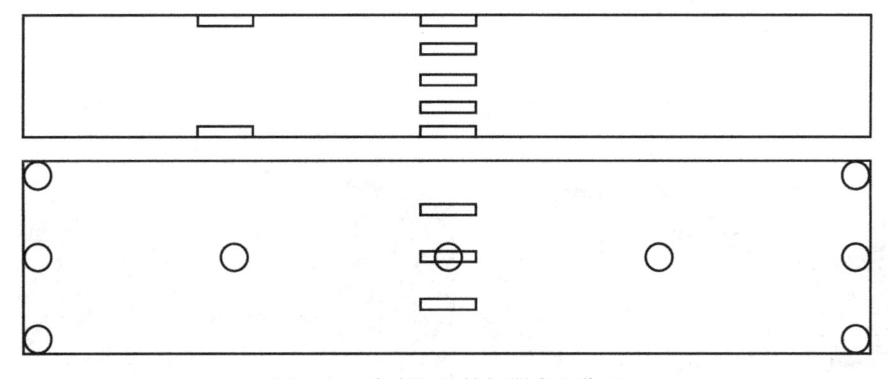

图5-14 应变以及拾振器布置位置

疲劳加载装置采用郑州大学50t液压疲劳试验机，试验板布置同静载试验相同采用三分点加载，加载示意图见图5-14。疲劳加载采用的应力比为0.8，频率为5Hz。每根试验板疲劳200万次，每50万次疲劳加载后进行一次静载试验用以测定应变以及位移情况。另每50万次测一万次动态位移及动态模量大小。

疲劳试验方案　　表 5-3

最大疲劳荷载 F'_{max}(kN)	最小疲劳荷载 F'_{min}(kN)	频率（Hz）
200	60	5

3）试验测量数据及方法

根据试验方案，具体的试验测量数据以及具体的试验测量方法有：

（1）挠度及应变量测：试验板每经过 50 万次疲劳后，对试验板开展一次静载试验，用来量测试验板经过一定疲劳次数后的力学性能变化。主要量测方法为：静载过程分级加载，每级 50kN，分五级加载到 200kN。每一级加载后持荷三分钟到数据稳定后，记录挠度和应变数据。量测结束后卸载至 0kN，待数据稳定后，记录残余挠度和应变。

（2）动态位移量测：试验板每经过 50 万次疲劳后，在试验板跨中与支座处布置动态位移感应采集器，采集试验板动态位移。

（3）模态量测：试验板每经过 50 万次疲劳后，对试验板进行模态测试，在试验板顶板上布置拾震器，采用重锤锤击试验板顶板正中位置，采集试验板动态响应信号，现场分析试验板模态。

5.2.2.2　未受到侵蚀的加固试验板疲劳试验及受力分析

对未受到侵蚀的加固试验板开展疲劳特性试验，观察疲劳过程中的试验现象，分析试验板疲劳过程中挠度与应变的变化规律。

1）B-1 的疲劳试验过程（碳纤维加固）

粘贴碳纤维布加固经过损伤的预应力空心板，有效地抑制了原有裂缝的发展，其裂缝发展较缓慢，在 0 万次时原有裂缝达到 0.22mm。50 万次疲劳后裂缝达到了 0.28mm，100 万次疲劳后最大裂缝发展到 0.3mm，其中在 120 万次是斜截面剪切处出现新的一条细微的裂纹，该裂纹直到疲劳 200 万次，其发展较为缓慢，达到了 0.08mm，裂缝宽度在疲劳至 200 万次时，原有支座支点处裂缝最大宽度达到了 0.35mm。疲劳试验过程及裂纹如图 5-15 所示，疲劳试验数据如表 5-4～表 5-6 所示。

(a) 疲劳试验过程

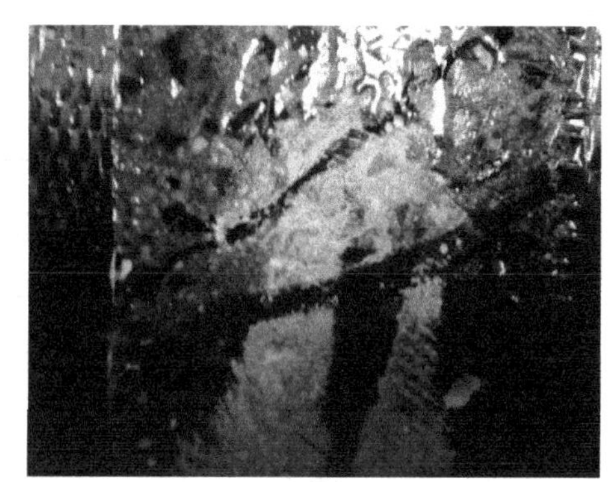

(b) 120万次疲劳试验裂纹图

图 5-15　疲劳试验过程及裂缝图

试验板跨中拉应变随疲劳次数变化表（με）　　表 5-4

疲劳次数（万）＼荷载（t）	5	10	15	20
0	54.2	106.9	157.0	208.8
50	58.9	111.5	169.1	221.7
100	64.5	127.0	178.5	237.6
150	70.9	129.7	183.2	247.1
200	80.7	140.2	200.3	260.3

试验板跨中压应变随疲劳次数变化表（με）　　表 5-5

疲劳次数（万）＼荷载（t）	5	10	15	20
0	−57.9	−120.4	−182.1	−242.2
50	−76.4	−152.6	−223.2	−290.3
100	−82.1	−166.7	−231.4	−307.1
150	−98.2	−179.9	−252.5	−337.3
200	−103.2	−190.2	−273.2	−362.3

试验板跨中挠度随疲劳次数变化表（mm）　　表 5-6

疲劳次数（万）＼荷载（t）	5	10	15	20
0	0.22	0.53	0.79	1.06
50	0.38	0.65	0.87	1.12
100	0.40	0.71	0.91	1.29
150	0.52	0.79	0.97	1.33
200	0.56	0.86	1.03	1.44

2）B-2 的疲劳试验过程（粘钢板加固）

随着疲劳次数的增加，原有裂缝受到斜粘钢的抑制，疲劳过程中并未出现加固前裂缝一张一合的试验现象，原有裂缝几乎没有扩展。钢板极大地抑制了裂缝的发展，加固后试验板能够经受 200 万次疲劳，200 万次疲劳试验后，跨中挠度为 1.43mm。疲劳试验数据如表 5-7 所示。

B-2 试验板跨中挠度、应变随疲劳次数变化表　　表 5-7

疲劳次数（万次）	Y-5（με）	Y-1（με）	W-1/2（mm）
0	216.5	−217.9	1.11
50	225.7	−241.3	1.18
100	241.6	−260.1	1.28
150	253.1	−290.3	1.35
200	258.3	−325.6	1.43

对前期经过疲劳损伤的试验板，采用粘钢板与粘碳纤维布法进行加固，然后对其开展疲劳试验。分析疲劳过程试验现象可以发现：粘钢加固构件与粘碳纤维布加固构件均能满足200万次疲劳，且疲劳过程中裂缝发展缓慢，两种加固方法都能够有效地抑制原有裂缝的发展；粘碳纤维布加固构件在疲劳过程中原有裂缝发展缓慢，在200万次疲劳过程中最大裂缝宽度处仅发展了0.13mm，且疲劳过程中新出现裂缝较少，仅在120万次时出现一条微裂纹，200万次后疲劳裂缝仅为0.08mm，粘碳纤维布加固构件能够有效抑制原有裂缝发展，且疲劳过程新裂纹较少；粘钢板加固构件具有优良的抗裂性能，200万次疲劳过程中，原有裂缝几乎没有发展，疲劳过程中并未发现原有裂缝一张一合的现象，且未发现新的疲劳裂缝。粘钢板与粘碳纤维布加固构件均能够满足200万次疲劳，证明两种加固方法均有较好的抗疲劳性能。

3）未受到侵蚀加固试验板疲劳过程受力分析

分析发现，加固构件的挠度与应变均随着疲劳次数的增加而增加，且增长趋势比较平稳，证明疲劳过程中，加固试验板内部出现了一定的疲劳损伤，疲劳损伤在不断地积累；200万次疲劳过程中，粘碳纤维布加固的构件在200kN荷载作用下挠度由1.06mm增加到1.44mm，粘钢板加固构件由1.06mm增加到1.43mm，均满足正常使用下的挠度限值，两种加固方法均具有较好的抗疲劳性能。0～100万次疲劳过程中，粘碳纤维加固构件的挠度小于粘钢加固构件的挠度；100万～200万次疲劳过程中，粘碳纤维加固构件的挠度与粘钢加固构件的挠度相接近。粘碳纤维加固构件的压应变在疲劳过程中高于粘钢加固构件，而粘钢加固构件的拉应变在150万次疲劳之前高于粘碳纤维加固构件，150万～200万次疲劳后接近于粘碳纤维加固构件，200万次疲劳时粘钢加固构件的拉应变为258.3$\mu\varepsilon$，粘碳纤维加固构件的拉应变为260.3$\mu\varepsilon$。

5.2.2.3 受到碳化侵蚀加固试验板疲劳试验

对受到碳化侵蚀的加固试验板开展疲劳试验，观察疲劳过程中的试验现象，研究了碳化侵蚀加固试验板疲劳过程中挠度与应变的变化规律。

1）B-5的疲劳试验过程及数据分析（碳纤维布加固）

疲劳试验未开始时，加固结构裂缝宽度为0.21mm，在疲劳试验进行期间，能够清晰地观察到结构裂缝随荷载加载及卸载过程出现张合现象，说明由于碳化侵蚀导致结构加固效果一定程度丧失；在0.8应力比疲劳荷载作用50万次后结构裂缝达到了0.26mm；100万次疲劳后最大裂缝发展到0.31mm，其中在80万次时斜截面出现一条细微剪切裂纹，该裂缝在疲劳200万次时达到了0.13mm；随着疲劳试验的进行，加固结构裂缝宽度在疲劳200万次时达到了0.38mm。试验发现，加固构件板挠度前期增加较为缓慢，由0～100万次的过程中，挠度增加了0.25mm；试验板后期挠度增加较快，在100万～200万次疲劳过程中，挠度增加了0.45mm，究其原因，随着疲劳次数的增加，加固效果逐渐丧失，挠度增加较大。疲劳试验过程数据如表5-8所示。

试验板跨中挠度、应变随疲劳次数变化表 **表5-8**

疲劳次数（万次）	Y-5（$\mu\varepsilon$）	Y-1（$\mu\varepsilon$）	W-1/2（mm）
0	212.2	−323.2	1.021
50	237.4	−365.8	1.124

续表

疲劳次数（万次）	Y-5（με）	Y-1（με）	W-1/2（mm）
100	261.5	−393.4	1.278
150	290.6	−425.6	1.401
200	314.7	−466.2	1.724

2）B-6 的疲劳试验过程与数据分析（粘钢板加固）

粘贴钢板加固构件经过碳化侵蚀后进行疲劳试验，试验中发现，粘贴钢板加固有效地抑制了原有裂缝的增加，试验过程中几乎看不到原有裂缝的开展；相比加固前，加固构件在疲劳荷载作用下，原有裂缝并未出现张合现象，试验现象表明粘钢板法对裂缝的开展具有较好的抑制效果。类似健康构件及为侵蚀加固构件，试验板跨中拉压应变随疲劳次数的增加而增加，增幅较小；跨中挠度前期增加较慢，后期增加较快，经过 200 万次疲劳后，跨中挠度达到 1.88mm。疲劳试验过程数据如表 5-9 所示。

试验板跨中、应变随疲劳次数变化表 **表 5-9**

疲劳次数（万次）	Y-5（με）	Y-1（με）	W-1/2（mm）
0	254.5	−360.7	1.09
50	274.1	−375.9	1.13
100	286.9	−390.9	1.40
150	291.3	−410.2	1.52
200	308.2	−440.3	1.88

3）碳化侵蚀加固试验板疲劳过程受力分析

分析碳化侵蚀加固构件疲劳过程的受力性能。碳化侵蚀加固构件的应变与挠度均随疲劳次数的增加而增加，疲劳导致了试验板的内部损伤，且在不断积累；经过碳化侵蚀后的加固构件，在两种加固方式下，相同疲劳次数下的挠度均大于未受到侵蚀的试验板，例如在 200 万次疲劳和 200kN 作用下，未受到侵蚀的粘碳纤维布加固构件挠度为 1.44mm，碳化侵蚀加固构件挠度为 1.72mm，未受到侵蚀的粘钢加固构件挠度为 1.43mm，碳化侵蚀加固构件为 1.88mm；经过侵蚀过后，相同疲劳次数下，相同荷载下的应变要明显高于未受碳化侵蚀的试验板；碳化侵蚀加剧了试验板的变形，增加了试验板的应变水平。

5.2.3 小结

本试验成果如下：

（1）在对碳化池进行改造的基础上开展了损伤加固预应力空心板梁及同期试块碳化试验。通过对经过碳化深度的 C50 混凝土立方体试块进行力学性能测试，得到未受到碳化侵蚀的混凝土试件抗压强度为 54.4MPa，碳化深度为 5mm 的混凝土试件抗压强度为 61MPa，抗压强度增加 12.1%。

（2）通过对经过碳化腐蚀的 C50 混凝土立方体试块进行弹性模量检测，测试得到未受到碳化侵蚀的混凝土试件弹性模量为 43.9GPa，碳化深度为 5mm 的混凝土试件弹性模量为 49.5GPa，弹性模量增加 12.8%。

(3) 对前期经过疲劳损伤的试验板（腹板处裂缝宽度在 0.2mm 左右），采用粘贴钢板法与粘贴碳纤维布法进行加固，无论是经过碳化侵蚀的试验板（碳化深度 0.5mm）还是未经受侵蚀的试验板，均能够满足 200 万次疲劳。

(4) 试验过程中发现，粘贴钢板法与粘贴碳纤维布法加固能有效抑制裂缝的开展，粘贴碳纤维布法加固的试验板，裂缝发展缓慢，新出现裂纹较少；经过粘贴钢板法加固的试验板，没有观察到新裂缝出现。

(5) 加固后未经侵蚀的试验板，在疲劳过程中，跨中挠度增长比较平稳，经过碳化侵蚀的试验板，在两种加固方式下，相同疲劳次数下的挠度均大于未受到侵蚀的试验板，且受到侵蚀的试验板，在 200 万次疲劳时，挠度均大于或接近于正常使用状态下的挠度。

(6) 在疲劳试验中，随着疲劳次数的增加，混凝土拉压应变均随着疲劳次数增加而增加，经过碳化侵蚀过后，试验板的混凝土应变变化呈现出逐渐增加的趋势，碳化侵蚀会影响试验板的变形及应变水平。经过侵蚀过后，随着疲劳次数的增加，相同疲劳次数下，相同荷载下的应变要明显高于未受碳化侵蚀的试验板。

5.3 加固预应力混凝土空心试验板冻融与疲劳特性试验

冻融破坏是影响桥梁使用耐久性的重要因素之一。本章通过运用气冻水融法对一组粘钢板法与碳纤维布法加固的试验板开展冻融循环侵蚀试验以及侵蚀后加固试验板的疲劳特性试验板，研究了冻融循环侵蚀对加固试验板疲劳特性的影响。

本次试验结合耐久性规范对加固试验板与同期试块开展 50 次冻融循环试验，通过对同期试块力学性能测试，分析了冻融循环对混凝土力学性能影响。对冻融循环后的加固试验板开展疲劳特性试验，研究了冻融循环对试验板疲劳过程中力学性能的影响。

5.3.1 加固预应力空心板梁冻融试验

传统冻融循环试验主要在冻融试验箱内部完成，然而冻融试验箱内部尺寸较小，无法满足本次试验大尺寸预应力构件冻融循环试验，经过反复考查论证，最终选择在郑州市惠济区江山冷库作为本次试验的开展场所。考虑到试验场所条件，结合规范规定，本次试验采用气冻水融的方法，冷冻阶段温度保持−18℃左右。将一组粘钢与粘碳纤维布加固的空心板与同期试块放在水池中浸泡 4d，将浸泡后的加固预应力混凝土空心板和同期试块从水池中取出，擦拭表面的水分，开始 50 次冻融循环试验。

5.3.1.1 冻融循环试验阶段划分

1) 冷冻阶段

冷冻阶段的目的即是使饱水的试验板和标准试块能够完全冷冻，内部产生冻胀应力，本次试验使用气冻水融的方法，根据规范规定，冷冻阶段的温度需要达到−18～−20℃并保持恒温。

冷冻阶段的主要目的是让浸水饱和后的试验板和混凝土试块能够完全冷冻，混凝土内部产生冻胀应力。试验温度由冷库自动化系统控制，保持温度在−18～−20℃之间，该冷库冷冻系统能够满足试验方案及规范对冻融试验的环境要求。为了保证加固试验板能够和冷库内部冷空气充分接触，将试验板搁置在架空的托盘上，同时方便试验板的转移运输，完成试验板冷冻和融化阶段（图 5-16）。试验方法及试验条件见 4.3 节相关内容，这里不再赘述。

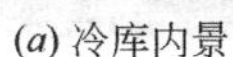
(a) 冷库内景

(b) 试验板冷冻

图 5-16　试验冷冻阶段

加固试验板和同期试块的冷冻时间主要是为了让试验板和试块的温度达到规范的要求值，根据规范《普通混凝土长期性能和耐久性能试验方法标准》规定，确定本次试验一个循环内冷冻时间为 4h。

2）融化阶段

根据规范要求，气冻水融法的融化阶段的温度在 18～20℃之间，因为考虑到本次试验板尺寸较大，融化试验箱无法满足要求。结合实际情况和试验环境，考虑试验正值夏季，因此本次融化阶段选择在室外露天平台处进行，此处室外环境温度较高，对试验板进行浇水融化。见图 5-17。

(a) 浇水融化

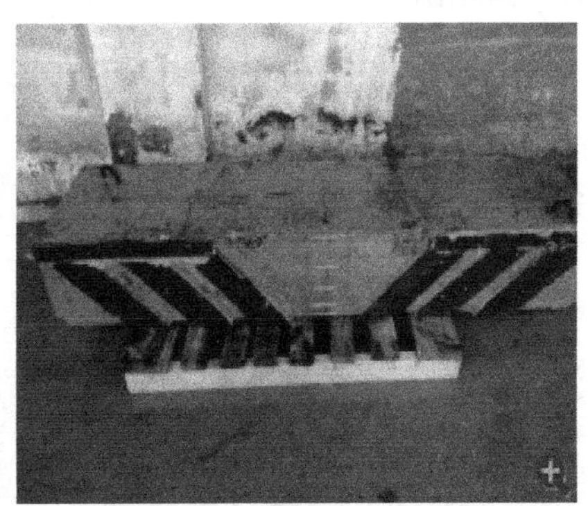
(b) 浇水融化后的试验板

图 5-17　试验板融化阶段

浇水 30min 后，中断 30min，让试验板缓缓吸水融化，按照此法逐步进行，融化周期为 3h。融化结束后，立即将试验板和同期试块拉进冷库库房进行第二次冻融循环的冷冻环节。

相对于大尺寸的试验板，同期试块尺寸较小，可以取两个塑料水桶盛满清水，将冷冻过后的同期试块放入，融化 3h，尽可能达到最好的融化效果，鉴于试验条件制约，无法使用温度在 18～20℃的温水并保持恒温，我们将水桶挪至阳光直射处，尽可能保证较高的融化温度，同期试块融化桶如图 5-18 所示。

(*a*)　　(*b*)

图 5-18　同期试块融化阶段

试验板和同期试块完成一次冷冻和融化后，即可视为一次冻融循环，记录试验板试验现象和冻融循环次数，进行下一个冻融循环，直到完成 50 次冻融循环。

3）冻融试验现象分析

经历过 50 次冻融循环的试验板和混凝土立方体试块，表面会产生一些变化，以混凝土立方体同期试块为例，在冻融循环过程中，试块表面不断产生浮浆，用水冲洗过后，试块表面露出些许骨料，甚至在部分试块表面出现破损。且随着冻融循环次数的增加，表面开始出现些许细微裂纹，并且越来越粗糙，侵蚀越来越严重。从同期试块中选取具有代表性的试块，冻融循环前后的混凝土同期立方体试块如图 5-19 所示。

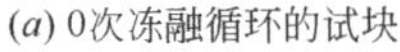

(*a*) 0次冻融循环的试块　　(*b*) 50次冻融循环的试块

图 5-19　不同冻融循环次数的同期试块

5.3.1.2　冻融循环后混凝土同期试块动弹模量与抗压强度测试

经受冻融循环侵蚀的混凝土试块表面可以观察到有较为明显的损伤，但对于混凝土内部的损伤无法直接观察，只能通过仪器测量，来评定冻融循环侵蚀后混凝土试块的损伤劣化情况。研究表明，经受冻融循环的混凝土整体动弹模量和抗压强度会发生变化，同时经受过不同次冻融循环的同期试块动弹模量和抗压强度也不相同，为研究冻融侵蚀后的试块和经受不同次冻融循环的试块后的动弹模量与抗压强度的变化规律，需要对同期试块进行动弹模量与抗压强度的测试。

（1）混凝土立方体动弹模量测试

动弹模量是指动载作用下应力和应变的比值，本次试验为了能够更加直观地体现出混凝土受到冻融循环后动弹模量的变化，选择冻融后和冻融前的动弹模量百分比即相对动弹模量为参照对象。

通过 NM-4A 超声检测仪对冻融前后的混凝土试块进行动态模量测试，测试过程中，将试块表面清理干净，在试块两端涂上耦合剂，开始采样记录。

图 5-20 液压式压力试验机

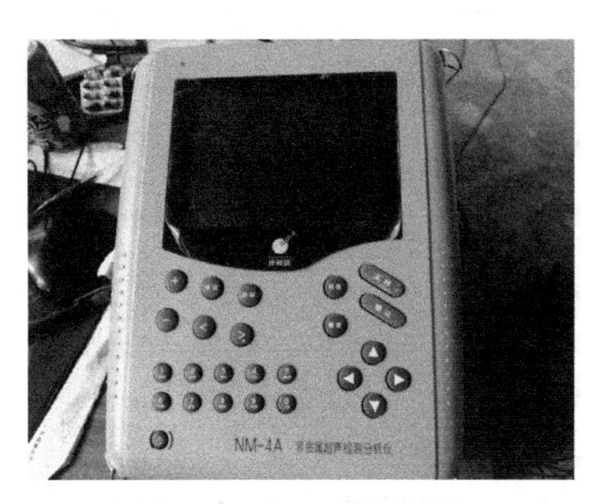

图 5-21 NM-4A 超声检测仪

（2）测量结果与分析

经过非金属超声检测，超声波在混凝土立方体试块中的传播波速以及经过冻融循环后的混凝土立方体试块相对动弹模量参见表 5-10。

混凝土立方体试块波速与相对动弹模量变化 **表 5-10**

试验试块	未经过冻融循环	50 次冻融循环
平均传播速度（m/s）	4350	3789
相对动弹模量	100%	87.10%

通过分析超声波在受到冻融循环前后的混凝土中的传播速度，计算混凝土受到冻融后的相对动弹模量，可以发现：经过冻融循环后，超声波在混凝土中的传播速度降低，相对动弹模量也降低，冻融循环降低了混凝土内部的密实性。

（3）混凝土立方体抗压强度测试

混凝土立方体试块的抗压强度测试结果如表 5-11 所示。

标准试件抗压强度结果分析 **表 5-11**

冻融次数	冻融后立方体试块极限平均破坏荷载（N）	冻融后立方体试块抗压强度平均值（MPa）
0	553600	52.59
50	482000	45.79

试验发现经过 50 次冻融循环过后，混凝土立方体试块的抗压强度由 52.59MPa 下降

至45.79MPa，混凝土强度降低12.95%。

(4) 冻融循环侵蚀加固试验板表观性能分析

经过冻融循环侵蚀的一组试验板，试验板表面有些许细微裂纹，可能是静水压力和渗透压力作用于混凝土内部疲劳损伤积累的结果，并且在冻融循环后期，能够清晰地看见，水从细微裂缝处渗入试验板，冻融循环可能造成试验板内部细微裂缝的扩展。观察冻融循环侵蚀后的加固构件，发现粘碳纤维布加固构件，加固界面局部开裂、碳纤维布与混凝土局部剥离现象如图5-22所示，粘钢加固构件钢板表面有锈迹如图5-23所示。

图5-22　冻融侵蚀后粘碳纤维布加固界面

图5-23　冻融侵蚀后钢板表面锈迹

5.3.2　冻融循环作用下加固预应力空心板梁疲劳特性试验

通过对受到冻融循环加固试验板开展疲劳特性试验，分析了冻融侵蚀加固构件疲劳过程中的试验现象，研究了试验板疲劳过程中应力与应变的变化规律。

试验板疲劳试验过程：

为了研究冻融循环对碳纤维布加固构件疲劳特性的影响，对冻融循环侵蚀劣化的试验板进行疲劳试验，对比分析研究冻融侵蚀环境劣化加固构件疲劳特性的影响。

1) B-3的疲劳试验过程与分析（碳纤维布加固）

为了研究冻融循环对碳纤维加固构件耐久性及疲劳特性的影响，将粘贴碳纤维加固构件进行50次冻融循环，观察加固耐久性劣化情况，然后对加固耐久性劣化的试验板进行疲劳试验，通过对比分析研究耐久性劣化对结构疲劳特性的影响。前期的混凝土损伤裂缝经打磨、粘贴加固后已被覆盖。试验过程中随着疲劳试验的进行，试验板顶板处相继出现多条裂缝，且逐渐由横向贯穿裂缝出现，200万次疲劳试验过后，混凝土顶板处出现多处坑槽，受损严重，混凝土顶板即将压坏。疲劳过后，观察发现，碳纤维布与混凝土试验板处有局部剥离。疲劳试验过程中试验板损伤如图5-22所示，疲劳试验数据如表5-12～表5-14所示。

2) B-4的疲劳试验过程与数据分析（粘贴钢板加固）

为了研究冻融循环对粘钢加固构件耐久性及疲劳特性的影响，将粘钢加固构件进行50次冻融循环，观察其加固耐久性劣化情况，然后对加固耐久性劣化的试验板进行疲劳试验，通过对比分析研究耐久性劣化对结构疲劳特性的影响。试验发现，构件加固后，疲劳

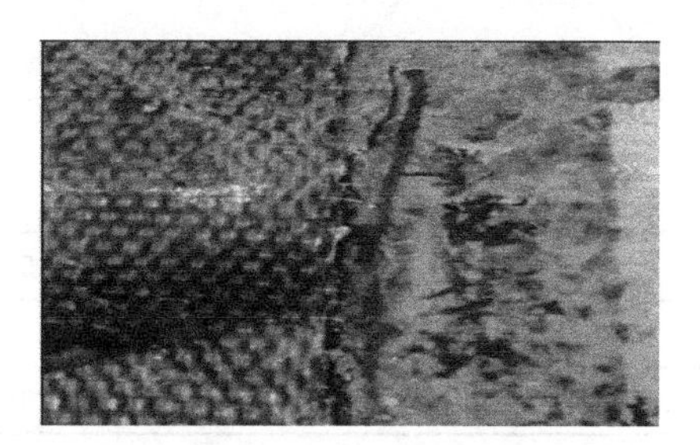
(a) 碳纤维布与混凝土表面剥离

(b) 顶板处局部压碎的混凝土

(c) 顶板处200万次疲劳后局部压碎

(d) 顶板混凝土损伤图

图 5-24 B-3 疲劳试验过程中试验板损伤图

B-3 试验板跨中拉应变随疲劳次数变化表（με） **表 5-12**

荷载（t） 疲劳次数（万）	5	10	15	20
0	64.5	117.0	175.5	245.2
50	89.5	162.1	227.9	297.2
100	86.1	172.4	250.0	310.8
150	101.5	196.2	275.4	334.8
200	110.9	200.7	286.3	360.6

B-3 试验板跨中压应变随疲劳次数变化表（με） **表 5-13**

荷载（t） 疲劳次数（万）	5	10	15	20
0	−110.4	−209.5	−348.8	−405.2
50	−175.9	−284.6	−389.5	−463.4
100	−179.1	−306.0	−432.0	−513.1
150	−210.5	−381.5	−505.4	−575.6
200	−223.7	−400.4	−536.2	−596.2

B-3 试验板跨中挠度随疲劳次数变化表（mm） **表 5-14**

荷载（t） 疲劳次数（万）	5	10	15	20
0	0.51	0.86	1.16	1.40
50	0.56	0.86	1.23	1.46

续表

疲劳次数（万） \ 荷载（t）	5	10	15	20
100	0.56	0.94	1.30	1.52
150	0.53	0.91	1.39	1.73
200	0.68	0.87	1.47	1.98

初期几乎看不到原有裂缝的开展，在疲劳荷载作用下，裂缝并未出现加固前一张一合的现象，说明斜粘钢法对裂缝的开展具有较好的抑制效果。疲劳试验过程数据如表5-15～表5-17所示。

B-4试验板跨中拉应变随疲劳次数变化表　　表5-15

疲劳次数（万） \ 荷载（t）	5	10	15	20
0	60.1	115.0	178.1	237.5
50	65.5	126.5	198.4	264.5
100	66.0	134.6	200.1	276.9
150	70.2	142.2	210.2	280.3
200	80.2	153.2	230.1	300.2

B-4试验板跨中压应变随疲劳次数变化表　　表5-16

疲劳次数（万） \ 荷载（t）	5	10	15	20
0	−87.2	−168.1	−246.4	−328.5
50	−96.0	−178.4	−257.5	−343.3
100	−89.4	−177.7	−278.2	−370.9
150	−100.3	−185.5	−290.4	−387.2
200	−112.3	−196.3	−300.6	−412.3

B-4试验板跨中挠度随疲劳次数变化表　　表5-17

疲劳次数（万） \ 荷载（t）	5	10	15	20
0	0.48	0.71	0.87	1.16
50	0.50	0.73	0.93	1.25
100	0.53	0.84	1.02	1.36
150	0.63	0.88	1.13	1.51
200	0.65	0.93	1.32	1.76

冻融循环作用下粘碳纤维与粘钢加固构件均能承受200万次疲劳。冻循环作用下粘碳纤维加固构件，在200万次疲劳过程中，原有裂缝开展不明显，顶板受损严重，且出现碳

纤维布与混凝土界面的局部剥离。而粘钢板加固构件 200 万次疲劳过程中裂缝几乎没有发展，具有较好的抗裂性能。

5.3.3 冻融侵蚀加固试验板疲劳过程受力分析

随着疲劳次数的增加，相同荷载下的加固试验板的应变要明显高于未受到侵蚀的试验板，例如 200 万次疲劳后，200kN 荷载作用下，未受到侵蚀的粘碳纤维加固构件跨中底部拉应变为 260.3$\mu\varepsilon$，冻融循环侵蚀加固构件为 360.6$\mu\varepsilon$，冻融侵蚀增加了试验板的应变水平。在两种加固方式下，相同疲劳次数下的挠度均大于未受到侵蚀的试验板，例如 200 万次疲劳后，200kN 作用下，未受到侵蚀的粘钢加固构件的挠度为 1.43mm，受到冻融循环的粘钢加固构件挠度为 1.76mm，冻融侵蚀增加了加固构件的变形。

分析发现：粘碳纤维加固构件的挠度在前 50 万次疲劳中增加较为平缓，50 万～200 万次疲劳中相对增加较快；粘钢加固构件的挠度在前 150 万次疲劳中增加较为缓慢，150 万～200 万次疲劳过程中增加较快，且相同疲劳次数下疲劳过程中粘碳纤维加固构件的挠度大于粘钢加固构件。粘碳纤维加固构件与粘钢加固构件的压应变在疲劳过程中基本呈线性增加，粘碳纤维加固构件的压应变大于粘钢加固构件的压应变；粘碳纤维加固构件拉应变前 150 万次增加较为平稳，且小于粘钢加固构件的拉应变，后 50 万次疲劳中增加较快，且大于粘钢加固构件，粘钢加固构件在疲劳过程中应变基本呈线性增加的趋势。

5.3.4 小结

综合该阶段的试验工作，结合试验成果，对本章进行总结和分析如下：

（1）按照国家《普通混凝土长期性能和耐久性能试验方法标准》，结合实际情况，利用冷库环境实现了大尺寸预应力构件冻融试验。对经受冻融前后的混凝土同期试块表观性能和材料力学性能进行了测试分析。经过 50 万次冻融循环的混凝土试块表面发生浮浆现象，甚至在试块表面有细微裂纹与骨料外露现象；经过冻融循环的混凝土试块抗压强度降低，相对弹性模量也有所降低。

（2）对前期经过疲劳损伤的试验板（腹板处裂缝宽度在 0.2mm 左右），采用粘贴钢板法与粘贴碳纤维布法进行加固，只有 B-3（粘贴碳纤维布加固的试验板经受过 50 万次冻融循环），经过 200 万次疲劳，顶板受损严重。

（3）未经过侵蚀的粘贴碳纤维布与粘贴钢板加固的试验板，在疲劳过程中，跨中挠度增长比较平稳。经过侵蚀的试验板，在两种加固方式下，相同疲劳次数下的挠度均大于未受到侵蚀的试验板；且受到侵蚀的试验板，在 150 万次疲劳之前，挠度增加比较平稳，在 150 万～200 万次的疲劳过程中，挠度增加较快，且在 200 万次疲劳时，挠度均大于或接近于正常使用状态下的挠度。

（4）在疲劳试验中，随着疲劳次数的增加，混凝土拉压应变均随着疲劳次数增加而增加，经过侵蚀过后，试验板的混凝土应变变化呈现出逐渐增加的趋势，侵蚀会影响试验板的变形，并增加试验板的应变水平。经过侵蚀过后，随着疲劳次数的增加，相同疲劳次数，相同荷载下的应变要明显高于未受过侵蚀的试验板。

（5）粘贴碳纤维布法加固的试验板，裂缝发展缓慢，新出现裂纹较少；经过粘贴钢板法加固的试验板，没有观察到新的裂缝，疲劳损伤试验板经加固后的抗裂性能有了很大的改善；粘贴钢板加固的试验板在相同的疲劳次数下，挠度均小于粘贴碳纤维布加固的试验板，说明粘贴钢板对提高加固梁刚度具有较好的效果。

5.4 环境侵蚀作用下不同加固方法加固空心板疲劳特性对比分析

不同侵蚀环境作用下、不同加固方法加固构件的耐久性劣化机理、力学特性及疲劳特性存在一定差异，通过对比分析同一侵蚀环境作用下不同加固方法耐久性及疲劳特性优劣及不同侵蚀环境作用下不同加固方法耐久性劣化机理及疲劳特性衰减规律，对优化桥梁加固设计、完善不利环境作用下桥梁加固机理、提高加固构件使用寿命具有重要的工程价值及理论意义。

本书主要是对碳化侵蚀及冻融循环作用下的加固构件的耐久性及疲劳特性开展相关研究，加固方法分别采用了粘钢板及碳纤维方法。碳化试验在自主改造的碳化箱中完成，冻融试验在冷库环境下严格按照规范要求实施完成。

本次试验主要采用三分点疲劳加载法进行加载。疲劳加载装置采用郑州大学 50t 液压疲劳试验机进行加载，加载方法、相关设备见第 4 章相关内容。

5.4.1 侵蚀环境作用下不同加固方法加固构件耐久性分析

5.4.1.1 同一侵蚀环境作用下不同加固方法加固构件外观、材料力学的对比分析

经过碳化腐蚀的一组试验板，力学性能上来看，主要表现为抗压强度、弹性模量的增加，以及化学反应引起的混凝土的表面膨胀；从微观和细观上来看，碳化反应生成的碳化钙填充在浆体空隙中，碳化作用降低了混凝土内部的孔隙率，提高了混凝土的密实度，但脆性较大；经过粘贴碳纤维布与粘贴钢板加固的试验板，经过碳化腐蚀后，混凝土表面略微膨胀，其中粘贴钢板加固的试验板，在碳化池湿热的环境中，钢板锈迹较明显（如图 5-25）。

图 5-25 经过碳化腐蚀的试验板表面

图 5-26 经过碳化腐蚀后粘贴钢板表面的锈迹

经过冻融循环侵蚀的一组试验板，从条件下养护的试块表观上来看，主要表现为在冻融循环的过程中，表面渐渐地产生浮浆，表面出现细微的小裂纹，并且出现粗糙状：从宏观物理性能上来看，主要表现为动弹模量的下降、表面剥落造成质量损失，经冻融循环后的碳纤维布与混凝土界面出现局部剥离（图 5-27）；从力学性能上来看，主要表现为抗压强度、弹性模量的下降等力学指标的降低；从微观和细观来看，表现为微细裂缝的扩展、凝胶体从密实向松散发展等。混凝土的冻融破坏可以理解为混凝土在冻融循环的作用下，静水压力和渗透压力疲劳作用于混凝土内部损伤累积的结果。

5.4.1.2 不同侵蚀环境下同一加固方法加固构件外观、材料力学的对比分析

粘贴碳纤维布与粘贴钢板加固的试验板在经过碳化腐蚀和冻融循环侵蚀后，试验板耐久性与力学性能均受到一定影响。

单从外观上看，经过碳化腐蚀的一组试验板，由于发生化学反应，生成致密碳化物，混凝土表面略微有膨胀。而经过粘贴钢板加固的试验板在碳化池中，可能由于处于湿热环境作用下，加上二氧化碳与混凝土反应，导致混凝土表面碱性降低，致使钢板表面产生锈蚀（图 5-26）。经过碳纤维布加固的试验板除了混凝土表面略微膨胀外，其外观并无其他明显现象。经过冻融循环的一组试验板，混凝土表面有些许细微裂纹，粘贴钢板加固的试验板经过冻融循环后，表面也有些许锈迹。从力学性能上来看，经过对经受过腐蚀的试验板同条件下试块力学性能的测定，可以推测出，经过碳化腐蚀的试验板，其抗压强度增加了 12.1%，弹性模量增加了 12.8%。而经过冻融循环的试验板，经过对与其同条件养护下的同期试块力学性能的测定，可以推测出，经过冻融循环的试验板，其抗压强度降低了 12.9%，相对动弹模量降低为原来的 87.5%。

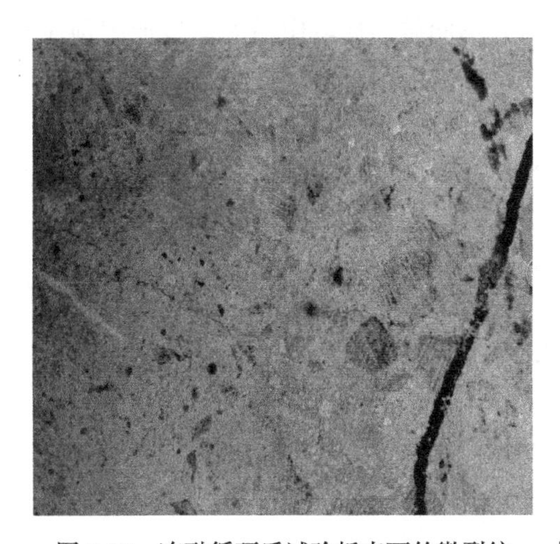

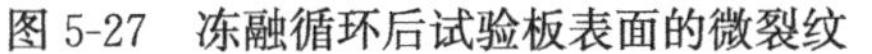

图 5-27 冻融循环后试验板表面的微裂纹

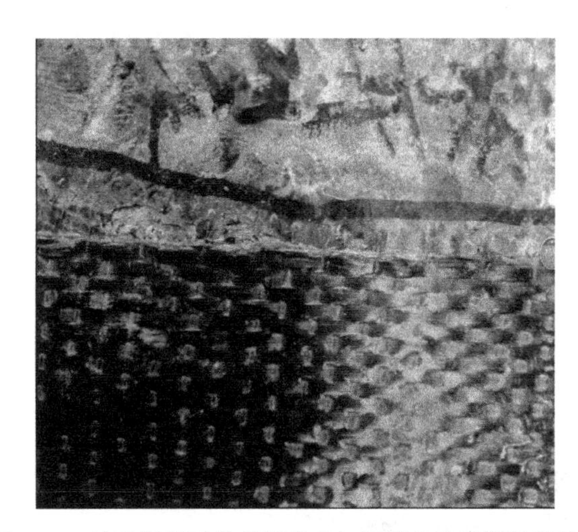

图 5-28 冻融循环后的碳纤维布与混凝土界面的局部剥离

5.4.2 不利环境侵蚀作用下加固构件疲劳试验挠度与应力对比分析

不利环境侵蚀后或经过一定次数的疲劳荷载试验后，加固结构的受力及变形反映了加固构件在不利环境侵蚀后的受力性能及加固效果，通过对比同一侵蚀环境侵蚀下不同加固方案加固构件的受力及变形情况，以及同一加固方法不同侵蚀环境作用下的受力及变形情

况，是研究不利环境作用下结构加固耐久性衰退机理异同及确定加固方案优劣的重要理论依据。本章通过对环境侵蚀后的加固构件在疲劳荷载下的混凝土拉压应变、挠度、试验板裂缝发展规律、动态应变、动态位移、动态阻尼预计动态频率进行相应的研究，并基于试验结果的对比分析对预应力试验空心板在不同侵蚀作用下疲劳特性的变化规律进行分析。

5.4.2.1　不利环境侵蚀作用下同一加固方法加固构件疲劳荷载作用下挠度与应力分析

和健康构件疲劳试验现象一致，随着疲劳次数的增加，本次试验的三组试验板跨中挠度及受力均呈现逐渐增加的现象。无论是粘贴钢板加固还是粘贴碳纤维布加固的试验板，在相同疲劳次数下，其挠度及受力均大于未受到侵蚀的试验板。各组试验板受力及变形情况如图 5-29～图 5-31 所示。

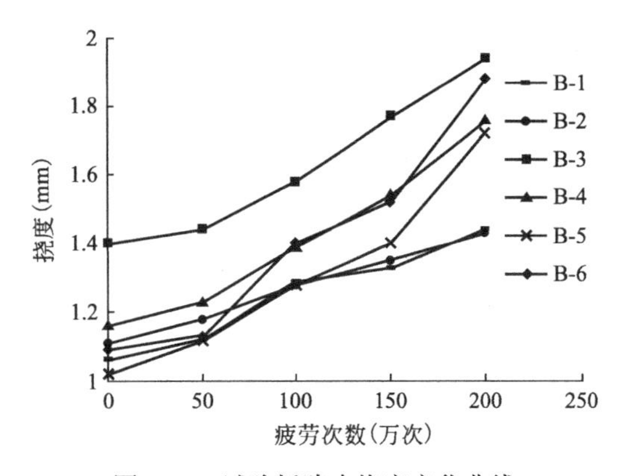

图 5-29　试验板跨中挠度变化曲线

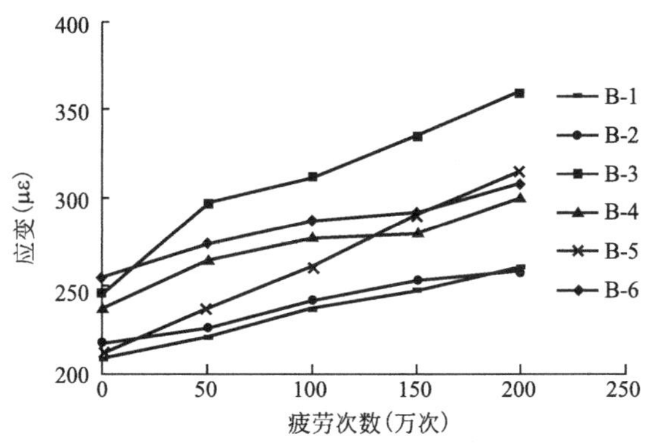

图 5-30　跨中混凝土拉应变变化趋势图

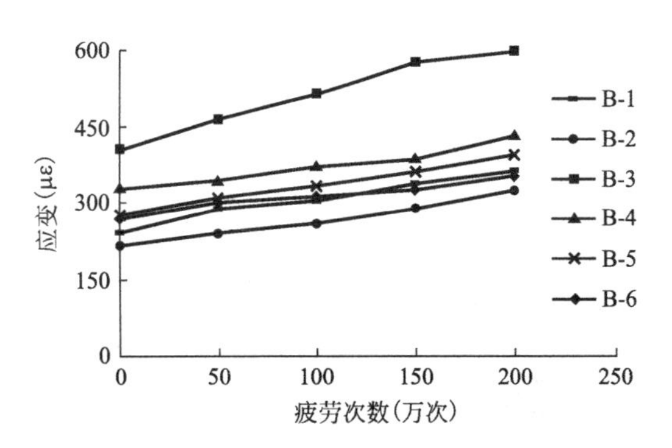

图 5-31　跨中混凝土压应变变化趋势图

1）不同侵蚀环境作用下钢板加固预应力空心板梁挠度及受力对比分析

不同侵蚀环境作用下钢板加固预应力空心板分为未侵蚀、碳化侵蚀、冻融侵蚀三组试验梁，对应的编号分别是 B-2，B-4，B-6。

（1）不同侵蚀环境作用下钢板加固预应力空心板梁跨中挠度对比分析

① 通过表 5-18、图 5-29 对比发现，未受环境侵蚀的试验板跨中挠度，在 200 万次疲劳试验过程中，其挠度增加趋势相对平缓，200 万次加载后，跨中挠度由 1.11mm 增加到 1.43mm，增幅 28%。

② 经过碳化侵蚀的试验板，在前 150 万次疲劳过程中，挠度增加比较缓慢，在 150 万～200 万次疲劳过程中，加固效果逐渐丧失，挠度增加趋势加快，且挠度大于或接近正常使用下的挠度值 1.8mm；在 200 万次的疲劳试验中，跨中挠度由 1.16mm 增加到 1.76mm，增幅 51.7%。

③ 经过冻融侵蚀的加固试验板，类似碳化侵蚀试验板，在前 150 万次疲劳过程中，挠度增加比较缓慢，在 150 万～200 万次疲劳过程中，由于加固效果逐渐丧失，跨中挠度

增加加快；在 200 万次的疲劳试验中，跨中挠度由 1.09mm 增加到 1.88mm，增幅 72.5%。

④ 对比 B-2，B-4，B-6 跨中挠度变化规律发现，在疲劳试验未开始时，B-2，B-4，B-6 的挠度基本接近，因此，不能判断出加固构件受到侵蚀后对其刚度的影响，经过 200 万次疲劳荷载作用后，三组构件在 20t 荷载作用下的跨中挠度均呈现逐渐增加的趋势，相对未侵蚀加固构件，疲劳荷载作用下侵蚀加固构件跨中挠度增加较快，未侵蚀构件跨中挠度增加 28%，碳化侵蚀加固构件跨中挠度增加 51.7%，冻融侵蚀加固构件跨中挠度增加 72.5%。对比分析 B-4，B-6 在相同疲劳次数下相对于 B-2 的挠度增长率，在 200 万次疲劳时，冻融侵蚀加固构件 B-6 为 31.4%大于碳化侵蚀加固构件 B-4 的 23.1%。

通过对不同侵蚀环境作用下钢板加固预应力空心板梁跨中挠度对比分析，可以看出：在疲劳荷载作用下，无论是同一构件疲劳全过程的挠度增长率对比分析，还是相对未受到侵蚀构件的挠度增幅对比分析，相对碳化腐蚀，冻融侵蚀对加固构件刚度衰减影响较大。因此，如果仅从刚度衰减规律考虑的话，冻融环境对钢板加固构件刚度衰减影响最为显著。

200kN 作用下试验板跨中挠度疲劳过程数据表（mm） **表 5-18**

疲劳次数（万次）	加固构件未侵蚀		加固构件碳化侵蚀		加固构件冻融侵蚀	
	B-1（碳纤维）	B-2（钢板）	B-3（碳纤维）	B-4（钢板）	B-5（碳纤维）	B-6（钢板）
0	1.06	1.11	1.40	1.16	1.02	1.09
50	1.12	1.18	1.44	1.23	1.12	1.13
100	1.29	1.28	1.58	1.39	1.28	1.4
150	1.33	1.35	1.77	1.54	1.4	1.52
200	1.44	1.43	1.94	1.76	1.72	1.88

（2）不同侵蚀环境作用下钢板加固预应力空心板梁受力对比分析

① 对比发现，未开始疲劳试验前，200kN 静载作用下，未受环境侵蚀的钢板加固试验板跨中拉压应变最小分别为 216.5$\mu\varepsilon$ 和 −217.9$\mu\varepsilon$，碳化侵蚀及冻融侵蚀后对应的跨中拉压应变依次为 237.5$\mu\varepsilon$，−328.5$\mu\varepsilon$ 和 254.5$\mu\varepsilon$，−268.6$\mu\varepsilon$；在 200 万次疲劳试验过程中，未经侵蚀加固构件跨中拉压应变增加趋势相对平缓，200 万次加载后，跨中拉压应变由 216.5$\mu\varepsilon$，−217.9$\mu\varepsilon$ 增加到 258.3$\mu\varepsilon$，−325.6$\mu\varepsilon$，增幅为 19.3%，49.4%。

② 经过碳化侵蚀的钢板加固试验板，随着疲劳次数的增加，在 200kN 静载作用下跨中拉压应变均呈逐渐增加的趋势，由最初的拉压应变 237.5$\mu\varepsilon$，−328.5$\mu\varepsilon$ 增加到 200 万次时的 300.2$\mu\varepsilon$，−432.3$\mu\varepsilon$，增幅为 26.4%，31.6%。

③ 经过冻融侵蚀的钢板加固试验板，类似碳化侵蚀加固试验板，在前 150 万次疲劳过程中，应变增加比较缓慢，在 150 万～200 万次疲劳过程中，由于加固效果逐渐丧失，应变增幅增加快；在 200 万次的疲劳试验中，跨中拉压应变由最初的 254.5$\mu\varepsilon$，−268.6$\mu\varepsilon$ 增加到 308.2$\mu\varepsilon$，−352.2$\mu\varepsilon$，增幅为 21.1%，31.1%。

④ 对比钢板加固构件 B-2，B-4，B-6 在不同侵蚀环境下受力情况发现，未进行疲劳试验前，200kN 静载作用下未经侵蚀钢板加固构件拉压应力分别为 216.5$\mu\varepsilon$ 和 −217.9$\mu\varepsilon$；

碳化侵蚀加固构件拉压应力为 237.5με，－328.5με；冻融侵蚀加固构件拉压应力为 254.5με，－268.6με；比较发现，未进行疲劳试验前，200kN 静载作用下未经侵蚀钢板加固构件拉压应力最小，碳化侵蚀加固构件压应变最大，冻融侵蚀加固构件拉应变最大。经过 200 万次疲劳荷载作用后，三组构件在 20t 荷载作用下的受力均呈现逐渐增加的趋势，未侵蚀加固构件跨中拉压应变由 216.5με，－217.9με 增加到 258.3με，－325.6με，增幅为 19.3%，49.4%；碳化侵蚀加固构件由最初的拉压应变 237.5με，－328.5με 增加到 200 万次时的 300.2με，－432.3με，增幅为 26.4%，31.6%；冻融侵蚀加固构件跨中拉压应变由最初的 254.5με，－268.6με 增加到 308.2με，－352.2με，增幅为 21.1%，31.1%，比较发现，200 万次疲劳荷载作用后，200kN 静载作用下碳化侵蚀加固构件压应力最大（－432.3με），冻融侵蚀加固构件拉应力最大（308.2με）。对比分析 B-4，B-6 在相同疲劳次数下相对于 B-2 的应变增长率，在 200 万次疲劳时，冻融侵蚀加固构件 B-6 拉应变增幅为 19.32%小于碳化侵蚀加固构件 B-4 的 23.08%，冻融侵蚀加固构件 B-6 压应变增幅为 8.17%小于碳化侵蚀加固构件 B-4 的 32.22%。

综上，通过对不同侵蚀环境作用下钢板加固预应力空心板梁跨中受力对比分析。粘贴钢板加固构件经过不利环境侵蚀后，相对未侵蚀加固构件，侵蚀构件加固性能劣化较为严重。从应力增幅来看，对比分析同一构件的疲劳全过程应力增幅，对于钢板加固构件来讲，碳化侵蚀相对冻融侵蚀拉应力增幅较大；而通过对比未受到侵蚀构件的增幅发现，冻融侵蚀相对碳化侵蚀拉应力增幅较大，压应力增幅较慢。

200kN 荷载作用下试验板跨中拉应变疲劳过程数据表（με）　　表 5-19

疲劳次数（万次）	加固构件未侵蚀		加固构件碳化侵蚀		加固构件冻融侵蚀	
	B-1（碳纤维）	B-2（钢板）	B-3（碳纤维）	B-4（钢板）	B-5（碳纤维）	B-6（钢板）
0	208.8	216.5	245.2	237.5	212.2	254.5
50	221.7	225.7	297.2	264.5	237.4	274.1
100	237.6	241.6	310.8	276.9	261.5	286.9
150	247.1	253.1	334.8	280.3	290.6	291.3
200	260.3	258.3	360.6	300.2	314.7	308.2

200kN 荷载作用下试验板跨中压应变疲劳过程数据表（με）　　表 5-20

疲劳次数（万次）	加固构件未侵蚀		加固构件碳化侵蚀		加固构件冻融侵蚀	
	B-1（碳纤维）	B-2（钢板）	B-3（碳纤维）	B-4（钢板）	B-5（碳纤维）	B-6（钢板）
0	－242.2	－217.9	－405.2	－328.5	－274.7	－268.6
50	－290.3	－241.3	－463.4	－343.3	－310.9	－300.7
100	－307.1	－260.1	－513.1	－370.9	－334.4	－312.7
150	－337.3	－290.3	－575.6	－387.2	－361.8	－328.2
200	－362.3	－325.6	－596.2	－432.3	－396.3	－352.2

2）不同侵蚀环境作用下碳纤维加固预应力空心板梁挠度及受力对比分析

对比不同环境侵蚀作用下碳纤维加固预应力空心板梁受力及变形对掌握碳纤维加固构

件在不同侵蚀环境作用下的耐久性及疲劳特性衰减规律、优化损伤结构加固方案具有重要的理论价值及现实意义。

不同侵蚀环境作用下碳纤维加固预应力空心板分为未侵蚀、碳化侵蚀、冻融侵蚀三组试验梁，对应的编号分别是 B-1，B-3，B-5。

（1）不同侵蚀环境作用下碳纤维加固预应力空心板梁跨中挠度对比分析

① 对比发现，未受环境侵蚀的试验板跨中挠度，在 200 万次疲劳试验过程中，其挠度增加趋势相对平缓，跨中挠度由 1.06mm 增加到 1.44mm，增幅 35.8%。

② 经过碳化侵蚀的试验板，在 200 万次疲劳试验过程中，其挠度增加趋势相对平缓，200 万次疲劳荷载作用后挠度由 1.40mm 增加到 1.94mm，增幅 38.5%，大于正常使用下的挠度值 1.8mm。

③ 经过冻融侵蚀的加固试验板，类似碳化侵蚀试验板，在前 150 万次疲劳过程中，挠度增加比较缓慢，在 150 万～200 万次疲劳过程中，由于加固效果逐渐丧失，跨中挠度增加加快；在 200 万次的疲劳试验中，跨中挠度由 1.09mm 增加到 1.88mm，增幅 72.5%。

④ 对比 B-1，B-3，B-5 的跨中挠度变化规律发现，未开始疲劳试验前，200kN 静载作用下未经侵蚀加固构件跨中挠度最小为 1.06mm，碳化侵蚀构件跨中挠度为 1.40mm，冻融侵蚀加固构件跨中挠度为 1.09mm。经过 200 万次疲劳荷载作用后，三组构件在 20t 荷载作用下的跨中挠度均呈现逐渐增加的趋势，跨中挠度分别为 1.44mm，1.94mm，1.88mm。相对未侵蚀加固构件 35.8%的跨中挠度增幅，侵蚀加固构件跨中挠度增加较快，碳化侵蚀加固构件跨中挠度增幅为 38.5%，冻融侵蚀加固构件跨中挠度增幅为 72.5%。通过分析表 5-20，可以清晰地看出，相同疲劳次数下，碳化侵蚀加固构件相对于未受到侵蚀加固构件的挠度增长率均大于钢板加固构件。

综上：通过对不同侵蚀环境作用下碳纤维加固预应力空心板梁跨中挠度对比分析，同一构件的疲劳全过程挠度增幅，相对碳化腐蚀，冻融侵蚀对加固构件刚度衰减影响较大；而通过对比未受到侵蚀构件的挠度增幅发现，相对冻融侵蚀，碳化侵蚀相对于未受到侵蚀加固构件挠度增幅较大。

（2）不同侵蚀环境作用下碳纤维加固预应力空心板梁受力对比分析

① 对比发现，未开始疲劳试验前，200kN 静载作用下，未受环境侵蚀的碳纤维加固试验板跨中拉压应变最小，分别为 208.8$\mu\varepsilon$ 和－242.2$\mu\varepsilon$；碳化侵蚀及冻融侵蚀后对应的跨中拉压应变依次为 245.2$\mu\varepsilon$，－405.2$\mu\varepsilon$ 和 212.2$\mu\varepsilon$，－274.7$\mu\varepsilon$；在 200 万次疲劳试验过程中，未经侵蚀加固构件跨中拉压应变增加趋势相对平缓，200 万次加载后，跨中拉压应变由 208.8$\mu\varepsilon$，－242.2$\mu\varepsilon$ 增加到 260.3$\mu\varepsilon$，－362.3$\mu\varepsilon$，增幅 24.6%，49.6%。

② 经过碳化侵蚀的钢板加固试验板，随着疲劳次数的增加，在 200kN 静载作用下跨中拉压应变均呈逐渐增加的趋势，由最初的拉压应变 245.2$\mu\varepsilon$，－405.2$\mu\varepsilon$ 增加到 200 万次时的 360.6$\mu\varepsilon$，－596.2$\mu\varepsilon$，增幅为 47.1%，47.1%。

③ 经过冻融侵蚀的钢板加固试验板，类似碳化侵蚀加固试验板，在前 150 万次疲劳过程中，应变增加比较缓慢，在 150 万～200 万次疲劳过程中，由于加固效果逐渐丧失，应变增幅增加快；在 200 万次的疲劳试验中，跨中拉压应变由最初的 212.2$\mu\varepsilon$，－274.7$\mu\varepsilon$ 增加到 314.7$\mu\varepsilon$，－396.3$\mu\varepsilon$，增幅为 48.3%，44.3%。

④ 对比碳纤维加固构件B-1，B-3，B-5在不同侵蚀环境下受力情况发现，未进行疲劳试验前，200kN静载作用下未经侵蚀钢板加固构件拉压应力最小（208.8με和－242.2με），碳化侵蚀加固构件拉压应变最大（245.2με，－405.2με），冻融侵蚀加固构件拉压应力居中（212.2με，－274.7με）。经过200万次疲劳荷载作用后，三组构件在200kN荷载作用下的受力均呈现逐渐增加的趋势，未侵蚀加固构件跨中拉压应变由208.8με，－242.2με增加到260.3με，－362.3με，增幅为24.6%，49.6%；碳化侵蚀加固构件由最初的拉压应变245.2με，－405.2με增加到200万次时的360.6με，－596.2με，增幅为47.1%，47.1%；冻融侵蚀加固构件跨中拉压应变由最初的212.2με，－274.7με增加到314.7με，－396.3με，增幅为48.3%，44.3%，比较发现，200万次疲劳荷载作用后，200kN静载作用下碳化侵蚀加固构件拉压应力最大（360.6με，－596.2με），冻融侵蚀加固构件拉压应力次之，未侵蚀加固构件最小。

综上，通过对不同侵蚀环境作用下碳纤维加固预应力空心板梁受力对比分析，说明加固构件经过不利环境侵蚀后，相对未侵蚀加固构件，其加固性能劣化较为严重。从应力增幅来看，对比分析同一构件的疲劳全过程应力增幅，对于碳纤维加固构件，碳化侵蚀与冻融侵蚀应力增幅较接近；而通过对比未受到侵蚀构件的增幅发现，碳化侵蚀相对冻融侵蚀应力增幅较大。从应力增幅来看，对于碳纤维加固构件来讲，相对冻融侵蚀，碳化侵蚀对加固构件受力影响较大。

5.4.2.2　同一环境作用下不同加固方法加固构件疲劳荷载作用下挠度与应力分析

研究同一侵蚀环境作用下不同加固方法加固构件疲劳荷载作用下受力及变形对研究不同加固方法在某侵蚀环境作用下的耐久性劣化机理及疲劳特性衰减规律具有重要的理论价值。

（1）未受侵蚀不同加固方法加固预应力空心板梁跨中受力及变形对比分析

比较B1与B2变形和受力可以发现，碳纤维加固及钢板加固构件受力及变形相近。相对碳纤维加固构件跨中挠度增幅35%（1.06～1.44mm），钢板加固构件在经受200万次疲劳荷载作用后跨中挠度增幅较小（1.11～1.43mm），为28.8%；在拉应力方面，未开始疲劳试验前，钢板加固构件拉应力相对碳纤维加固构件略大，但差别不大，200万次疲劳荷载作用后，钢板加固构件拉应力和碳纤维加固构件拉应力接近，增幅小于碳纤维加固构件；压应力方面，疲劳试验开始前，钢板加固构件小于碳纤维加固构件，随疲劳加载次数的增加，两种加固方式构件拉应力均呈增加趋势，两者增幅较为接近。

（2）碳化侵蚀不同加固方法加固预应力空心板梁跨受力对比分析

通过分析表5-21、表5-22发现，碳化侵蚀作用下，疲劳试验开始前，钢板加固构件不论是跨中挠度（1.16mm）还是拉压应变（237.5με/－328.5με）均小于碳纤维加固构件（1.40mm，245.2με/－405.2με）。随疲劳次数的增加，加固构件受力及变形均呈增加趋势，200万次疲劳荷载作用后，钢板加固构件跨中挠度及拉压应变均小于碳纤维加固构件。钢板加固构件跨中挠度及拉压应变分别为1.76mm、300.2με、－432.3με，增幅为51.7%、26.4%、31.6%；碳纤维加固构件跨中挠度及拉压应变分别为1.94mm、360.6με、－596.2με，增幅分别为38.57%、47.06%、47.14%，比较发现，碳纤维加固构件挠度增幅小于钢板加固构件，拉压应变增幅均大于钢板加固构件。整体上看，钢板加固构件相对碳纤维加固具有较好的抗疲劳衰减特性。

疲劳加载后试验板 200kN 作用下静载数据 表 5-21

构件类型	加固构件未侵蚀						加固构件碳化侵蚀						加固构件冻融侵蚀					
	B-1（粘碳纤维）			B-2（粘钢板）			B-3（粘碳纤维）			B-4（粘钢板）			B-5（粘碳纤维）			B-6（粘钢板）		
疲劳次数（万次）	受力（$\mu\varepsilon$）		挠度（mm）	受力（$\mu\varepsilon$）		挠度（mm）	受力（$\mu\varepsilon$）		挠度（mm）	受力（$\mu\varepsilon$）		挠度（mm）	受力（$\mu\varepsilon$）		挠度（mm）	受力（$\mu\varepsilon$）		挠度（mm）
	拉	压		拉	压		拉	压		拉	压		拉	压		拉	压	
0	208.8	−242.2	1.06	216.5	−217.9	1.11	245.2	−405.2	1.40	237.5	−328.5	1.16	212.2	−274.7	1.02	254.5	−268.6	1.09
50	221.7	−290.3	1.12	225.7	−241.3	1.18	297.2	−463.4	1.44	264.5	−343.3	1.23	237.4	−310.9	1.12	274.1	−300.7	1.13
100	237.6	−307.1	1.29	241.6	−260.1	1.28	310.8	−513.1	1.58	276.9	−370.9	1.39	261.5	−334.4	1.28	286.9	−312.7	1.40
150	247.1	−337.3	1.33	253.1	−290.3	1.35	334.8	−575.6	1.77	280.3	−387.2	1.54	290.6	−361.8	1.4	291.3	−328.2	1.52
200	260.3	−362.3	1.44	258.3	−325.6	1.43	360.6	−596.2	1.94	300.2	−432.3	1.76	314.7	−396.3	1.72	308.2	−352.2	1.88

疲劳加载后试验板 200kN 作用下静载数据随疲劳次数增长率变化表 表 5-22

构件类型	加固构件未侵蚀						加固构件碳化侵蚀						加固构件冻融侵蚀					
	B-1（粘碳纤维）			B-2（粘钢板）			B-3（粘碳纤维）			B-4（钢粘板）			B-5（粘碳纤维）			B-6（粘钢板）		
疲劳次数（万次）	受力		挠度	受力		挠度	受力		挠度	受力		挠度	受力		挠度	受力		挠度
	拉	压		拉	压		拉	压		拉	压		拉	压		拉	压	
0	1	1	1	1	1	1	1	1	1	1	1	1	1	1	1	1	1	1
50	6.18%	19.86%	5.66%	4.25%	10.74%	6.31%	21.21%	14.36%	2.86%	11.37%	4.51%	6.03%	11.88%	13.18%	9.80%	7.70%	11.95%	3.67%
100	13.79%	26.80%	21.70%	11.59%	19.37%	15.32%	26.75%	26.63%	12.86%	16.59%	12.91%	19.83%	23.23%	21.73%	25.49%	12.73%	16.42%	28.44%
150	18.34%	39.27%	25.47%	16.91%	33.23%	21.62%	36.54%	42.05%	26.43%	18.02%	17.87%	32.76%	36.95%	31.71%	37.25%	14.46%	22.19%	39.45%
200	24.66%	49.59%	35.85%	19.31%	49.43%	28.83%	47.06%	47.14%	38.57%	26.40%	31.60%	51.72%	48.30%	44.27%	68.63%	21.10%	31.12%	72.48%

注：试验板载在 0 万次时 200kN 静载数据设为 1。

为了更加全面地分析碳化侵蚀作用下不同加固方法加固构件的受力性能，分析碳化加固构件相对于未受到侵蚀加固构件的增长率（参见表5-18～表5-20）可以清晰发现，在相同疲劳次数下，碳纤维布加固构件的挠度、应变均增长率均大于粘钢板加固的试验板，钢板加固构件具有较好的受力性能，如200万次疲劳后，200kN静载作用下，碳纤维布加固构件的拉压应变（38.53%，64.56%）、挠度增长率（34.72%）均大于钢板加固构件（16.22%，32.77%，23.08%）。

综上，对于碳化侵蚀环境，排除经济等因素外，钢板加固构件相对碳纤维加固具有较好的受力性能及抗疲劳衰减特性。

（3）冻融侵蚀不同加固方法加固预应力空心板梁跨受力对比分析

通过分析表5-21、表5-22，冻融侵蚀作用下，疲劳试验开始前，钢板加固构件跨中挠度（1.09mm）及拉应力（254.5）略大于碳纤维加固构件（1.02mm、212.2），压应力小于碳纤维加固构件（274.7）。随疲劳次数的增加，加固构件受力及变形均呈增加趋势，200万次疲劳荷载作用后，钢板加固构件跨中挠度及拉压应力均小于碳纤维加固构件。钢板加固构件跨中挠度及拉压应变分别为1.88mm、308.2$\mu\varepsilon$、－352.2$\mu\varepsilon$，增幅为72.4%、21.1%、31.1%；碳纤维加固构件跨中挠度及拉压应变分别为1.72mm、360.6$\mu\varepsilon$、－596.2$\mu\varepsilon$，增幅分别为68.8%、48.3%、44.2%，比较发现，碳纤维加固构件挠度增幅略小于钢板加固构件，碳纤维加固构件拉压应变增幅均大于钢板加固构件。钢板加固构件相对碳纤维加固具有较好的抗疲劳衰减特性。

表5-23为环境侵蚀作用下试验板200kN作用下静载数据随疲劳次数增长率变化表，通过表可以清晰地看到，在相同疲劳次数下，钢板加固构件的应变均增长率接近于碳纤维布加固的试验板，钢板加固构件的挠度增长率大于碳纤维布加固的试验板。

综上，对于冻融侵蚀环境，排除经济等因素外，钢板加固构件相对碳纤维加固具有较好的抗疲劳衰减特性，碳纤维布加固构件相对钢板加固具有较好的受力性能。

随疲劳次数逐渐增加，试验板跨中挠度及应变均呈逐渐增加的趋势，对三组试验板进行对比分析发现：在200万次疲劳过程中，三组试验板的拉应变均在平稳增加，200次疲劳试验后，受到侵蚀试验板的跨中挠度及拉应变均大于未受到侵蚀的试验板；在相同疲劳次数下，对受冻融循环侵蚀的试验板，粘贴碳纤维布加固的试验板的拉应变大于粘贴钢板加固的试验板的拉应变，且差值随着疲劳次数的增加而增加；未受到侵蚀的试验板与受到碳化腐蚀的试验板，同组的粘贴碳纤维布加固的试验板与粘贴钢板加固的试验板拉应变相接近。随着疲劳次数的增加，试验板的压应变均在逐渐的增大，在相同疲劳次数下，受环境侵蚀的试验板的压应变明显大于未受到侵蚀的试验板，三组试验板中，同组粘贴碳纤维布的试验板的压应变均大于未粘贴钢板加固的试验板。受到冻融循环的试验板，200万次疲劳时，B-3压应变相比B-1增加234，B-4相比B-2增加106.7；而受到碳化腐蚀的试验板，200万次疲劳时，压应变稍大于未受到腐蚀的试验板。

5.4.3 加固预应力试验板在侵蚀条件下疲劳过程中动态数据分析

试验板在疲劳正弦荷载作用下的动态位移能够反映试验板的抗冲击性能，加固后的预应力试验空心板在受到环境侵蚀后，试验板在疲劳荷载过程中的动态数据会因为试验板疲劳特性的改变而发生改变，因此，为了研究不利环境侵蚀作用下加固结构疲劳特性衰减规

环境侵蚀作用下试验板 200kN 静载数据随疲劳次数增长率变化表 表 5-23

构件类型	加固构件未侵蚀						加固构件碳化侵蚀						加固构件冻融侵蚀					
	B-1（粘碳纤维）			B-2（粘钢板）			B-3（粘碳纤维）			B-4（粘钢板）			B-5（粘碳纤维）			B-6（粘钢板）		
疲劳次数（万次）	受力		挠度	受力		挠度	受力		挠度	受力		挠度	受力		挠度	受力		挠度
	拉	压		拉	压		拉	压		拉	压		拉	压		拉	压	
0	1	1	1	1	1	1	17.43%	67.30%	32.08%	9.70%	50.76%	4.50%	1.63%	13.42%	—3.77%	17.55%	23.27%	—1.80%
50	1	1	1	1	1	1	34.06%	59.63%	28.57%	17.19%	42.27%	4.24%	7.08%	7.10%	0.00%	21.44%	24.62%	—4.24%
100	1	1	1	1	1	1	30.81%	67.08%	22.48%	14.61%	42.60%	8.59%	10.06%	8.89%	—0.78%	18.75%	20.22%	9.37%
150	1	1	1	1	1	1	35.49%	70.65%	33.08%	10.75%	33.38%	14.07%	17.60%	7.26%	5.26%	15.09%	13.06%	12.59%
200	1	1	1	1	1	1	38.53%	64.56%	34.72%	16.22%	32.77%	23.08%	20.90%	9.38%	19.44%	19.32%	8.17%	31.47%

注：加固构件未受到侵蚀的试验板 200kN 作用下疲劳试验静载数据设为 1。

律，有必要对疲劳试验过程中的动态疲劳数据进行测量与分析（图 5-32）。

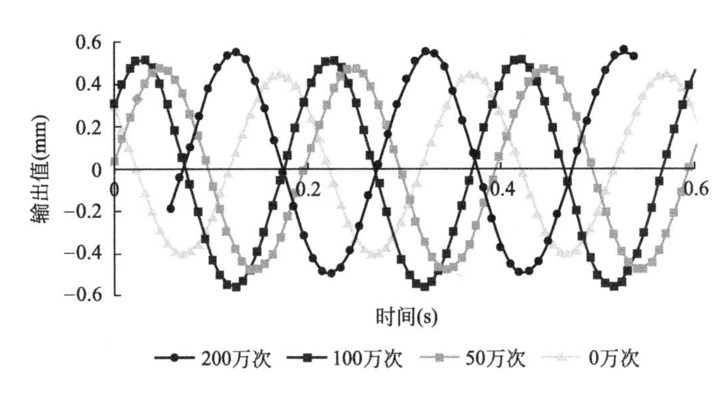

图 5-32　B-3 试验板疲劳试验过程中动态位移图

本次试验采用电涡流采集试验板在疲劳荷载下的动态位移，由于疲劳过程中试验力采用正弦加载，所以试验板的位移随着疲劳过程呈现出正弦规律变化，B-1～B-6 的动态位移均随着疲劳次数的增加而增加。表 5-24 为 200 万次疲劳荷载作用下试验板的动态位移，经过侵蚀的试验板动态位移要明显大于未受到侵蚀的试验板，同一组的试验板粘贴碳纤维布加固的试验板的动态位移略大于粘贴钢板的试验板，对比分析未受到侵蚀的加固构件，粘贴纤维布的动态位移增长率要大于粘贴钢板的增长率，证明经过环境侵蚀后的试验板，在疲劳荷载的作用下抗冲击性能明显弱于未受侵蚀加固构件，侵蚀环境作用下，粘贴钢板加固的试验板的抗冲击性能好于粘贴碳纤维布加固的试验板。

200 万次疲劳荷载作用下试验板动态位移变化趋势表　　　　表 5-24

试验板分组	试件编号	受侵蚀程度	加固方式	波峰（mm）	波谷（mm）	振幅（mm）
第二组	B-1	未受到侵蚀	粘碳纤维布	0.39	−0.32	0.71
	B-2	未受到侵蚀	粘钢板	0.37	−0.33	0.71
第三组	B-3	冻融	粘碳纤维布	0.54	−0.52	1.06
	B-4	冻融	粘钢板	0.53	−0.48	1.01
第四组	B-5	碳化	粘碳纤维布	0.53	−0.52	1.05
	B-6	碳化	粘钢板	0.52	−0.51	1.03

200 万次疲劳荷载作用下试验板动态位移增长率变化表　　　　表 5-25

试验板分组	试件编号	受侵蚀程度	加固方式	波峰（mm）	波谷（mm）	振幅（mm）
第一组	B-1	未受到侵蚀	粘贴碳纤维布加固	1	1	1
	B-2	未受到侵蚀	粘钢法加固	1	1	1
第二组	B-3	冻融	粘贴碳纤维布加固	38.46%	62.50%	49.30%
	B-4	冻融	粘钢法加固	43.24%	45.45%	42.25%
第三组	B-5	碳化	粘贴碳纤维布加固	35.90%	62.50%	47.89%
	B-6	碳化	粘钢法加固	40.54%	54.55%	45.07%

注：未受到侵蚀的试验板 200 万次疲劳作用下的动态位移数据设为 1。

5.4.4　加固预应力试验板在侵蚀条件下疲劳过程中模态数据分析

振动特性分析在结构设计和评价中具有很重要的位置，而试验模态分析技术（EMA）是一种行之有效的结构检测的方法。试验模态分析通过测量模态参数（固有频率、阻尼比、振型、模态刚度、模态质量）产生的变化，并通过分析与识别技术判断结构安全程度的方法。模态分析包括理论模态分析和试验模态分析两部分，核心内容就是确定用以描述结构动态特性的固有频率、振型和阻尼比等模态参数。本节通过对预应力混凝土空心试验板进行试验模态分析，研究试验板的动力特性和环境侵蚀加固预应力混凝土空心试验板疲劳性能之间的关系。

5.4.4.1　模态分析方法

试验模态分析是通过试验数据采集系统收集各种信号，通过参数识别等一系列步骤获取模态参数。具体做法是：首先在结构物静止的状态下对结构进行人工激励，通过采集系统测量振动响应与激振力，通过参数识别找出激振点与各个测点之间的频响函数，建立频响函数矩阵，通过模态分析理论对试验导入函数进行拟合，最后识别出模态参数。

本次模态测试采用单点激励多点响应法，采用重锤对加固试验板施加激振力，使试验板产生强迫振动，由于重锤锤击试验板的时间很短暂，实际上是施加给加固试验板一个脉冲作用。重锤锤击加固试验板的冲击波频谱中包含了从零开始的各个频率的冲击波。只有其频率与加固试验板频率相同时，试验板才能以固有频率振动。测试加固试验板模态具体步骤如下：

（1）标定试验用拾振器，保证设备运用良好。

（2）加固试验板采用简支约束，沿试验板顶板长边方向等间距布置五个拾振器，将拾振器与导线连接并将拾振器用黄油固定在试验板上，传感器布设参见图 5-14。

（3）开始锤击试验，检测时间为 20min。采集速度为 480/s，用重锤锤击试验板顶板正中，锤击过程观察试验板锤击信号是否正常，排除噪声波干扰。

（4）现场分析采集数据，如试验板振型正常，则结束，否则再次进行锤击试验。

5.4.4.2　预应力试验板自振频率分析

在每进行 50 万次疲劳试验后，进行一次模态检测。使用黄油将拾振器固定于试验板上待检测位置，检测时间为 20min。采集速度为 480/s。分析过程如图 5-33 所示，试验板的振型动画如图 5-33（*d*）。从表 5-26～表 5-28 中可以清晰地看到，随着疲劳次数的增加，三组试验板的自振频率均在降低，说明试验板的刚度随着疲劳次数的增加呈逐渐下降趋势；相同疲劳次数下，受到碳化腐蚀的试验板的自振频率要明显高于未受到侵蚀的试验板，这是由于试验板经过碳化后，混凝土发生化学反应生成密实的钙化物，导致整体性能有所增加，自振频率有所增加；而受到冻融循环侵蚀的试验板，试验板内部充满细微的小裂缝，导致试验板整体性能有所下降，自振频率降低。

通过表 5-29、表 5-30 可知，随着疲劳次数增加试验板的阻尼均有逐渐增大的趋势，这是由于随着疲劳次数的增加，试验板的细微裂纹逐渐增加，裂纹之间相互摩擦，且相互之间的摩擦随着疲劳次数的增加越来越剧烈，因此，阻尼会随着损伤程度增加而逐渐增加，具体数据参见表 5-29。由表 5-29 可以发现随着疲劳次数的增加，试验板的阻尼缓慢增加，说明三组试验板的抗疲劳特性均呈降低趋势，但裂缝发展较缓慢，加固后的试验板

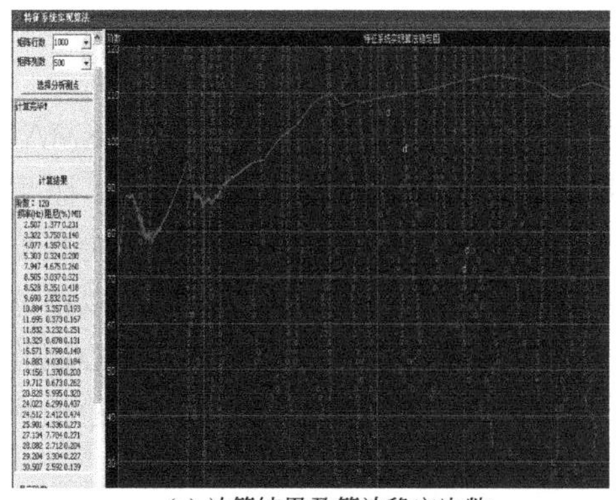

(*a*) 计算结果及算法稳定次数

(*b*) 脉冲响应波形图

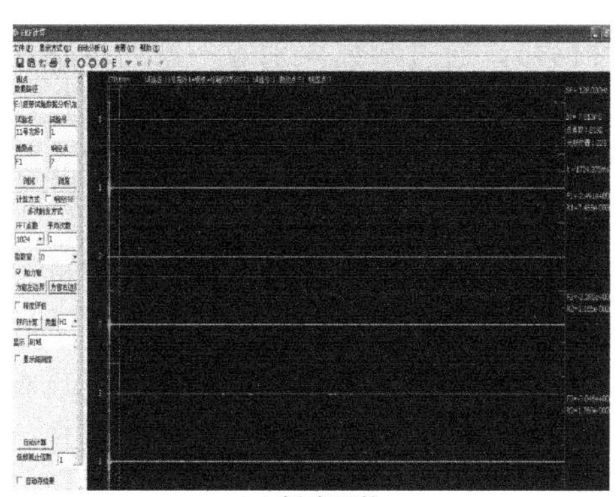

(*c*) 频响函数

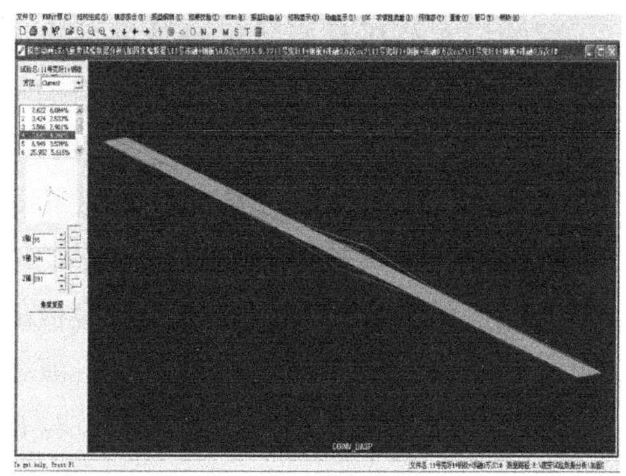

(*d*) 一阶振型图

图 5-33 基频采集分析过程图

侵蚀环境作用下加固试验板基频随疲劳次数变化表 **表 5-26**

试验板分组	试件编号	受侵蚀程度	加固方式	0 万次	50 万次	100 万次	150 万次	200 万次
第一组	B-1	未受到侵蚀	粘贴碳纤维布加固	4.8	3.1	2.7	2.7	2.3
	B-2	未受到侵蚀	粘钢法加固	5.2	3.4	2.9	2.7	2.5
第二组	B-3	冻融	粘贴碳纤维布加固	3.6	2.9	2.5	2.1	1.9
	B-4	冻融	粘钢法加固	2.9	2.7	2.2	2	1.9
第三组	B-5	碳化	粘贴碳纤维布加固	5	3.1	2.9	2.7	2.4
	B-6	碳化	粘钢法加固	5.3	3.5	3	2.8	2.6

环境侵蚀作用下相同疲劳次数下试验板基频增长率变化表 **表 5-27**

试验板分组	试件编号	受侵蚀程度	加固方式	0 万次	50 万次	100 万次	150 万次	200 万次
第一组	B-1	未受到侵蚀	粘贴碳纤维布加固	1	1	1	1	1
	B-2	未受到侵蚀	粘钢法加固	1	1	1	1	1
第二组	B-3	冻融	粘贴碳纤维布加固	−25.0%	−6.5%	−7.4%	−22.2%	−17.4%
	B-4	冻融	粘钢法加固	−39.6%	−12.9%	−18.5%	−25.9%	−17.4%
第三组	B-5	碳化	粘贴碳纤维布加固	4.2%	0.0%	7.4%	0.0%	4.3%
	B-6	碳化	粘钢法加固	1.9%	2.9%	3.4%	3.7%	4.0%

注：未受到侵蚀的加固试验板基频设为 1。

试验板随疲劳次数增长基频增长率变化表 表 5-28

试验板分组	试件编号	受侵蚀程度	加固方式	0 万次	50 万次	100 万次	150 万次	200 万次
第一组	B-1	未受到侵蚀	粘贴碳纤维布加固	1	−35.4%	−43.8%	−43.8%	−52.1%
	B-2	未受到侵蚀	粘钢法加固	1	−34.6%	−44.2%	−48.1%	−51.9%
第二组	B-3	冻融	粘贴碳纤维布加固	1	−19.4%	−30.6%	−41.7%	−47.2%
	B-4	冻融	粘钢法加固	1	−6.9%	−24.1%	−31.0%	−34.5%
第三组	B-5	碳化	粘贴碳纤维布加固	1	−38.0%	−42.0%	−46.0%	−52.0%
	B-6	碳化	粘钢法加固	1	−34.0%	−43.4%	−47.2%	−50.9%

注：设加固试验板在 0 万次疲劳时基频为 1。

侵蚀环境作用下加固试验板阻尼随疲劳次数变化表 表 5-29

试验板分组	试件编号	受侵蚀程度	加固方式	0 万次	50 万次	100 万次	150 万次	200 万次
第一组	B-1	未受到侵蚀	粘贴碳纤维布加固	5.23	6.42	5.75	6.25	6.48
	B-2	未受到侵蚀	粘钢法加固	5.01	5.31	5.43	5.54	6.01
第二组	B-3	冻融	粘贴碳纤维布加固	4.87	5.16	5.33	5.79	7.18
	B-4	冻融	粘钢法加固	4.35	4.47	4.99	5.01	5.31
第三组	B-5	碳化	粘贴碳纤维布加固	5.3	5.43	5.44	5.74	6.32
	B-6	碳化	粘钢法加固	4.92	5.15	5.33	5.47	6.43

试验板随疲劳次数增长阻尼增长率变化表 表 5-30

试验板分组	试件编号	受侵蚀程度	加固方式	0 万次	50 万次	100 万次	150 万次	200 万次
第一组	B-1	未受到侵蚀	粘贴碳纤维布加固	1	3.63%	9.94%	19.50%	23.90%
	B-2	未受到侵蚀	粘钢法加固	1	5.99%	8.38%	10.58%	19.96%
第二组	B-3	冻融	粘贴碳纤维布加固	1	5.95%	9.45%	18.89%	47.43%
	B-4	冻融	粘钢法加固	1	2.76%	14.71%	15.17%	22.07%
第三组	B-5	碳化	粘贴碳纤维布加固	1	2.45%	2.64%	8.30%	19.25%
	B-6	碳化	粘钢法加固	1	4.67%	8.33%	11.18%	30.69%

抗裂性能有较大的提升。粘贴碳纤维布加固的试验板受冻融后，其阻尼增加的速度明显要快于其他的试验板，这是因为其随着疲劳次数的增加，顶板处裂缝较多较大，破坏比较严重，裂缝之间的摩擦力较大，导致其阻尼随着疲劳次数的增加而增加的速率明显加快。经典阻尼公式为依靠阻尼判断结构稳定性提供了基本的理论工具，参见 Rayleigh 阻尼公式：

$$c = a_0 m + a_1 k \tag{5-4}$$

$$\xi_n = \frac{a_0}{2}\frac{1}{\omega_n} + \frac{a_1}{2}\omega \tag{5-5}$$

$$\frac{1}{2}\begin{bmatrix} 1/\omega_i & \omega_i \\ 1/\omega_j & \omega_j \end{bmatrix}\begin{bmatrix} a_0 \\ a_1 \end{bmatrix} = \begin{bmatrix} \xi_i \\ \xi_j \end{bmatrix} \tag{5-6}$$

式中 ξ_n——第 n 阶振型的阻尼比；

a_0，a_1——常数（/s 与 s）。

5.4.5 环境侵蚀对疲劳性能的影响分析

试验数据显示随着疲劳次数的增加，试验板跨中挠度逐渐增加，可见疲劳次数 N 对挠度增加量有很大的影响，因而，建立对疲劳次数与跨中挠度增量间的相关关系对掌握结构疲劳特性衰减规律及疲劳寿命预测具有一定的理论价值。

在进行疲劳之前对试验板进行静载试验加载至 200kN，此时梁的挠度为 f_1。再每经过 50 万次疲劳后测量试验板在静载试验中的跨中挠度 f，挠度增加量为 $(\psi-1)f_1$，令 $\kappa=\psi-1$，既挠度增加量 κf_1，只需要找出系数 κ 与疲劳次数 N 之间的关系即可。通过对试验数据进行分析可以看出系数 κ 随着疲劳次数 N 的增加而不断增大，两者基本呈线性关系，根据跨中挠度与荷载之间的关系可以求得挠度增加量与荷载之间的关系，具体关系可以参见图 5-34～图 5-39。

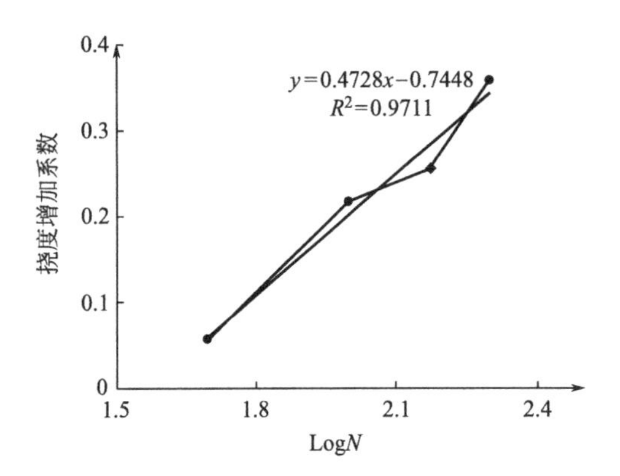

图 5-34 B-1 跨中挠度与疲劳增加系数关系图

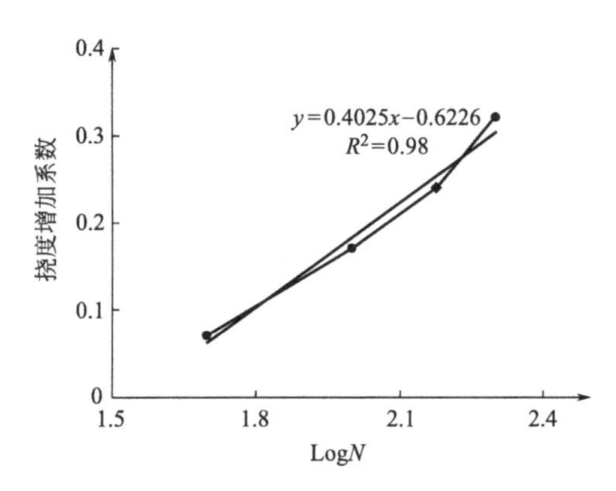

图 5-35 B-2 跨中挠度与疲劳增加系数关系图

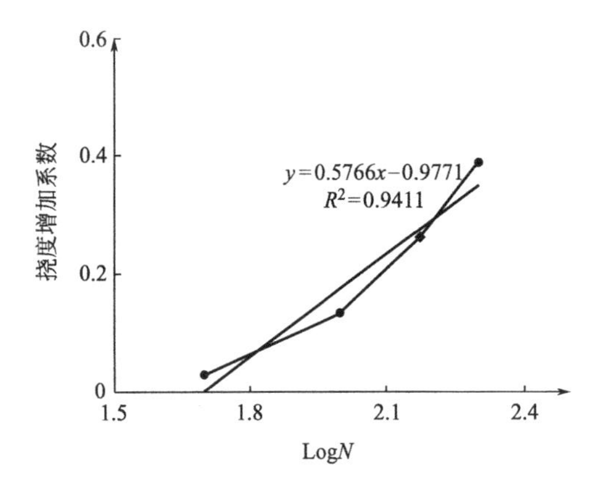

图 5-36 B-3 跨中挠度与疲劳增加系数关系图

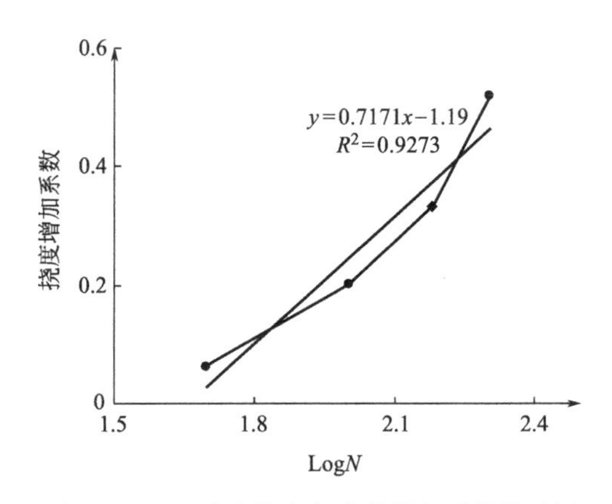

图 5-37 B-4 跨中挠度与疲劳增加系数关系图

线性回归将图中的数据点模拟成为一条函数曲线。得到的相应的挠度增加系数随疲劳次数变化的公式如式（5-7）～式（5-12），N 为疲劳次数。

B-1 跨中挠度增加系数公式： $\kappa=0.4728\lg N-0.7448$ （5-7）

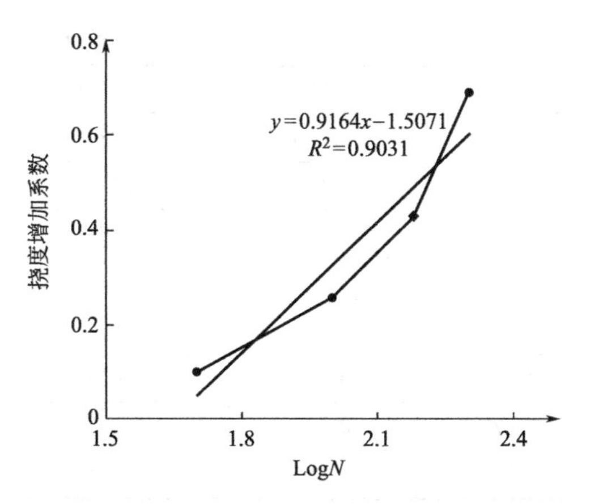

图 5-38 B-5 跨中挠度与疲劳增加系数关系图

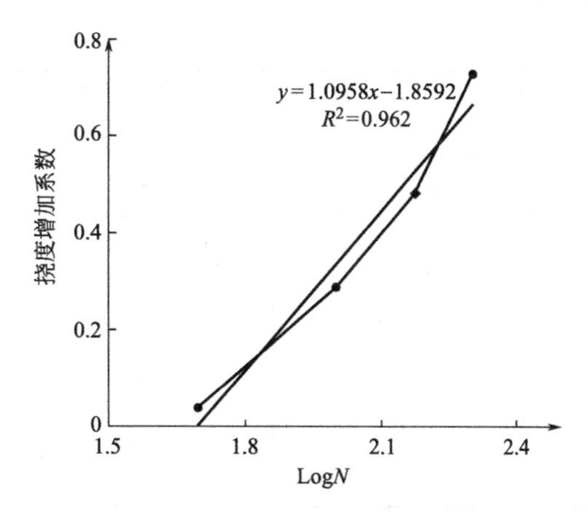

图 5-39 B-6 跨中挠度与疲劳增加系数关系图

B-2 跨中挠度增加系数公式： $\kappa=0.4025\lg N-0.6226$ (5-8)

B-3 跨中挠度增加系数公式： $\kappa=0.5766\lg N-0.9771$ (5-9)

B-4 跨中挠度增加系数公式： $\kappa=0.7171\lg N-1.19$ (5-10)

B-5 跨中挠度增加系数公式： $\kappa=0.916\lg N-1.5071$ (5-11)

B-6 跨中挠度增加系数公式： $\kappa=1.0958\lg N-1.8592$ (5-12)

按照公式（5-7）～式（5-12）计算出的疲劳增加系数 κ 与试验得到的疲劳增加系数 κ^{f} 的大小以及对比数值在表中所示，可以得到 κ/κ^{f} 的平均值为 0.983，标准差为 0.151，变异系数为 0.154，吻合较好。

疲劳增加系数 κ 计算值与试验值比较 **表 5-31**

梁编号	位置	疲劳次数（万次）	试验值	计算值	试验值/计算值
B-1	1/2 跨	50	0.057	0.058	0.968
		100	0.217	0.201	1.081
		150	0.255	0.284	0.897
		200	0.358	0.343	1.045
B-2	1/2 跨	50	0.063	0.061	1.030
		100	0.153	0.182	0.840
		150	0.216	0.253	0.854
		200	0.288	0.304	0.950
B-3	1/2 跨	50	0.003	0.003	1.052
		100	0.131	0.176	0.746
		150	0.261	0.278	0.939
		200	0.386	0.350	1.103
B-4	1/2 跨	50	0.038	0.034	1.118
		100	0.193	0.237	0.813
		150	0.326	0.357	0.914
		200	0.517	0.441	1.172

续表

梁编号	位置	疲劳次数（万次）	试验值	计算值	试验值/计算值
B-5	1/2跨	50	0.049	0.050	0.984
		100	0.255	0.326	0.783
		150	0.425	0.487	0.872
		200	0.686	0.602	1.141
B-6	1/2跨	50	0.004	0.003	1.442
		100	0.284	0.332	0.856
		150	0.477	0.525	0.908
		200	0.725	0.662	1.094

根据理论分析得到受到侵蚀后试验板在受到疲劳荷载作用下的挠度变化系数大于未受到侵蚀的试验板，说明了侵蚀后试验板在疲劳过程中刚度下降更快。根据以上关系式可以依据结构所受疲劳次数计算结构挠度增量，反之，依据挠度增加系数判断结构损伤情况及预测结构剩余寿命，达到对结构性能进行评估的目的。

5.4.6 小结

对三组分别采用粘钢板法与碳纤维布法加固法进行加固的受损伤试验板在0.8的应力比下开展疲劳试验，分析对不同加固方法加固试验板在受到侵蚀条件下的耐久性及疲劳特性变化，试验结果如下：

（1）通过对不同侵蚀环境作用下钢板加固预应力空心板梁跨中挠度对比分析。在疲劳荷载作用下，无论是同一构件疲劳全过程的挠度增长率对比分析，还是相对未受到侵蚀构件的挠度增幅对比分析，相对碳化腐蚀，冻融侵蚀对加固构件刚度衰减影响较大。因此，如果仅从刚度衰减规律考虑的话，冻融环境对钢板加固构件刚度衰减影响最为显著。

（2）通过对不同侵蚀环境作用下钢板加固预应力空心板梁跨中受力对比分析。粘贴钢板加固构件经过不利环境侵蚀后，相对未侵蚀加固构件，侵蚀构件加固性能劣化较为严重。从应力增幅来看，对比分析同一构件的疲劳全过程应力增幅，对于钢板加固构件来讲，碳化侵蚀相对冻融侵蚀拉应力增幅较大；而通过对比未受到侵蚀构件的增幅发现，冻融侵蚀相对碳化侵蚀拉应力增幅较大，压应力增幅较慢。

（3）通过对不同侵蚀环境作用下碳纤维加固预应力空心板梁跨中挠度对比分析，对比分析同一构件的疲劳全过程挠度增幅，相对碳化腐蚀，冻融侵蚀对加固构件刚度衰减影响较大；而通过对比未受到侵蚀构件的挠度增幅发现，相对冻融侵蚀，碳化侵蚀相对于未受到侵蚀加固构件挠度增幅较大。

（4）通过对不同侵蚀环境作用下碳纤维加固预应力空心板梁受力对比分析。说明加固构件经过不利环境侵蚀后，相对未侵蚀加固构件，其加固性能劣化较为严重。从应力增幅来看，对比分析同一构件的疲劳全过程应力增幅，对于碳纤维加固构件来讲，碳化侵蚀与冻融侵蚀应力增幅较接近；而通过对比未受到侵蚀构件的增幅发现，碳化侵蚀相对冻融侵蚀应力增幅较大。从应力增幅来看，对于碳纤维加固构件来讲，相对冻融侵蚀，碳化侵蚀对加固构件受力影响较大。

(5) 通过同一环境作用下不同加固方法加固构件疲劳荷载作用下挠度与应力分析，对于碳化侵蚀环境，排除经济等因素外，钢板加固构件具有较好的受力性能及抗疲劳衰减特性。对于冻融侵蚀环境，排除经济等因素外，碳纤维布加固构件相对钢板加固构件具有较好的受力性能，而钢板加固构件具有良好的抗疲劳衰减性能。

(6) 经过侵蚀的试验板动态位移要明显大于未受到侵蚀的试验板，同一组的试验板粘贴碳纤维布加固的试验板的动态位移略大于粘贴钢板的试验板，对比分析未受到侵蚀的加固构件，粘贴纤维布的动态位移增长率要大于粘贴钢板的增长率，证明经过环境侵蚀后的试验板，在疲劳荷载的作用下抗冲击性能明显弱于未受侵蚀加固构件，侵蚀环境作用下，粘贴钢板加固的试验板的抗冲击性能好于粘贴碳纤维布加固的试验板。

(7) 随着疲劳次数的增加，三组试验板的自振频率均在降低。相同疲劳次数下，受到碳化腐蚀的试验板的自振频率要明显高于未受到侵蚀的试验板；而受到冻融循环侵蚀的试验板，自振频率降低。因此，单从自振频率的大小判断环境侵蚀对试验板整体性能的影响是不确切的。

(8) 随着疲劳次数的增加，三组试验板的阻尼均在增加。未经过环境侵蚀的试验板，阻尼随疲劳次数增加比较平稳。经过冻融侵蚀的试验板，粘贴碳纤维布加固的试验板的阻尼增长速率要大于粘贴钢板法加固的试验板，尤其在 150 万次疲劳后阻尼增长较快。经过碳化侵蚀的试验板，相同疲劳次数下，粘贴钢板法加固的试验板的阻尼增长速率要大于粘贴碳纤维布加固的试验板，且 150 万次疲劳后增长速率急剧增加。

(9) 通过对挠度数据随疲劳次数变化规律的分析，得到了侵蚀环境下挠度增加系数随疲劳次数的变化规律，可以对粘钢板法与粘贴碳纤维布法加固预应力混凝土空心板受侵蚀后的疲劳使用寿命提供一定的预测。

5.5 本章小结

基于粘钢板法与粘贴碳纤维布法加固疲劳损伤预应力空心板梁模型构件，通过开展耐久性劣化试验（碳化与冻融循环）以及疲劳试验，系统研究了环境侵蚀作用下疲劳损桥梁的力学及疲劳性能。

(1) 通过粘贴碳纤维布和钢板两种加固方法的理论分析及力学性能试验，验证了现行加固设计理论的可靠性，两种加固方法均具有较好的加固效果。

(2) 通过碳化与冻融的混凝土材料性能试验，得到了混凝土材料力学性能受环境侵蚀的影响；发现碳化能够一定程度增加混凝土的刚度与强度，冻融使混凝土刚度与强度降低。

(3) 系统总结了加固构件在受到环境侵蚀后的挠度、应变、基频和阻尼随疲劳过程的变化规律，揭示了加固构件在环境侵蚀作用下耐久性衰减机理，为加固结构耐久性分析提供了技术参考。

(4) 通过加固试验板在环境劣化后的疲劳试验，分析了不利环境对加固构件的抗疲劳性能，整体上看环境侵蚀作用较大程度上降低了结构的耐久性，特别是疲劳后期耐久性急剧衰减。

(5) 对比分析了不同环境侵蚀作用下同一加固方法以及同一环境作用下不同加固方法

的加固构件的疲劳特性，一般来说粘碳纤维布加固梁对碳化更敏感，冻融对粘钢加固梁影响较明显。

（6）基于试验成果，建立了基于耐久性指标的加固试验板的疲劳次数与挠度的数理模型，为今后加固桥梁评价及剩余疲劳寿命评估提供参考。

6 结论与展望

6.1 结论

（1）基于相似比原理，设计并浇筑了2m预应力空心板梁，通过静载破坏试验（三分点加载）确定预应力空心板在加载16.5t时在支座处出现斜向上45°剪切裂缝，试验板剪切裂缝达到0.2mm与挠度达到1.8mm均出现在15～20t之间，加载至24.5t出现极限承载力破坏，两端支座处的剪切裂缝、腹板处纵向贯通缝、顶板处产生大量不规则的压碎裂缝以及底板预应力筋处的纵向贯通缝。对比试验结果及理论计算值，两者吻合较好。

（2）自主改造了碳化试验设备并开展了预应力空心板梁碳化侵蚀试验，结合动静载试验及结构疲劳试验系统研究了碳化侵蚀对混凝土材料特性、结构性能及疲劳性能的影响。①材料性能方面：研究表明，碳化侵蚀一定程度上提高了材料的抗压强度及弹性模量，针对C50混凝土立方体试块，健康试块的抗压强度与弹性模量分别是54.4MPa和43.9GPa。碳化深度为5mm的混凝土试件抗压强度及弹性模量分别为61MPa和49.5GPa，相对健康试块抗压强度及弹模分别增加了12.1%和12.8%；碳化深度为10mm的混凝土试件抗压强度及弹性模量分别为69MPa和55.5GPa，相对健康试块抗压强度及弹性模量分别增加了26.8%和26.4%。②结构性能方面：碳化侵蚀对预应力空心板结构性能的影响主要表现在：在同一荷载作用下，碳化侵蚀预应力空心板梁跨中及1/4跨处应变及挠度相对健康构件均呈减少趋势。如20t加载下，健康构件、轻度碳化构件及重度碳化构件跨中对应的应变分别为305.8$\mu\varepsilon$，205.3$\mu\varepsilon$，174.2$\mu\varepsilon$；对应的跨中挠度分别为0.946mm，0.903mm，0.868mm。如构件静力性能一样，随着碳化的加深，预应力空心板的动态应变、位移均呈现反比增长，健康空心板动态应变振幅为33.6个输出值，动态应变振幅为2.5mm；受到轻度碳化腐蚀的空心板动态应变振幅达31.3个输出值，动态应变振幅为2.1mm；重度碳化腐蚀的空心板动态应变振幅为26.9个输出值，动态应变振幅为1.9mm。同时，随着碳化腐蚀程度的增加，试验板自振频率增加，阻尼下降，在250万次疲劳后，轻度碳化腐蚀后的试验板动自振频率为7.06Hz，健康试验板自振频率为6.54Hz；碳化腐蚀后的空心板动态阻尼为3.40%，未受到碳化腐蚀的空心板动态阻尼为3.58%。③疲劳性能方面：碳化加速了预应力空心板梁疲劳裂缝的出现，且裂缝发展速度要快于健康试验板，重度碳化侵蚀空心板疲劳寿命急剧降低：健康预应力空心板梁在疲劳次数达到160万次时出现裂缝，在疲劳次数达到320万次时裂缝宽度超过0.2mm，需要加固处理；轻度碳化预应力空心板在第120万次出现裂缝，在疲劳次数达到250万次时裂缝宽度达到0.2mm；重度碳化的试验板在第2万次出现裂缝，第5万次裂缝宽度达到0.2mm。通过运用ANSYS中的疲劳分析模块，模拟了预应力空心板破坏时的主要裂缝位置以及疲劳寿命：健康空心板在受到165万次最大荷载应力时，支座处出现破坏；受到轻微碳化腐蚀的试验板在受到

125 万次最大荷载应力时，出现破坏；受到重度碳化的试验板在受到 6 万次最大荷载应力时，出现破坏，和试验结果基本吻合。

(3) 自主改造了氯离子侵蚀试验设备并开展了预应力空心板梁氯离子侵蚀试验，结合动静载试验及结构疲劳试验系统研究了氯离子侵蚀对混凝土材料特性、结构性能及疲劳性能的影响。①材料性能方面：氯离子侵蚀一定程度上提高了立方体试块抗压强度，健康 C50 混凝土试件实测抗压强度为 68.1MPa，氯离子侵蚀混凝土试件抗压强度为 71.6MPa；另一方面，氯离子侵蚀降低了混凝土材料的弹性模量，健康混凝土试件弹性模量为 41.6GPa，氯离子侵蚀后为 38.7GPa，弹性模量下降 6.9%。②结构性能方面：在一定加载荷载作用下，相对健康构件，氯离子侵蚀构件跨中拉应变呈增加趋势，但随着侵蚀程度的增加，拉应变开始下降，如 15t 加载作用下，健康构件、轻度侵蚀构件及重度侵蚀构件跨中对应的应变值分别为 147.3$\mu\varepsilon$，186.7$\mu\varepsilon$，163.6$\mu\varepsilon$；但随着氯离子侵蚀程度的增加，构件跨中挠度呈增加趋势，如 15t 加载作用下，健康构件、轻度侵蚀构件及重度侵蚀构件跨中对应的挠度值分别为 0.65mm，0.66mm，0.94mm。同时，随氯离子侵蚀程度增加，预应力空心板自振频率呈减少趋势，健康构件、轻度侵蚀及重度侵蚀对应的自振频率分别为 6.44，6.29，5.52，说明氯离子侵蚀降低了预应力空心板刚度；同时，随氯离子侵蚀程度的增加，预应力空心板阻尼呈增加趋势，健康构件、轻度侵蚀及重度侵蚀对应的自振频率分别为 3.07，3.32，4.85。③疲劳性能方面：随着氯离子侵蚀深度的增加，其疲劳裂缝发展速度要快于未受到氯离子侵蚀后的试验板，在受到重度氯离子侵蚀后试验板几乎不存在抗疲劳特性。健康试验板在疲劳次数达到 12 万次时出现裂缝，在疲劳次数达到 40 万次时裂缝宽度超过 0.2mm；轻微侵蚀的试验板在第 7.8 万次出现裂缝，在疲劳次数达到 24 万次时裂缝宽度达到 0.2mm；重度碳化的试验板在第 0 万次出现裂缝，裂缝发展速度迅速，加载至 3 万次时，梁体混凝土大面积剥落，试验梁严重破坏。在疲劳试验中，随着疲劳次数的增加，混凝土应变均随着疲劳次数增加而增加，随着侵蚀程度的增加，试验板的混凝土应变变化呈现出逐渐增加的趋势。试验板的挠度在疲劳试验中均呈现增长的趋势，随着侵蚀程度的增加，挠度逐渐增加。随着疲劳次数的增加，试验板的自振频率逐渐减低，说明试验板的刚度在逐渐衰减。重度氯离子侵蚀的试验板随着疲劳次数的增加，自振频率下降较快。试验板的阻尼也随着疲劳次数的增加而增大，重度侵蚀的试验板从疲劳 0～3 万次的过程中，混凝土的阻尼从 4.85 增加到 5.41，随着疲劳次数的增加，混凝土中出现损伤裂缝，增大了混凝土的阻尼。

(4) 利用冷库环境开展了预应力空心板梁冻融侵蚀试验，结合动静载试验及结构疲劳试验系统研究了冻融侵蚀对混凝土材料特性、结构性能及疲劳性能的影响。①材料性能方面：经受过冻融的试块表面都发生浮浆现象，甚至在试块的表面出现了一些细裂纹和骨料露出等现象；发现随着冻融循环次数的增加，试块冻融表观损伤程度逐渐加深。随冻融次数的增加，混凝土试块相对动弹性模量及压强均呈现降低趋势，如冻融 0 次，50 次，75 次，100 次构件对应的压强分别为 52.6MPa，45.8 MPa，44.8 MPa，43.3 MPa。②结构性能方面：随冻融次数的增加，预应力空心板跨中拉、压应及跨中挠度均呈增大趋势。其中跨中压应变表现明显，随着冻融次数的增加，压应变逐渐变大，并在冻融次数达到 50 次后逐渐呈现迅速增大的趋势，此趋势主要表现在未进行疲劳加载时，50 次、75 次和 100 次折线的变化上；相同疲劳次数下，冻融次数越多，压应变越大，同时随着冻融次数的增加，压应变增大的幅度变大。根据预应力混凝土试验梁自振频率的测试，随着冻融次数的增加，试验梁的自振频率降低，这是因为冻融循环导致梁体内部水化物结构发生变化，孔隙和裂缝增加，同时表面有细小的裂纹，从而使刚度降低。③疲劳性能方面：随着冻融次数的增加，预应力混凝土试验空心板的疲劳裂缝出现的时间、发展速度和疲劳破坏的时间明显地早于健康试验梁，冻融0次，50次，75次，100次构件对应的开裂疲劳次数分别为8万次、7.2万次、6.8万次、4.9万次；对应的疲劳破坏次数分别为：200万次、149万次、103万次、56万次。因此，冻融循环加速了预应力空心板疲劳裂缝及疲劳破坏的时间。

(5) 综上，碳化、氯离子侵蚀及冻融循环对混凝土材料性能、构件性能及疲劳特性均产生了显著影响，但不同侵蚀环境对混凝土材料性能及构件性能存在差异，如碳化侵蚀一定程度上提高了材料的抗压轻度及弹性模量，降低了一定荷载作用下结构的应变及挠度；氯离子侵蚀提高了混凝土立方体抗压强度，降低了其弹性模量，结构跨中挠度及应变均呈增加趋势；冻融循环降低了立方体抗压强度及弹性模量，构件性能如应变与挠度相应增加。但不利环境对疲劳特性的影响是一致的，均加速了构件疲劳裂缝的出现及疲劳破坏的时间。因此，从桥梁养护、检测评估角度出发，应充分考虑不利环境对结构疲劳寿命的影响，不仅仅停留在对材料性能及构件性能影响层面，否则，将导致桥梁检测评估失去意义，引发工程安全事故的发生。

(6) 通过粘贴碳纤维布和钢板两种加固方法的理论分析及力学性能试验，验证了现行加固设计理论的可靠性，两种加固方法均具有较好的加固效果。通过加固试验板在环境劣化后的疲劳试验，分析了不利环境对加固构件的抗疲劳性能，整体上看环境侵蚀作用一定程度上降低了结构的耐久性，特别是疲劳后期耐久性急剧衰减。对比分析不同环境侵蚀作用下同一加固方法以及同一环境作用下不同加固方法的加固构件的疲劳特性发现，粘碳纤维布加固梁对碳化更敏感，冻融对粘钢加固梁影响较明显。基于试验成果，建立了基于耐久性指标的加固试验板疲劳次数与挠度的数理模型，为今后加固桥梁评价及剩余疲劳寿命评估提供参考。

6.2 展望

本书系统研究了侵蚀环境作用下预应力板梁全寿命周期耐久性劣化机理及疲劳特性，取得了预期研究成果，在以后的研究中还应在以下方面继续开展：

(1) 结构腐蚀通常情况下是存在多因素耦合效应的，本书仅对单一因素进行了研究。在今后的研究中应当对碳化、酸雨以及冻融等影响因素进行耦合作用效应研究。目前尚不能基于数值模拟方法对耐久性劣化预应力构件进行精确的疲劳特性模拟研究，在以后的研究中应在掌握耐久性劣化预应力构件疲劳破坏机理的基础上开展相关数值模拟研究。

(2) 实际桥梁结构加固很难做到对结构完全卸载，因此需要进一步研究不卸载条件下粘贴钢板法与粘贴碳纤维布加固混凝土梁的疲劳性能，以符合工程实际。虽然进行了桥梁加固模型的疲劳特性研究，但是模型与实际梁之间仍然存在一定的差距，今后可以在试验条件允许的状况下，使用原型梁来进行疲劳特性研究，从而使试验结果更加具有实际工程意义。

6.3 主要创新点

项目特色及预期创新之处有：

（1）揭示侵蚀环境作用下双重损伤大尺寸预应力板梁耐久性劣化机理

在对耐久性试验设备进行升级改造的基础上，模拟实际侵蚀环境，创新性的开展冻融循环氯离子及冻融作用下耐久性及疲劳双重损伤预应力板梁加固耐久性研究，考虑原结构界面损伤、疲劳裂缝等因素对加固构件耐久性的影响，揭示不同侵蚀环境作用下损伤加固预应力板梁耐久性劣化机理及退化模型，为基于使用环境的构件加固耐久性设计提供理论支撑。

（2）建立损伤加固预应力桥梁疲劳特性与加固耐久性间的关系

损伤结构加固耐久性的劣化将直接引起加固构件疲劳特性的衰退，最终导致桥梁结构加固效果的丧失及使用寿命的缩短，因此，研究损伤结构加固耐久性劣化机理与其疲劳特性指标衰减规律之间的关系显得尤为重要，但相关研究鲜有报道。本书创新之处在于：在对双重损伤加固板梁加固耐久性进行侵蚀环境劣化的基础上开展其疲劳特性试验，重点关注构件加固耐久性劣化程度、劣化类型对其疲劳特性的影响，辅以数值模拟手段，建立受损预应力构件加固耐久性劣化与其疲劳特性的相关关系，提出基于耐久性指标的桥梁加固构件疲劳寿命预估模型。

（3）基于构件全寿命周期主线构建基于耐久性指标的桥梁加固理论及评价体系

依据实际桥梁结构全寿命周期轨迹，创新性地开展大尺寸预应力板梁“破坏—加固—破坏”全寿命周期耐久性试验研究及疲劳特性试验，分析不同侵蚀环境作用下板梁全寿命周期（尤其是加固构件损伤界面处）耐久性指标劣化机理及对应的疲劳特性衰退规律，提出基于耐久性指标的损伤预应力桥梁构件加固理论及评价体系，以改善桥梁加固耐久性设计，提高其服役寿命。

参考文献

[1] 《中国公路学报》编辑部. 中国桥梁工程学术研究综述 2014[J]. 中国公路学报，2014，27(5)：1-96.

[2] 金伟良，赵羽习. 混凝土结构耐久性研究的回顾与展望[J]. 浙江大学学报(工学版)，2002，36(04)：27-36.

[3] 刘西拉. 重大土木与水利工程安全性及耐久性的基础研究[J]. 土木工程学报，2001，34(06)：1-7.

[4] 徐善华. 混凝土结构退化模型与耐久性评估[D]. 西安：西安建筑科技大学，2003.

[5] 何世钦. 氯离子环境下钢筋混凝土构件耐久性能试验研究[D]. 大连：大连理工大学，2004.

[6] T Cheewaket. C Jaturapitakkul，W Chalee. Concrete durability presented by acceptable chloride level and chloride diffusion coefficient in concrete：10-year results in marine site [J]. Materials and Structures，2014，47：1501-1511.

[7] 董宜森. 硫酸盐侵蚀环境下混凝土耐久性能试验研究[D]. 杭州：浙江大学，2011.

[8] 金祖权. 西部地区严酷环境下混凝土的耐久性与寿命预测[D]. 南京：东南大学，2006.

[9] 郑元勋，郭慧吉，谢宁. 基于统计分析的桥梁坍塌事故原因剖析及预防措施研究[J]. 中外公路，2017，37(6)：125-133.

[10] 李田，刘西拉. 混凝土结构的耐久性设计[J]. 土木工程学报，1994，27(02)：47-55.

[11] 金伟良，吕清芳，赵羽习，等. 混凝土结构耐久性设计方法与寿命预测研究进展[J]. 建筑结构学报，2007，28(01)：7-13.

[12] Berger J，Bruschetini-Ambro S，Kollegger J. An innovative design concept for improving the durability of concrete bridges [J]. Structural Concrete，2011，12(3)：155-163.

[13] Nganga G，Alexander M，Beushausen H. Practical implementation of the durability index performance-based design approach[J]. Construction and Building Materials，2013，45：251-261.

[14] Abdurrahmaan Lotfy，Khandaker M A Hossain，Mohamed Lachemi. Durability properties of lightweight self-consolidating concrete developed with three types of aggregates [J]. Construction and Building Materials，2016，(106)：43-54.

[15] 杜朝伟，郑元勋，蔡迎春，等. 碳化腐蚀预应力空心板疲劳特性试验研究[J]. 郑州大学学报(工学版)，2018，12-18.

[16] Zheng Y，Yu G Y，Pan Y F. Investigation of ultimate strengths of concrete bridge deck slabs reinforced with GFRP bars [J]. Construction and Building Materials，2012，28(1)：482-492.

[17] 王艳，牛荻涛，苗元耀. 碳化与酸雨侵蚀共同作用下钢纤维混凝土的耐久性能[J]. 建筑材料学报，2014，17(4)：579-585.

[18] ZHENG Yuanxun，CAI Yingchun，ZHANG Guanghai，et al. Fatigue property of basalt fiber-modified asphalt mixture under complicated environment [J]. Journal of Wuhan University of Technology，2014，29(005)：996-1004.

[19] 陈艾荣，潘子超，马如进，等. 基于细观尺度的桥梁混凝土结构耐久性研究新进展[J]. 中国公路学报，2016，29(11)：42-48.

[20] Angst U M，Polder R. Spatial variability of chloride in concrete within homogeneously exposed areas [J]. Cement & Concrete Research，2014，56：40-51.

[21] 王吉忠，董肖松，张建. 加固混凝土结构耐久性试验研究[J]. 混凝土，2014，(10)：16-19.

[22] 殷彦波. 氯盐环境下 CFRP 加固混凝土结构耐久性研究[D]. 青岛：青岛理工大学土木工程学院，2014.

[23] Fei Yan，Zhibin Lin. Bond durability assessment and long-term degradation prediction for GFRP bars to fiber-reinforced concrete under saline solutions[J]. Composite Structures，2017，(161)：393-406.

[24] Altalmas A，El Refai A，Abed F. Bond degradation of basalt fiber-reinforced polymer (BFRP) bars exposed to accelerated aging conditions[J]. Construction and Building Materials，2015，81：162-71.

[25] 李趁趁，高丹盈，赵军. 干湿环境下 FRP 全裹与条带间隔加固混凝土圆柱耐久性试验研究[J]. 土木工程学报，2009，42(11)：8-14.

[26] Ali O，Bigaud D，Ferrier E. Comparative durability analysis of CFRP-strengthened RC highway bridges [J]. Construction and Building Materials，2011，(30)：629-642.

[27] Hall Matthew R，Najim Khalid Batta. Structural behavior and durability of steel-reinforced structural Plain/Self-Compacting Rubberized Concrete (PRC/SCRC)[J]. Construction and Building Materials，2014，73(12)：490-497.

[28] 申士军. 损伤混凝土结构加固性能及加固后耐久性研究[D]. 杭州：浙江大学，2014.

[29] GabrielJen，Claudia P Ostertag. Experimental observations of self-consolidated hybrid fiber reinforced concrete (SC-HyFRC) on corrosion damage reduction [J]. Construction and Building Materials，2016，(105)：262-268.

[30] 张海阔. 玄武岩纤维布加固混凝土连续梁的疲劳与冻融耐久性研究[D]. 长春：吉林建筑大学，2015.

[31] 熊保伟. 玄武岩纤维布加固混凝土柱的疲劳性能与冻融耐久性研究[D]. 长春：吉林建筑大学，2015.

[32] 刘超越. 荷载/湿热环境作用下粘贴 CFRP 加固钢筋混凝土梁的耐久性研究[D]. 重庆：重庆交通大学，2016.

[33] 张旭东. 荷载/湿热环境作用下粘贴钢板加固钢筋混凝土梁的耐久性研究[D]. 重庆：重庆交通大学，2016.

[34] Mohamed-Akram Khanfour，Ahmed El Refai. Effect of freeze-thaw cycles on concrete reinforced with basalt-fiber reinforced polymers (BFRP) bars [J]. Construction and Building Materials，2017，145：135-146.

[35] 刘延年. CFRP 加固混凝土构件的耐久性评定方法研究[D]. 成都：西南交通大学，2016.

[36] Nehemiah J Mabry，Rudolf Seracino，Kara J. Peters. The effects of accelerated Freeze-Thaw conditioning on CFRP strengthened concrete with pre-existing bond defects [J]. Construction and Building Materials，2018，(163)：286-295.

[37] 杜朝伟，张长林，郑元勋，等. 氯离子腐蚀预应力空心板疲劳特性研究[J]. 河南理工大学学报(自然科学版)，2018，37(3)：136-143.

[38] 郑元勋，杨培冰，康海贵. 冻融环境下混凝土结构耐久性研究综述[J]. 郑州大学学报(工学版)，2016，37(5)：27-32.

[39] 孙伟. 荷载与环境因素耦合作用下结构混凝土的耐久性与服役寿命[J]. 东南大学学报，2006，33：7-14.

[40] 韩钰晓. 碳化腐蚀作用下预应力空心板疲劳特性试验研究[D]. 郑州：郑州大学，2015.

[41] 门博. 氯离子侵蚀作用下预应力空心板疲劳特性试验研究[D]. 郑州：郑州大学，2016.

[42] 杨培冰. 冻融循环作用下预应力混凝土梁疲劳特性研究[D]. 郑州：郑州大学，2017.

[43] 已有建筑物的可靠性评价与改造——苏联在这一领域的研究成果与经验. 中国建筑学会建筑结构委

员会第二次年会论文集[C].北京，1991.

[44] Tonini D E，Dean S W. Chloride corrosion of steel in concrete[J]. American Society for Testing and Materials，1977(629).

[45] Hamada M. Neutralization [carbonation] of concrete and corrosion of reinforcing steel[C]. Proceedings of 5th International Symposium on the Chemistry of Cement，Tokyo，1968.

[46] ACI 318M-05，Building Code Requirements for Structural Concrete and Commentary[S].

[47] Menta P K，Schiessi P，Raupach M. Proceedings of 9th International Congress on the Chemistry of cement[J]，Cement &Concrete Composites，571-646.

[48] 阿列克谢耶夫. 钢筋混凝土结构中钢筋腐蚀与保护[M]. 黄可信，吴兴祖，等译.北京：中国建筑工业出版社，1983.

[49] L Yingyu，W Guidong. The mechanism of carbonation of mortar and the dependance of carbonation on porestructure. Katharine and Bryant Mather International Conference[J]. Concrete Durability，Atlanta，1987：1915-1943.

[50] Houst Y F，Wittmann F H. Influence of porosity and water content on the diffusivity of CO_2 and O_2 through hydrated cement paste[J]. Cement and Concrete Research，1994，24：1165-1176.

[51] 岸谷孝一. 钢筋混凝土建筑物中钢筋的腐蚀问题[M]. 日本：鹿岛建设技术研究所出版部，1963.

[52] Parrott L J，et al. Carbonation in a 36 year old in situconcrete[J]. Cement and Concrete Research，1989，19：649-656.

[53] Sinha B P，Gcrstlc K H，Tulin L G. Stress-strain relations for concrete under cyclic loading[J]. ACI Journal，1964，61(2)：195-211.

[54] A M Ozell，E Ardaman. Fatigue tests of pre-tensioned prestressed beams[J]. ACI Journal Proceedings，1956，53(10)：413-424.

[55] Byung Hwan Oh，Jae Yeol Cho，Dae Gyun Park. Static and fatigue behavior of reinforced concrete beams strengthened with steel plates for flexure[J]. ASCE Journal of Structural Engineering，2003，129(4)：527-535.

[56] El Shahawi M，Batchelor B D. Fatigue of partially prestressed concrete[J]. Journal of Structural Engineering，1986，112(3)：524-537.

[57] Oh B H. Fatiuge analysis of plain concrete in flexure[J]. Journal of Structure Engineering，1986，112(2)：273-288.

[58] Tien S Chang，Clyde E Kesler. Fatigue behavior of reinforced concrete beams[J]. ACI Journal Proceedings，1958，55(8)：245-254.

[59] Kiyoshi Okada，Kazuo Kobayashi，Toyoaki Miyagawa. Influnce of longitudinal cracking due to reinforcement corrosion on characteristics of reinforced concrete members[J]. ACI Structural Journal，1988：134-140.

[60] Harajli M H，Namaan A E. Static and fatigue test on partially prestressed beam[J]. ASCE Journal of the Structural Division，1985，111(7)：1608-1618.

[61] P S Mangat，M S Elgarf. Flexural strength of concrete beams with corroding reinforcement[J]. ACI Structural Journal，1999，96(1)：149-158.

[62] Bazant Z P. Prediction of concrete creep effects using age adjusted effective modulus method[J]. ACI Structural Journal，1972，69(4)：212-217.

[63] 刘祖华，梁发云.混凝土碳化研究现状评述[J].四川建筑科技研究，2000，26：52-54.

[64] 牛荻涛，石玉钗，雷怡生.混凝土碳化的概率及碳化可靠性分析[J].西安建筑科技大学学报，1995，27(3)：252-256.

[65] 牛荻涛. 混凝土结构耐久性与寿命预测[M]. 北京：科学出版社，2003，25-29，99-104.
[66] 龚洛书. 混凝土多系数碳化方程及其应用[J]. 混凝土及加筋混凝土，1985(6).
[67] 刘志勇，孙伟. 多因素作用下混凝土碳化模型及寿命预测[J]. 混凝土，2003，12：3-7.
[68] 付静. 钢筋混凝土桥梁的耐久性的分析研究[D]. 西安：长安大学，2007.
[69] 蒋政武. 碳化混凝土结构电化学再碱化的研究进展[J]. 材料导报，2008，22：78-81.
[70] 施清亮. 应力状态下混凝土碳化耐久性试验研究[D]. 长沙：中南大学，2008.
[71] 涂永明，吕志涛. 预应力混凝土试件碳化试验及碳化深度预测模型研究[J]. 工业建筑，2006，36(1)：47-50.
[72] 姚明初. 混凝土在等幅和变幅重复应力下疲劳性能的研究[J]. 铁道部科学研究院报告，1990.
[73] 王瑞敏，赵国藩，宋玉普. 混凝土的受压疲劳性能研究[J]. 土木工程学报，1991，24(4)：38-47.
[74] 赵顺波. 钢筋混凝土板正截面疲劳性能试验研究[J]. 应用基础与工程科学学报，1999，7(3)：289-297.
[75] 肖建庄，陈德银. 高性能混凝土简支梁正截面抗弯疲劳试验[J]. 结构工程师，2006，4(22)：73-76.
[76] 刘立新，汪小林，于秋波，等. 疲劳荷载作用下部分预应力混凝土梁的挠度研究[J]. 郑州大学学报，2007，28(4)：4-7.
[77] 车惠民，何广汉. 部分预应力混凝土板梁的疲劳试验[J]. 铁道工程学报，1988，6.
[78] 李惠民，顾传霖. 斜截面疲劳计算的试验研究[J]. 太原工业大学学报，1983(1)：83～99.
[79] 赵灿晖，刘日圣，江炳章. 重复荷载作用下无粘结部分预应力混凝土梁的抗剪强度[J]. 中国公路学报，2000，13(4)：42-46.
[80] 钟明全. 疲劳加载对部分预应力梁钢筋应力、裂缝宽度及静力强度的影响[J]. 西南交通大学学报，1995，6，30(3)：284-290.
[81] Tarig Ahmed，Eldon Burley，Stephen Rigden. The state and fatigue strength of reinforced concrete beams affected by alkali-silica reaction[J]. ACI Materials Journa1，1998，95 (4)：376-388.
[82] Rodriguez D J，Ortega L M，Casal J. Load carrying capacity of concrete structures with corroded reinforcement[J]. Construction and Building Materials，1997，11(4)：239-248.
[83] 肖纪美，中国腐蚀与防护学会. 腐蚀总论一材料的腐蚀及其控制方法[M]. 北京：化学工业出版社，1994.
[84] 金伟良，赵羽习. 随不同位置变化的钢筋与混凝土的粘结本构关系[J]. 浙江人学学报，2002，36(1)：1-6.
[85] 赵铁军，万小梅. 一种预测混凝土氯离子扩散系数的方法[J]. 工业建筑，2001(31)12：40-42.
[86] 铁道部科学研究院混凝土疲劳研究组. 混凝土在等幅和变幅重复应力下疲劳性能的研究[J]. 铁道部科学研究院，1990，104-108.
[87] 李朝阳，宋玉普，赵国潘. 混凝土疲劳残余应变性能研究[J]. 大连理工大学学报，2001，41(3)：355-358.
[88] 姜昭恒. 部分预应力混凝土先张梁动载疲劳试验研究[J]. 长沙铁道学院学报，1989，7(4)：75-86.
[89] 钟铭，王海龙，刘仲波，等. 高强钢筋高强混凝土梁静力和疲劳性能试验研究[J]. 建筑结构学报，2005，26(2)：94-100.
[90] 吕海燕，戴公连. 铁路混凝土桥梁在疲劳荷载作用下正截面应力试验研究[J]. 长沙铁道学院学报，1996，14(3)：17-23.
[91] 刘西拉，唐光普. 现场环境下混凝土冻融耐久性预测方法研究[J]. 岩石力学与工程学报，2007，26(12) ：2412-2419.
[92] 李金玉，曹建国，徐文雨，等. 混凝土冻融破坏机理的研究[J]. 水利学报，1999，1(1)：41-49.

[93] 胡强圣.冻融环境下预应力混凝土受弯构件受力性能研究[D].江苏：江苏科技大学，2014.

[94] 吴中伟，廉慧珍.高性能混凝土[M].北京：中国铁道出版社，1999.

[95] 李金平，盛煜，丑亚玲.混凝土冻融破坏研究现状[J].路基工程，2007，3：1-3.

[96] 段桂珍，方从启.混凝土冻融破坏研究进展与新思考[J].混凝土，2013，5：16-20.

[97] 张亦涛.荷载与其他因素共同作用下混凝土耐久性研究进展[J].材料导报，2003，9：23-26.

[98] 关宇刚，孙伟.基于可靠度与损伤理论的混凝土寿命预测模型验证与应用[J].硅酸盐学报，2001，12：23-26.

[99] Sun W，Zhang Y M，Yan H D，et a1. Damage and damage resistance of high strength concrete under the action of load and freeze-thaw cycles[J]. Cement and Concrete Research，1999，29：1519.

[100] Sun W，Zhang Y M，Yan H D，et al. Damage and its restraint of concrete with different strength grades under double damage factors[J]. Cement and Concrete Composites，1999，21(5-6)：439.

[101] 宋玉普，冀晓东.混凝土冻融损伤可靠度分析及剩余寿命预测[J].水利学报，2006，27(3)：259-263.

[102] 蔡昊.混凝土抗冻耐久性预测模型[D].北京：清华大学，1998.

[103] 宁作君.冻融作用下混凝土的损伤与断裂研究[D].哈尔滨：哈尔滨工业大学，2009.

[104] Ababneh A N，XI Y. Evaluation of environmental degradation of concrete in cold regions[C]. International Conference on Cold Regions Engineering，2006，1-10.

[105] WU Qingling，YU Hongfa，CHEN Xiaoxian. Service life prediction method of concretes based on mass loss rate：establishment and narration of mathematical model[C]. Tenth International Conference of Chinese Transportation Professionals，Beijing：American Society of Civil Engineers，2010，3253-3260.

[106] 刘荣桂，付凯，颜庭成.基于损伤理论的预应力混凝土冻融破坏研究[J].混凝土，2007，(1)：1-3.

[107] 肖前慧，牛荻涛，朱文凭.冻融环境下混凝土强度衰减模型与耐久性寿命预测[J].建筑结构，2011，41(S2)：203-207.

[108] CHO T J. Prediction of cyclic freeze-thaw damage in concrete structures based on response surface method[J]. Construction and Building Materials，2007，(21)：2031-2040.

[109] 于孝民，任青文.冻融循环作用下普通混凝土断裂能试验[J].河海大学学报：自然科学版，2010，38(1)：80-82.

[110] 余红发，孙伟，麻海燕，等.基于损伤演化方程的混凝土寿命预测方法[J].建筑科学与工程学报，2012，29(1)：1-7.

[111] 刘卫东，苏文悌，王依民.冻融循环作用下纤维混凝土的损伤模型研究[J].建筑结构学报，2008，29(1)：124-128.

[112] 刘巍，荣辉.国内结构混凝土疲劳性能研究现状[J].材料导报：综述篇，2011，25(10)：134-138.

[113] M. A.马达洛夫. 钢筋混凝土受弯构件在重复荷载下的性能研究[D].谢君斐，译.北京：科学出版社，1964.

[114] Max Schläfli，Eugen Brühwiler. Fatigue of existing reinforced concrete bridge deck slabs[J]. Engineering Structures，1998，20(11)：991-998.

[115] Van Ornum J L. Fatigue of cement products[J]. ASCE transactions，1903，51，443.

[116] 赵顺波. 钢筋混凝土板正截面疲劳性能试验研究[J].应用基础与工程科学学报，1999，7(3)：289-297.

[117] 赵国藩. 高等钢筋混凝土结构学[M]. 北京：中国电力出版社，1999.

[118] 易成，沈世钊.疲劳裂缝扩展理论及其在混凝土疲劳性能研究中的应用[J].哈尔滨建筑大学学报，

2000，33(5)：20-24.

[119] 易伟建，王长新，沈蒲生. 混凝土工程结构振动测试实例及分析[J]. 湖南大学学报，1995，22(3)：96-103.

[120] I Yeo，S Shin，H S Lee，et al. Statistical damage assessment of framed structures from static responses[J]. Journal of Engineering Mechanics，2000，126(4)：414-421.

[121] F Vestroni，D Capecchi. Damage detection in beam structures based on frequency measurements[J]. Journal of Engineering Mechanics，2000，126(7)：761-768.

[122] 卢木. 混凝土耐久性研究现状和研究方向[J]. 工业建筑，1997，27(05)：2-7.

[123] 陈驹. 氯离子侵蚀作用下混凝土构件的耐久性[D]. 杭州：浙江大学，2002.

[124] 徐世烺，蔡新华，李贺东. 超高韧性水泥基复合材料抗冻耐久性能试验研究[J]. 土木工程学报，2009，42(09)：42-46.

[125] 陈霞，杨华全，周世华，等. 混凝土冻融耐久性与气泡特征参数的研究[J]. 建筑材料学报，2011，14(02)：257-262.

[126] 潘莉莎，田政，杜治光，等. 5 种常用减水剂对水泥砂浆耐久性的影响[J]. 建筑材料学报，2012，15(01)：135-138.

[127] 陈正发，刘桂凤，秦彦龙，等. 恶劣环境下机制砂混凝土的强度和耐久性能[J]. 建筑材料学报，2012，15(03)：391-394.

[128] 陈好，刘荣桂，付凯. 冻融循环下海工预应力混凝土结构的耐久性[J]. 建筑材料学报，2009，12(01)：17-21.

[129] 吴海军，陈艾荣. 桥梁结构耐久性设计方法研究[J]. 中国公路学报，2004，17(03)：60-64.

[130] 吴瑾，吴胜兴. 氯离子环境下钢筋混凝土结构耐久性寿命评估[J]. 土木工程学报，2005，38(02)：59-63.

[131] 李杉. 环境与荷载共同作用下 FRP 加固混凝土耐久性[D]. 大连：大连理工大学，2009.

[132] Zhu Jinsong，Gao Chang. Probabilistic durability assessment approach of deteriorating RC bridges[J]. Journal of Southeast University (English Edition)，27(1)：70-76.

[133] 邹洪波，罗小勇，周奇峰. 冻融循环下无黏结预应力钢绞线耐久性的试验研究[J]. 中南大学学报(自然科学版)，2014，45(1)：293-298.

[134] 梁栋，孙静，申慧才. 桥梁结构耐久性病害处理措施研究[J]. 公路，2014，(1)：31-34.

[135] 彭建新，张建仁. 考虑全寿命性能和成本的碳化腐蚀下 RC 梁桥耐久性参数确定方法[J]. 土木工程学报，2013，01：69-75.

[136] 干伟忠，Raupach M，金伟良，等. 杭州湾跨海大桥混凝土结构耐久性原位监测预警系统[J]. 中国公路学报，2010，23(02)：30-35.

[137] Wu Hwai-Chung，Yan An. Durability simulation of FRP bridge decks subject to weathering[J]. Composites Part B：Engineering，2013，51：162-168.

[138] Cusson D，Lounis Z，Daigle L. Durability monitoring for improved service life predictions of concrete bridge decks in corrosive environments[J]. Computer-Aided Civil and Infrastructure Engineering，2011，26(7)：524-541.

[139] Moodi F，Ramezanianpour A，Jahangiri E. Assessment of some parameters of corrosion initiation prediction of reinforced concrete in marine environments[J]. Computers and Concrete，2014，13(1)：71-82.

[140] 张玲玲，张陵，马建勋. 外粘贴 CFRP 加固混凝土结构在海洋环境下的耐久性试验研究[J]. 土木工程学报，2010，43(01)：77-81.

[141] Arora Harish C，Sharma Umesh K，Rao B，Kameshwar，et al. A pilot investigation for compara-

tive assessment of corrosion durability of reinforced concrete beams [J]. Indian Concrete Journal, 2014, 88(5): 36-44.

[142] Hall Matthew R, Najim Khalid Batta. Structural behavior and durability of steel-reinforced structural Plain/Self-Compacting Rubberized Concrete (PRC/SCRC) [J]. Construction and Building Materials, 2014, 73(12): 490-497.

[143] 薛飞. 旧桥梁检测理论与试验研究[D]. 武汉：武汉大学，2004.

[144] 黄兴棣，田炜，王永维，等. 建筑物鉴定加固与增层改造[M]. 北京：中国建筑工业出版社，2008.

[145] 王文炜. FRP加固混凝土结构技术及应用[M]. 北京：中国建筑工业出版社，2007.

[146] 曹双寅，邱洪文，王恒华. 结构可靠性鉴定与加固技术[M]. 北京：中国水利水电出版社，2002.

[147] 张轲，叶列平，岳清瑞. 预应力碳纤维布加固混凝土梁弯曲疲劳性能试验研究[J]. 工业建筑，2005，08：13-19.

[148] 刘沐宇，李开兵. 碳纤维布加固混凝土梁的疲劳性能试验研究[J]. 土木工程学报，2005，09：32-36.

[149] 刘沐宇，李开兵，张学明，等. 碳纤维布加固损伤混凝土梁的疲劳性能试验[J]. 武汉理工大学学报，2004，04：52-55.

[150] 刘沐宇，骆志红，刘其卓，等. CFRP加固钢筋混凝土梁的抗剪疲劳试验研究[J]. 建筑结构，2006，12：52-55+95.

[151] 陈永秀，陆洲导. 碳纤维布加固钢筋混凝土梁正截面疲劳设计方法[J]. 建筑结构，2006，36(3)：28-30.

[152] 张伟平，宋力，顾祥林. 碳纤维布加固锈蚀钢筋混凝土梁疲劳性能试验研究[J]. 土木工程学报，2010，07：43-50.

[153] 喻林，钱向东，吴晓晖. 冻融环境对CFRP加固混凝土梁疲劳性能的影响[J]. 混凝土，2012，05：27-28+31.

[154] I Shoichi, N Shinzo, et al. Deformation characteristics static and fatigue strengths of reinforced concrete beams strengthened with carbon fiber-reinforced plastic plate[J]. Transactions of the Japan Concrete Institute, 1996, 18: 143-150.

[155] R Capozucca, M Nilde Cerri. Static and dynamic behavior of RC beam model strengthened by CFRP-sheets[J]. Construction and Building Materials, 2002, 16 : 91-99.

[156] L Bizindavyi, K W Neale, M A Erki. Experimental investigation of bonded fiber reinforced polymer-concrete joints under cyclic loading[J]. Journal of Composites for Construction, 2003, 2: 127-134.

[157] 甘元初. 锚贴钢板加固钢筋混凝土梁受剪性能的研究[D]. 郑州：郑州大学，2006.

[158] 张娟秀，叶见曙，姚伟发. 粘贴加固混凝土梁疲劳性能研究[J]. 建筑结构，2010，S2：392-394.

[159] 翟爱良，孙兆明，冯耀奇. 粘钢加固混凝土梁疲劳性能的试验研究[J]. 青岛建筑工程学院学报，2002，03：7-11.

[160] F Vestroni, D Capecchi. Damage detection in beam structures based on frequency measurements [J]. Journal of Engineering Mechanics, 2000, 126(7): 761-76.